“十三五”国家重点出版物出版规划项目
材料科学研究与工程技术系列/化学化工精品系列图书

电化学综合实验

马玉林　主编

哈爾濱工業大學出版社

内容简介

本书实验内容涉及理论电化学、电化学测量、化学电源、电镀、腐蚀与防护、电化学传感器等多门课程知识，共分为四部分：基础知识介绍、电化学基础实验、电化学综合实验和电极、器件制备及表征。实验项目安排由基础到综合、应用，循序渐进，本书既适合高等院校相关专业本科生和研究生作为教材使用，也适合相关研究人员及工程技术人员作为参考书。

图书在版编目(CIP)数据

电化学综合实验/马玉林主编. —哈尔滨：哈尔滨工业大学出版社，2019.9

ISBN 978－7－5603－8458－0

Ⅰ.①电…　Ⅱ.①马…　Ⅲ.①电化学－化学实验－高等学校－教材　Ⅳ.①O6－334

中国版本图书馆 CIP 数据核字(2019)第 178747 号

责任编辑　王桂芝　佟雨繁　陈雪巍
出版发行　哈尔滨工业大学出版社
社　　址　哈尔滨市南岗区复华四道街 10 号　邮编 150006
传　　真　0451－86414749
网　　址　http://hitpress.hit.edu.cn
印　　刷　黑龙江艺德印刷有限责任公司
开　　本　787mm×1092mm　1/16　印张 13.75　字数 340 千字
版　　次　2019 年 9 月第 1 版　2019 年 9 月第 1 次印刷
书　　号　978－7－5603－8458－0
定　　价　34.00 元

前　言

电化学实验是从实验技术的角度理解电化学问题，是电化学的重要组成部分。近年来，随着电化学领域的蓬勃发展，越来越多的高等院校和科研院所开展了电化学方向的研究。哈尔滨工业大学于1962年建立电化学专业，并设置电化学实验课程，本教材凝结了多年来我校电化学专业教师的教学成果，在我校电化学专业本科生实验课程校内讲义“电化学综合实验讲义”基础上，添加了我校电化学专业研究生实验项目，为反映电化学的新成果，又新增了实验项目，实验内容涉及理论电化学、电化学测量、化学电源、电镀、腐蚀与防护、电化学传感器等多门课程的知识。实验项目既包含基础的电化学实验原理和方法，还涉及新的电化学研究方法和技术，同时兼顾电化学的实际应用。本书可以为高校电化学专业本科生和研究生实验课程的开展提供参考，也可为同行科技人员及相关专业的学生了解更多的电化学实验知识提供借鉴。

本书由马玉林主编，具体编写分工如下：马玉林负责第1章，第2章实验1(共同编写)、2、10、14，第3章实验2、6、8、11、14、16，第4章实验3、5、6、7，附录2、附录4～8；程新群负责第2章实验1(共同编写)、3、13，附录1；戴长松负责第2章实验4、11(共同编写)；张景双负责第2章实验5；贾铮负责第2章实验6；张锦秋负责第2章实验7、8；黎德育负责第2章实验9、11(共同编写)，第3章实验17；安茂忠负责第2章实验12，第3章实验10；赵力负责第3章实验1；杜春雨负责第3章实验3；王振波负责第3章实验4；熊岳平负责第3章实验5；左朋建负责第3章实验7，附录3；霍华负责第3章实验9，第4章实验4；王殿龙负责第3章实验12，第4章实验1；杨培霞负责第3章实验13；楚盈负责第3章实验15；袁国辉负责第4章实验2。全书由马玉林负责统稿。

参与本书审稿的人员有(排名不分先后)：尹鸽平、高云智、安茂忠、戴长松、杨培霞、赵力、程新群、黎德育。实验项目编写过程中特别感谢高云智老师对第2章实验2、第3章实验8、第4章实验7的技术支持，黎德育老师对金属腐蚀和电镀实验项目的修改意见和建议，程新群老师对化学电源实验项目的意见和建议。此外，潘钦敏老师、王博老师、娄帅锋老师及刘松松、江振飞、刘雅欣、钱正义、张稚国等同学在本书的整理过程中做出了贡献，在此一并感谢。本书的编写得到电化学工程系全体教师的大力支持。

在本书编写的过程中，编者参考了哈尔滨工业大学电化学工程系理论电化学、电化学测量、化学电源工艺学、电镀工艺学等课程的传统教学内容及实验讲义，部分文字数据和图表引用国内外著作及文献资料，在此向各位作者一并致以诚挚的谢意。

由于编者的水平有限，书中难免有疏漏和不当之处，敬请广大读者批评指正。

编　者

2019年7月

目 录

第1章　绪　论

1.1　电化学实验室安全知识

化工和化学实验隐藏着各种危险因素，若不加以防范，极有可能对人员造成伤害。每年我国由于化工实验操作不规范而造成的损失无法估计，因此必须严格遵守各项实验室规定和制度，尽可能防止危险发生。

一、个人安全

近年来，由于化学化工实验对人体造成严重伤害的事故屡有报道，因此，必须充分了解实验过程中的危险点并进行个人防护。

(1) 进入实验室前，先要了解冲淋装置及消防通道所在位置。

(2) 进入实验室后，必须按规定穿戴必要的工作服，需将长发及宽松的衣服妥善固定，严禁佩戴隐形眼镜，禁止穿露出脚面的鞋子。

(3) 实验进行前，应认真预习，了解实验过程中的危险点，尤其要明确所用药品的特点及毒性，以及需要佩戴何种防护用具，如进行危害物质、挥发性有机溶剂、特定化学物质或其他环保规定管辖的毒性化学物质等化学药品操作实验或研究，必须要穿戴防护用具(防护口罩、防护手套、防护眼镜)；进行高温实验，必须戴上防高温专用手套；进行液氮等低温操作时，必须穿戴专用手套和衣服。

(4) 实验完毕，务必将所有相关物品整理、清洁、还原，以便其他同学开展实验。

(5) 严禁将饮用水带入实验室，禁止在实验室内饮食；禁止在储存化学药品的冰箱或储藏柜内储藏食物；每次使用化学药品后必须先洗净双手方能进行其他事项。

二、药品相关知识

电化学涉及的化学药品大多是强酸性、强碱性、高腐蚀性或者是有毒性的，化学药品对环境危害较大，因此，在实验开始前，一定要慎重设计实验方案，必须考虑药品的特点、物理性质、药品用量等因素。

(1) 对于药品存储:有机溶剂,固体化学药品,酸、碱化合物均需分开存放;挥发性化学药品必须放置于可以通风的药品柜;高挥发性或易于氧化的化学药品必须存放于实验室专用冰箱内。实验前,应确认容器上标示的名称是否为所需药品及其等级是否满足要求,确认实验过程中会有何种可能的反应发生,是否产生大量热、有毒气体,是否有剧烈化学反应等。

(2) 实验过程中,不仅要考虑自身的安全,也要考虑他人的安全,不得擅自开展会对他人造成伤害的实验。使用挥发性有机溶剂、强酸性、强碱性、高腐蚀性、有毒性药品,务必在通风橱内进行操作。实验过程中,产生少量有毒气体的实验应在通风橱内进行,产生大量有毒气体的实验必须配备吸收或处理装置。所有装药品的容器务必贴上标签。

(3) 实验完毕,产生的废酸液、废碱液、有机溶剂等必须严格分类,倒入相应的废液桶中并标注清楚,试剂瓶、烧杯等容器清洗液也需倒入相应的废液桶中,空的药品瓶清洗后方可放入废液间,由专门的人员和厂家进行后期处理,对于本书中实验所用到的汞要进行集中清洗,回收利用。

三、用电安全

电化学实验经常涉及电子的得失,实验过程中难免会用到电源或者其他用电设备,实验开展前必须了解用电安全知识。

(1) 实验室内任何用电设备和电源不准随意摸弄,以防触电。

(2) 实验前要充分预习,了解设备及测试体系的连接线路,经指导教师同意后方可接通电源,开始实验。

(3) 操作电源开关时,不可两手同时操作。

(4) 如接通电源后保险丝熔断或断路器跳开,必须检查故障原因,在排除障碍后,方可重新接通电源。

(5) 任何仪表和电器,在未熟悉其使用方法前不得使用,使用任何电源前必须清楚其电压值。

(6) 手上有水或潮湿时请勿接触电器用品或电器设备,严禁使用水槽旁的电器插座(防止漏电或感电)。

(7) 电器插座请勿接太多插头,以免负载过大引起电气火灾。

(8) 在实验过程中发生事故时,不要惊慌失措,应立即断开电源,保持现场并报告指导教师检查处理。

(9) 所有电器设备在交付使用前必须进行安全检查。为防止发生意外,必须严格执行电气安全规程,定期维修,并注意导线绝缘情况是否符合电压和工作情况的需要。

(10) 为防止线路因超负荷而引起火灾,应保证导线的容量符合用电设备要求。导线与导线、导线与电器设备的连接要牢固可靠,以防产生过多热量而引起意外。

(11) 有人触电时,应立即切断电源,或者用绝缘体将导线与人体分离开后,才能实施抢救。

四、防火防爆

实验过程中由于涉及易燃金属、剧烈反应、明火和高压气瓶，因此，对于防火防爆事项应当高度关注。

(1) 使用易燃易爆物质，要严格遵守操作规程，指导教师必须事先熟悉其特性和有关知识。如果学生实验中需使用易燃易爆物质，指导教师应在学生开始实验前向学生详细讲授安全使用易燃易爆物质的操作方法及注意事项，并加强指导，注意观察。

(2) 易燃易爆物质要分类贮存，定期检查，防止其发生自燃或其他意外事故。

(3) 使用氢气、乙炔气等易燃气体进行实验时，必须符合有关要求，通风需良好。内存氢气、乙炔气的设备和管道必须严格密封，使用前必须进行试漏检查，以防由于氢气、乙炔气外逸或空气渗入而发生意外。

(4) 实验室使用的压缩气体钢瓶，应保持最少的数量。钢瓶必须牢牢固定，以免碰撞摔倒，发生意外。绝不能在靠近暖气、直接日晒等温度可能快速升高的地方使用钢瓶。压缩气体钢瓶使用时，必须装上合适的控制阀和压力调节器。气瓶内气体不能用完，必须留有剩余压力。搬运压缩气体钢瓶时，必须注意轻搬轻放，避免摔倒撞击。压缩气体钢瓶应专瓶专用，不能随意改装其他种类的气体。

(5) 在实验室内及过道等处，必须配备适宜的消防器材。

(6) 当电线及电器设备起火时，必须先切断电源，再用干粉灭火器灭火，并及时通知有关部门。绝不能用水或泡沫灭火器来扑灭燃烧的电线与电器，以免因水或灭火器喷出的药液导电而造成灭火人员的触电事故。

(7) 化学试剂着火时，除一般非危险品可用通常的灭火方法外，属于危险品引发的火灾，应根据它们的理化特性，采取不同的灭火方法。

(8) 当在实验过程中，实验人员的衣装着火时，应立即用浸水的物品蒙在着火者身上，使之不能与空气或其他氧化剂等助燃材料接触而熄灭。切不可慌忙跑动，避免气流流动，使火情增大，造成更大伤害。

(9) 当在实验过程中，小范围起火时，立即用湿抹布扑灭明火，并及时切断电源，关闭可燃性气体阀门。对范围较大的火情立即用消防沙或干粉灭火器扑救，并及时报警。

(10) 定期检查安全工作情况，保证各项安全规章制度的贯彻执行，禁止违反安全规章制度的行为，消除隐患，预防事故发生。

(11) 实验人员在工作完毕离开实验室时，要切实做到断电、断水、关闭门窗。凡遇节假日，都要进行一次安全检查。

五、实验室伤害的预处理

实验室必须配有紧急医药箱，对于一般伤害，如割伤、挤伤、砸伤等，应及时采取适当措施消毒、止血、包扎后尽快就医。

实验过程中常用的药品也可能会造成人身伤害，如常用的硫酸和浓碱，对身体皮肤具有严重的腐蚀和灼伤作用。若使用硫酸时不小心溅射到皮肤或衣服上，则需立即脱去衣服并用大量清水冲洗创面，然后在接触处涂上 3% ～ 5% 的碳酸氢钠溶液。若使用浓碱时不小心溅射到皮肤上，则需立即用大量清水冲洗，再涂上 2% ～ 5% 的硼酸溶液。

MSDS(material safety data sheet) 即化学品安全技术说明书，是用来阐明化学品的理化特性、化学品对使用者的健康可能产生的危害及危害应急处理措施的文件。电化学实验除了浓酸和浓碱外还涉及其他化学试剂的使用，因此，实验室应备齐实验过程中相关药品、试剂的 MSDS 并确保公开可查。实验预习时，要对本次实验使用的药品危害处理方法有所了解，发生化学试剂伤害时应根据应急措施及时处理，并尽快就医。

1.2　电化学信号的测量

电化学测量的主要任务是通过仪器测量包含电极过程动力学信息的电极电势、电流两个物理量，研究它们在各种极化信号激励下的变化关系，从而研究电极反应的各个基本过程。因此，正确测量出电极电势和电流是电化学测量的基础。

一、电极电势的测量

绝对电极电势无法测量，因而可采用两个电极测量出相对电极电势，通常简称电极电势。但是，由于两个电极在外电流通过时可能都会有极化的存在，因此，两个电极放入测量体系中仍然无法确认各个电极电势的具体分配，以及各自在电化学反应中的贡献，故引入已知半电池反应的第三个电极非常有必要，这样即可构成三电极体系。通常将待测电极称为研究电极，第二电极称为辅助电极，引入的第三电极称为参比电极。

三电极体系的电路示意图如图 1.2.1 所示：研究电极也称工作电极，通常用字母 W 代表，是实验过程中的研究对象；辅助电极也称对电极，通常用字母 C 代表，主要作用是通过极化电流，构成电流的回路；参比电极通常用 R 代表，是电极电势的比较标准，用来确定研究电极的电势。

从测量电路中可知，研究电极、辅助电极和极化电源构成了极化回路。研究电极、参比电极和电势差计(用于测量电势) 构成了测量回路，由于测量回路中没有极化电流通过，只有极小的测量电流，所以并不会对研究电极的状态和参比电极的稳定性造成干扰。可以看出，在三电极体系中，既可以满足研究电极的极化，又不妨碍电势和电流的测量，因此，在大多数情况下，都采用三电极体系进行测量。但是在某些特殊情况下，也可以采用两电极体系，如后续实验中的超微电极技术。

在测量电势时，通常使用电压表作为测量仪器，电路中不可能完全没有电流，此时测得的电压是端路电压，并不等于研究电极电势。

$$U = |\varphi_{测} - \varphi_{参}| - i_{测} R_{测} - |\Delta\varphi_{极化}| \neq \varphi \tag{1.2.1}$$

式中　U—— 仪器测得的电压；

$i_{测}$ —— 测量电路中流过的电流；

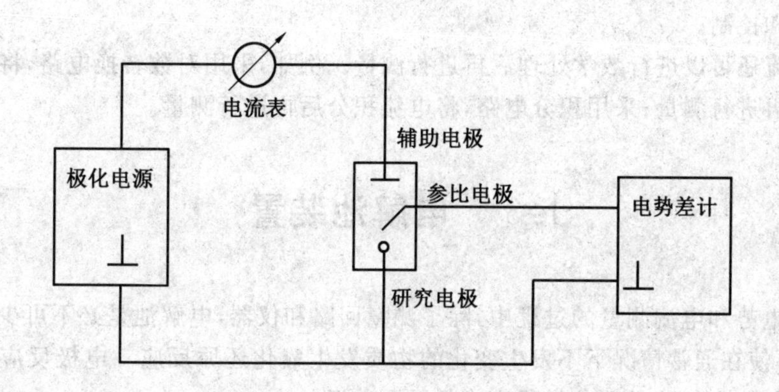

图 1.2.1　三电极体系的电路示意图

$R_{测}$ —— 测量回路的电阻；

$\Delta\varphi_{极化}$ —— 由于极化造成的电位降。

只有满足 $i_{测}R_{测}=0$ 和 $\Delta\varphi_{极化}=0$ 时，才会使 $U=\varphi$。实际上，只要 $i_{测}$、$R_{测}$、$\Delta\varphi_{极化}$ 足够小，使 U 和 φ 小于某允许值，就可认为 $U=\varphi$。在通常的电化学测量中，两者差别小于 1 mV。

根据欧姆定律可知公式(1.2.2)：

$$i_{测} \approx \frac{|\varphi_{测}-\varphi_{参}|}{(R_{测}+R_{仪器})} \tag{1.2.2}$$

式中　$R_{仪器}$ —— 测量仪器的输入阻抗。

从式(1.2.2)可以看出，当 $R_{仪器} \gg R_{测}$ 时，

$$i_{测} \approx \frac{|\varphi_{测}-\varphi_{参}|}{R_{仪器}} \tag{1.2.3}$$

由公式(1.2.3)可知，测量回路的电流取决于测量仪器的输入阻抗，$R_{仪器}$ 越大，$i_{测}$ 越小。所以，一般的电化学测量中输入阻抗 $R_{仪器}>10^6\ \Omega$ 即可。

对测量和控制电极电势的仪器要求如下：

(1) 输入阻抗足够高。足够高的输入阻抗实质上是保证测量电路中的电流足够小，使电池的开路电压绝大部分都分配在仪器上。同时，测量电路中的电流小，不会引起被测电池极化，从而不会干扰研究电极的电极电势和参比电极的稳定性。

(2) 有适当的精度和量程。一般要求仪器能够准确测量到 1 mV。

(3) 对于暂态测量，要求仪器有足够快的响应速度。

二、电流的测量和控制

极化电流的测量和控制主要包括两种不同的方式：

(1) 在极化回路中串联电流表，选择适当量程和精度的电流表测量电流。该方法适用于稳态体系的间断测量，不适合进行快速、连续的测量。

(2) 使用电流取样电阻或电流－电压转换电路，将极化电流信号转变成电压信号，然后使用测量、控制电压的仪器进行测量或控制。这种方法适用于极化电流的快速、连续、

自动的测量和控制。

极化电流还可以进行数学处理后再进行测量。例如,采用对数转换电路,将电流转换成对数形式再进行测量;采用积分电路,将电流积分后再进行测量。

1.3 电解池装置

在电极电势和电流测量的过程中,除了测量回路和仪器,电解池是必不可少的。通过外接电源,可使在通常情况下不发生变化的物质发生氧化还原反应。电极反应均发生在电解池内,因此,电解池是电化学研究中的重要装置。

对于常用的三电极体系来说,电解池装置包括研究电极、辅助电极、参比电极、电解质溶液、电解池容器等。对于两电极体系的电解池装置,参比电极与辅助电极共用一个电极,该装置在电化学实验中应用较少。以下将分别介绍电解池装置的各个部件。

一、研究电极

研究电极是电化学测量的主体,其选用的材料、结构形式、表面状态都对电极上发生的电化学反应产生影响。不同的电极材料具有不同的热力学电极电势,电极结构将影响电力线的分布,而表面状态更有可能改变电极反应的历程和电极动力学特点。目前的研究电极极其丰富,根据实验目的选择适当的研究电极,对于正确测量电化学信息具有重要的意义。

1. 研究电极种类

研究电极的分类方式比较多,根据物理性质可分为固体电极和液体电极(以汞为代表);根据形状可分为球面电极、柱状电极、平板电极、多孔电极、圆盘电极和超微电极等;根据表面状态可分为多晶电极和单晶电极等;根据材料不同又可分为Pt电极、Au电极、玻碳电极和镍电极等。本书仅简单介绍后续实验中涉及的部分电极。

(1) 汞电极。

汞是传统电化学测量中常用的电极材料,最具代表性的是滴汞电极。滴汞电极是液态电极,与固态电极相比,具有表面均匀、光洁、可重现的特点,其表观面积即是真实表面积,因此电极表面可重现性强。滴汞电极还具有表面清洁、无污染的特点。滴汞电极属于微小电极,通过电解池的电流非常小,由于其表面积比辅助电极的面积小得多,电解时几乎只在滴汞电极上产生极化,因此在一定条件下可以使用两电极体系来进行测量。此外,汞的化学稳定性高,在汞电极上的氢超电势也比较高,所以汞可以在较宽电势范围内作为惰性电极使用。

由于以上特点,汞电极在电化学反应中得到广泛应用,可以用于电极表面双电层结构及表面吸附测试,用于普通极谱和示波极谱中进行溶液成分的定量分析等。但是滴汞电极存在一定局限性:极谱测试中被测浓度范围窄;较正电势区域内汞会发生阳极溶解,因而不能用来作为研究电极；操作过程稍有不慎，便洒落到实验台；该材料不是真实电化学反应过程所采用的电极材料，因此，测试结果不能直接指导实际应用。但是其作为电极表面状态确定的理想电极，对于理论研究具有重要意义。

(2) 平板电极。

平板电极也称平面电极，是实验室最常用的固体电极。以 Pt 片电极为例，在使用过程中，通常在平板电极背面焊金属丝作为导线，非工作表面用环氧树脂密封绝缘，导线可用环氧树脂封入玻璃管内。若不进行绝缘处理和固定，电流在整个电极上的分布不均匀，导致电极的性质和面积都不易确定。

(3) 多孔电极。

多孔电极具有较大的孔隙率，可以大大提高电极的真实表面积，减小工作时的真实电流密度，减小电化学极化，是目前化学电源中一种常用的电极。粉末多孔电极是采用高比表面积的活性物质与具有导电性的惰性固体颗粒混合，然后通过压制、烧结、涂膏、粘结等方法制成。金属多孔电极可以通过模板法制成。多孔电极在化学电源中有广泛的应用。

(4) 超微电极。

超微电极是指至少在一个维度上的尺寸达到微米或者纳米级的电极，该电极的应用反映了电化学领域的重要进展，目前已经被广泛应用到生物活体检测、扫描电化学显微镜、电化学扫描隧道显微镜、电分析化学、腐蚀微区测试等高新技术领域。超微电极可以采用两电极体系进行电化学测试。

(5) 单晶电极。

单晶电极是具有确定的晶体结构和表面原子排布方式的一种电极，非常适合定量研究电极表面电化学过程和不同条件下固/液界面的原子分子行为。结合电化学差分质谱仪、和频振动光谱仪、电化学扫描探针显微镜等测试手段，还可以解析吸附物在电极表面上的位置及其与电极表面的键接关系。

2.研究电极的预处理

研究电极的清洁与否是电化学测量中十分重要的问题之一。测试前，电极一般应经过机械处理、化学处理、电化学处理或热处理中的一步或几步，获得尽可能清洁且重现的电极表面。

(1) 机械处理。封装好的电极应打磨光亮，磨光材料的顺序依次是粗砂纸、细砂纸、抛光粉，打磨至电极表面没有划痕为止。常用的机械抛光物质有金刚砂、抛光膏或抛光喷剂。市售抛光材料的粒度有一定差别，可以由粗至细依次抛光。依据电极表面的状态，抛光时间一般为几十秒至几分钟不等。抛光后，使用合适的溶剂洗去电极表面的抛光材料。如用氧化铝抛光后的电极，需要在蒸馏水中超声处理几分钟，以彻底清除表面的氧化铝颗粒。

(2) 化学处理。对于不适合机械处理或机械处理后清洁程度不够的电极，还可以选择化学处理。例如，软金属若用砂纸打磨，坚硬的颗粒会嵌入电极材料表面造成污染，因此，此类电极需要进行化学处理；易钝化的金属表面容易形成氧化膜，化学处理更容易清除表面的氧化膜。不同电极所用的处理溶液不同，惰性 Au 电极多用热硝酸等清洗，Pt 电极通常用王水和热硝酸清洗。

(3) 电化学处理。电化学处理一般放在固体电极表面预处理的最后一步。以Pt电极为例，通常将两个电极浸入稀酸中进行极化。极化方式较多，可以指定某一电位阴极还原一段时间，也可以按指定电位变化程序有目的地进行预极化，或者用阴极还原和阳极氧化电位反复交替，或者在指定电位范围内反复扫描。

(4) 热处理。加热退火处理对一些金属表面氧化物的去除特别有效。由于氧化物不一定以单层存在金属表面上，还可能以多层方式沉积在金属表面。为了除去金属表面的多层氧化物，退火处理是部分固体电极预处理比较理想的方法。将金属放在纯氢中加热除去氧化物，放在真空中加热除去吸附的氢，然后缓慢冷却至室温或直接浸入合适的溶液中。加热温度依金属而定，其中，常用的Fe和Pt金属的退火温度约为900 ℃，Au和Ni金属的退火温度约为550 ～ 600 ℃。

值得注意的是，大多数研究电极的表观面积和真实面积并不相同，因此，在电化学体系的具体测量中，真实面积的测定非常重要，本书中涉及两种电极的真实面积测定，将在后续实验中重点阐述，此处不做赘述。

二、辅助电极

辅助电极的功能是形成电流回路，向研究电极提供极化电流。当研究电极上通过阴极还原电流时，辅助电极上进行阳极氧化的电极反应。反之，当研究电极上通过阳极氧化电流时，辅助电极上将发生阴极还原的电极反应。因此，一般要求辅助电极本身电阻小，不容易发生极化。

对于研究电极和辅助电极隔开的电解池，辅助电极一侧的反应产物几乎不影响研究电极。但是对于研究电极和辅助电极在同一个室的电解池，为了避免辅助电极上发生的电极反应产物污染研究电极附近电解质溶液，甚至影响研究电极的电极过程，可选用惰性电极材料做辅助电极，同时放置在适当的位置。实验室中常用惰性的Pt电极作为辅助电极，它在酸性溶液、碱性溶液或者有机电解质体系中均可使用。石墨电极也是常用的辅助电极。

正确选择辅助电极的大小、形状并放置适合的位置是避免电位分布不均匀的主要措施。一般辅助电极面积都做得比较大，既可保证研究电极电力线分布的均匀，又可以降低电解池的槽压。对于平板状研究电极，辅助电极应放在对称的位置，如果研究电极两面都进行电化学反应，通常在其两侧各放置一只辅助电极，以保证电流均匀分布。此外，还可以通过增大辅助电极和研究电极表面之间的距离来改善电流分布的均匀性。

三、参比电极

参比电极主要是作为测量电极电位的参照对象，其性能直接影响电位测量或控制的稳定性、重现性和准确性。不同场合对参比电极的要求不尽相同，应根据具体测量对象合理选择参比电极。尽管如此，参比电极的选择仍具有一定的共性。

(1) 参比电极必须是可逆电极,使电化学反应处于平衡状态。可以用能斯特方程计算不同浓度时的电势值。

(2) 参比电极应具有良好的稳定性。参比电极不能溶于电解液,温度系数要小,电势随时间的变化要小。

(3) 参比电极应不易极化,以保证电极电势比较标准的恒定。

(4) 参比电极应具有好的恢复特性。

(5) 进行快速的暂态测量时参比电极要具有低电阻,以减少干扰,避免振荡,提高系统的响应速率。

(6) 在选用具体的参比电极时,应考虑参比电极对使用溶液体系的影响。

常用的参比电极有标准氢电极、甘汞电极、汞/氧化汞电极、汞/硫酸亚汞电极、银/氯化银电极,应该根据实际的测试体系,选择不同的参比电极。

四、盐桥

当被测电极体系的溶液与参比电极的溶液不同时,常用盐桥把参比电极和研究电极连接起来,使它们之间形成离子导电通路。两种不同溶液接触界面上会产生液接电势,盐桥的作用之一是减小液接电势,另一个作用是隔离,有效防止或减少研究溶液和参比溶液之间的相互污染。

1.盐桥的制备

常见的"盐桥"是一种充满盐溶液的玻璃管,管的两端分别与两种溶液相连接。通常盐桥做成U形,充满盐溶液后将它倒置于两溶液间,使两溶液间离子导通。为了减缓盐桥两边的溶液通过盐桥的流动,通常需要采用一定的盐桥封结方式。

最简单的一种盐桥封结方式是在盐桥内充满凝胶状电解液,从而抑制两边溶液的流动。所用的凝胶物质有琼脂、硅胶等。另一种常用的盐桥封结方式是用多孔烧结陶瓷、多孔烧结玻璃或石棉纤维封住盐桥管口,它们可以直接烧结在玻璃管内。

以琼脂盐桥为例简单说明其制作过程,首先在热水中加入4%琼脂,溶解后加入所需要的一定数量的盐。趁热将含盐的琼脂溶液注入盐桥玻璃管中,冷却后管内电解液将呈现胶状。使用过程中,要注意琼脂与被测体系电解液之间的稳定性,否则会污染溶液,甚至影响电极反应。

制作盐桥时应注意盐桥的内阻,否则容易造成测量误差,在恒电位测量时还容易引起振荡。

2.盐桥溶液的选择

(1) 溶液内阴、阳离子的当量电导应尽量接近,并尽量采用高浓度电解质。在水溶液体系中,盐桥溶液通常采用KCl或NH_4NO_3溶液。在有机电解质溶液中,可采用苦味酸四乙基铵溶液,该溶液在许多溶剂中其正负离子的迁移数几乎相同。另外,在实际研究中,还常使用高氯酸季铵盐溶液。

(2) 盐桥溶液内的离子不能与两端的溶液相互作用，也不应干扰被测电极过程。如$AgNO_3$溶液体系中不能采用KCl盐桥溶液，否则会发生反应生成AgCl沉淀，此时可以用NH_4NO_3盐桥溶液。

(3) 利用液位差使电解液朝一定方向流动，可以减缓盐桥溶液扩散进入研究体系或参比电极的溶液内。

五、鲁金(Luggin)毛细管

在电化学测量中，经常在被测电极表面与参比电极表面之间放置一段很细的管，称为鲁金毛细管。鲁金毛细管通常用玻璃管或塑料管制成，其一端拉得很细，测量电极电势时该端靠近电极表面，管的另一端与参比电极或连接参比电极的盐桥相连。

在有电流通过测量回路时，参比电极与研究电极之间的溶液存在欧姆电压降 iR_u，溶液电阻率较高和电流较大时，更为显著。为了尽量减少它对电势测量的影响，可使用鲁金毛细管，并使之尽量靠近研究电极，以降低欧姆电压降。鲁金毛细管距离研究电极越近，溶液的欧姆电压降越小，但是如管口过于靠近研究电极表面，将产生屏蔽作用，改变电极上的电流和电势分布。通常情况下，毛细管的外径很细(0.01～0.05 cm)，但是管口过细会增大参比电极的内阻，还会导致毛细管内外溶液间的杂散电容，在暂态测量时降低电解池的相应速率，甚至引起振荡。最佳的设计是令鲁金毛细管在管口一段足够细，并且采用薄壁材料避免辅助电极的屏蔽，而管体加粗并使用粗壁材料。

六、电解质溶液

电解质溶液大致分为三类：水溶液、有机溶剂溶液和熔融盐。其中，水是最常用的溶剂。非水溶剂，如碳酸酯类溶剂在锂离子电池领域广泛应用。原则上，如果采取适当的预防措施，电化学实验几乎有可能在任何介质中进行。在电解质溶液中，除了电活性物质外，还有溶剂和改善溶液导电性的电解质，有时还添加支持电解质等。

溶剂的选择主要取决于待分析物的溶解度及活性。此外，还要考虑它的性质，如导电性和电化学活性等。

由于水可以溶解大多数化学物，使其进行反应，因此，水是理想的溶剂，大多数电化学反应均是在水溶液中研究的。为了避免普通水中的金属离子和有机物等杂质对研究电极产生影响，尽可能使用纯水。然而，纯水几乎不导电，实际使用过程中需加入适量的具有离子导电性的支持电解质。

电化学研究中也经常用到非水溶剂，如有机溶剂。它具有如下优点：可以溶解不溶于水的物质；能够在比水溶液体系更大的电位、pH 值和温度范围内进行反应和测定；有些反应生成物在水溶液中将与水发生反应，但是在有机溶剂中可以稳定存在；可以根据溶质溶解后的状态和反应性质的变化灵活选用有机溶剂。有机溶剂选择的条件如下：可以溶解足够量的电解质；具有足够使支持电解质解离的介电常数；常温下是液体，且蒸气压低；毒性小；黏度小；电化学窗口宽；溶剂易于精制和提纯；价格便宜，容易买到。

在溶剂中加入支持电解质可以维持稳定的离子强度，增加溶液的导电性，从而减小溶液欧姆电压降，同时减小研究电极和辅助电极之间的电阻，有助于保持均一的电流和电位分布等。

支持电解质应具备的基本条件有：

(1) 在溶剂中溶解度较大。

(2) 电位测定范围大。

(3) 在整个实验电位范围内都保持惰性，不与体系中的溶剂或者电极反应有关的物质发生反应，且辅助电极表面无特性吸附，不改变双电层的结构。

七、电解池

电解池的结构和安装对电化学测量影响较大，例如：在恒电势极化中，电解池溶液电阻对恒电势仪的测量和极化信号都会有影响；在旋转圆盘电极中，鲁金毛细管的位置直接影响电极表面是否保持层流，因此，正确设计和安装电解池体系是十分重要的。本书中讨论的电解池是指在实验室中进行电化学测量时使用的小型电解池。

1. 电解池材料

电解池的各个部件需要由具有各种不同性能的材料制成，对材料的选择要依据具体的使用环境。电解池材料特别重要的性质是稳定性，要避免电解池使用时材料分解产生杂质，干扰被测的电极过程。电解池制作过程中常用的材料有玻璃、聚四氟乙烯、有机玻璃、聚乙烯、环氧树脂、尼龙(nylon)、聚苯乙烯(polystyrene) 等。

(1) 玻璃是最常用的电解池主体材料，它具有很宽的使用温度范围，能在火焰中加工成各种形状。玻璃在有机溶液中十分稳定，在大多数无机溶液中也很稳定，但在 HF 溶液、浓碱及碱性熔盐中不稳定。

(2) 有机玻璃，化学名为聚甲基丙烯酸甲酯(polymethylmethacrylate，PMMA)，PMMA 具有良好的透光性，价格低廉，易于机械加工，但是由于受到化学稳定性及使用温度限制，应用范围较窄。有机玻璃在浓氧化性酸和浓碱中不稳定，在丙酮、氯仿、二氯乙烷、乙醚、四氯化碳、醋酸乙酯及醋酸等很多有机溶剂中可溶，使用温度不能高于 70 ℃。

(3) 聚四氟乙烯(polytetrafluoroethylene，PTFE) 是常用的绝缘封装材料，它具有极佳的化学稳定性，在王水、浓碱中均不发生变化，也不溶于任何有机溶剂。PTFE 具有较宽的使用温度范围，为 －195 ～＋250 ℃。PTFE 是较软的固体，在压力下容易发生变形，因此适合于封装固体电极，而且 PTFE 具有强憎水性，电解液不易渗入 PTFE 和电极之间，因而具有良好的密封性。

(4) 环氧树脂(epoxy resin) 是制造电解池和封装电极时常用的粘结材料。由多元胺交联固化后的环氧树脂化学稳定性较好，在一般的酸、碱、有机溶液中能够保持稳定，耐热性可达 200 ℃。

2. 电解池设计要求

电解池的设计必须根据具体情况来确定，一般情况下考虑的因素有：

(1) 电解池的大小要适当，同时要选择适当的研究电极面积和溶液体积之比。在多数的电化学测量中，需要保证溶液本体浓度不随反应的进行而改变，因此，要根据研究电极的面积选择合适的电解液量。但是某些特殊情况下，如电解分析，为了在尽可能短的时间内使溶液中反应物电解反应完毕，应使用足够大的研究电极面积和溶液体积之比。因此，要根据具体情况确定溶液体积，从而选择适当的电解池体积。

(2) 应正确选择辅助电极的形状、大小和位置，以保证研究电极表面的电流分布均匀。一般来讲，辅助电极的面积应大于研究电极，形状与研究电极的形状相吻合，放置在与研究电极相对称的位置上，这样才能保证研究电极表面各处电力线均匀分布。

(3) 研究电极体系和辅助电极体系之间是否需要隔离。当研究体系和辅助体系的溶液不同时，通常用烧结玻璃等隔开，以防止辅助电极产物对被测体系的影响，但是必须考虑溶液的离子导通。此外，这些措施会增大电解池的电阻，增高电解池的电压。

(4) 鲁金毛细管的位置。鲁金毛细管既要尽量接近研究电极表面，又要避免辅助电极造成屏蔽，以保证电极电位的正确测量和控制。鲁金毛细管口与被测电极表面之间的距离，应视具体情况而定。由于电力线屏蔽问题，鲁金毛细管与电极的距离一般是鲁金毛细管尖端直径的 2 倍。但是，进行微区电位测量时，毛细管口就要做得很细(微米级)，同被测电极表面要尽可能靠近。

(5) 电解池的气体保护设计。电化学测量常常需要在一定的气氛中进行，如通入惰性气体以除去溶解在溶液中的氧气，尤其是燃料电池催化剂的研究中通常有鼓气要求。此时，电解池必须设有进气管和出气管。进气管的管口通常设在电解池底部，并可接有烧结玻璃板，使通入的气体易于分散，在溶液中达到饱和；出气管口常接有水封装置，以防止空气进入。

在实际情况中，还要考虑体系是否需要盐桥、参比电极的选择、是否需要搅拌等，采用正确的电解池，才能保证测试结果的准确性。

3. 常用的电解池

在电化学测量中，所用的电解池种类很多，根据实验的要求可采用不同的电解池。图 1.3.1 所示为一种标准 H 型电解池。研究电极、辅助电极和参比电极各自处于一个电极管中，所以也称为三池电解池。研究电极和辅助电极间用多孔烧结玻璃板隔开，参比电极通过鲁金毛细管同研究体系相连，毛细管管口靠近研究电极表面。三个电极管的位置可做成以研究电极管为中心的直角，这样有利于电流的均匀分布和进行电势测量，并且也可以把电解池稳定地放置。研究电极和辅助电极的塞子可用磨口玻璃塞、橡胶塞或 PTFE 塞。如果不考虑鼓气设计也可以采用简易 H 型电解池(图 1.3.1(a))。

图 1.3.2(b) 是一种卧式电解池，该电解池由研究电极、辅助电极和参比电极构成，也是一种三电极电解池。这种电解池常用于腐蚀研究中 Tafel 曲线的测试，该电解池研究电极暴露在电解液中的面积固定，所有的腐蚀都是在恒定的几何面积下进行。参比电

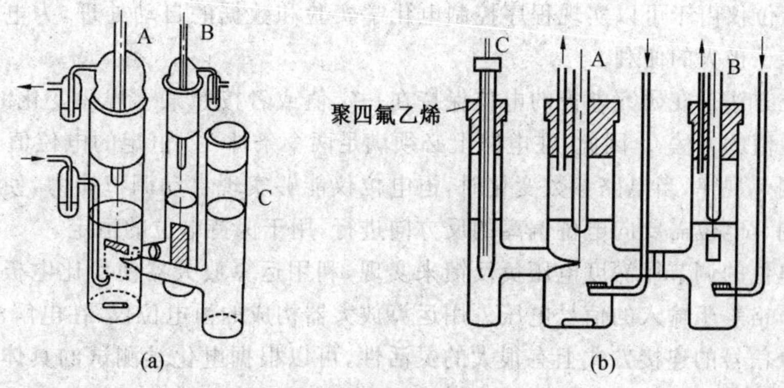

图 1.3.1　标准 H 型电解池

A— 研究电极；B— 辅助电极；C— 参比电极

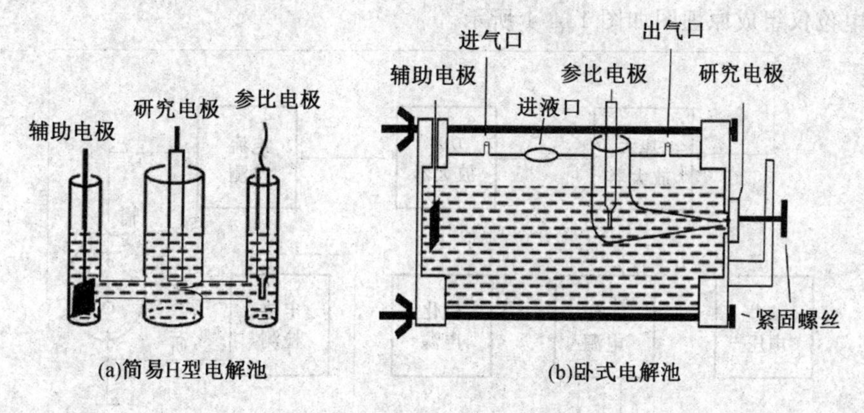

图 1.3.2　简易三电极电解池

极通过鲁金毛细管同研究体系相连，毛细管管口靠近研究电极表面。此电解池中，辅助电极与研究电极的距离固定并且平行，有利于电力线的均匀分布。

1.4　电化学实验常用仪器

电化学仪器是实现电化学信号测量的必备工具，本节主要介绍恒电位仪和电化学工作站、信号发生器、电池测试仪、旋转圆盘电极(旋转环盘电极)。

一、恒电位仪和电化学工作站

1. 恒电位仪

恒电位仪是电化学测量中最基本的仪器。自 1942 年 Hickling 首次公开恒电位仪电路以来，随着其用途的扩展和电子技术应用的快速发展，恒电位仪从最初的机械式电路，发展到 20 世纪 60 年代初期的晶体管恒电位仪，再到集成电路恒电位仪。近年来，计算机控制的恒电位仪由于可以实现程序控制电化学实验和数据的自动处理，为电化学工作者的研究提供了极大的便利。

恒电位方法是在研究电极的电位保持在一定值或者按照某一规律变化的同时，测定相应电流数值的方法 。因此，在电路上必须满足两个条件：① 恒定的电位值可调。② 满足恒电位调节规律，当电路参数变化时，恒电位仪能够实现自动调节能力，使电位保持恒定。自动调节电位需要向电位偏离的反方向进行，用于保持电位的恒定。

恒定电位的调节靠深度电压负反馈来实现，利用运算放大器使参比电极与研究电极的电位差严格等于输入的信号电压。用运算放大器构成的恒电位仪，在电解池、电流取样电阻及指令信号的连接方式上有很大的灵活性，可以根据电化学测试的具体要求选择或者设计各种类型的恒电位仪电路。电路是恒电位仪的核心，反相加法式恒电势仪电路是常用的一种电路，将在后续的实验中具体介绍，此处不再赘述。

恒电位仪组成原理图如图 1.4.1 所示。

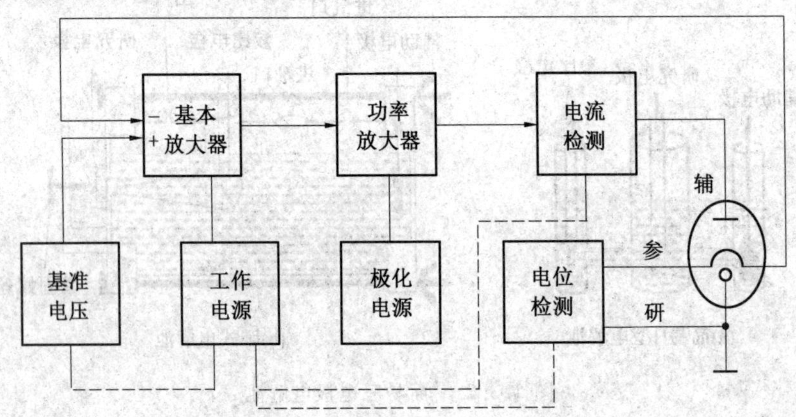

图 1.4.1　恒电位仪原理方框图

基本放大器采用固体组件线性集成电路或者分立元件的直流放大器，起比较放大的作用，通常也称为主放大器。功率放大器可使基本放大器的输出电压控制较大的电流变化，从而实现电极电位的灵敏控制。基准信号源除了直流电压外，还有三角波、方波、正弦波及其他交流脉冲波形，通常采用加法器形式。电流检测可以通过串联电流表或者采样电阻的方法实现。电位检测通常是采用高输入阻抗电压检测装置。稳压电源为基本放大器和功率输出级分别供电，各自构成电流回路。

对恒电位仪的一般要求是：具有一定的输出电压和输出电流，负载特性好，输入阻抗高，零点漂移小，响应速度快，以及具有欧姆电压降补偿和转换为恒电流控制等。

(1) 负载特性。

极化电流由零变化到恒电位仪的额定输出电流时，受控制的研究电极电位的变化值称为恒电位仪的负载特性。它反映了基准电位和控制电位之间的差值，也是恒电位仪的跟随特性。

(2) 输入阻抗。

恒电位仪的输入阻抗实际上反映的是参比电极允许流过的最大电流问题。电流通过参比电极时，研究电极电流与辅助电极电流之差，可能引起参比电极极化，并且在鲁金毛细管和研究电极之间产生欧姆压降。为了提高输入阻抗，通常采用以场效应管为输入级的集成运算放大器，其输入电流一般不大于 10^{-10} A，产生的误差不超过 1 mV。

(3) 欧姆压降补偿。

参比电极的鲁金毛细管与研究电极表面的溶液之间存在欧姆压降 R_u，由于此段既处于极化回路中，也在控制测量回路中，因此，极化电流在该处的欧姆压降将附加到所控制和测量的研究电极的电极电势中，成为电极电势测量和控制的主要误差来源。因此，消除欧姆压降直接关系到测量和控制的准确性。除了加入支持电解质、改善溶液导电性、缩短鲁金毛细管与研究电极的位置外，通过电子电路中的正反馈直接补偿、断电流和电桥补偿等方法也可以实现欧姆压降的补偿。

正反馈直接补偿技术是最常用的方法，其原理是利用欧姆压降与电流成正比的关系来实现欧姆压降补偿。利用溶液欧姆压降的电流跟随特性，在恒电位仪输入端加入一个与电流成正比的校正电压来进行校正，如果采用的比例因子等于 R_u，电势控制误差即可以被完全消除。

(4) 响应时间。

对于稳态测量，只需要讨论控制精度、输入阻抗和欧姆压降补偿等问题。对于电化学暂态研究，如电位阶跃法，需要测量出给出电位阶跃后很短时间内的电流，因此必须考虑恒电位仪的响应时间。对于暂态测量用的恒电位仪，要求其具有微秒级的响应时间，恒电位仪必须具有良好的高频特性。由于工作频率升高，运算放大器的增益下降，输出幅度下降，同时还会产生附加相移，在一定条件下，不仅会使恒电位仪高频时的控制精度下降，还可能出现不稳定和假响应。因此，对于电化学暂态测量，必须注意恒电位仪的响应速度和稳定性。

2. 电化学工作站

(1) 基本功能。

在恒电位仪运算放大器构建的模拟电极电路基础上，采用计算机控制信号产生、获取及控制数据，同时控制整套恒电位仪和电化学系统的运行，使测量过程准确可靠，同时操作方便快捷，功能得到拓展。电化学工作站或电化学综合测试系统正是基于计算机控制的此类装置。

电化学工作站包含数字信号发生器、高速数据采集系统、电位和电流信号滤波器、多级信号增益、IR 降补偿，可以实现恒电位仪和恒电流仪的功能。同时它还具备良好的拓展能力，可以拓展频响分析仪，实现交流阻抗的测量；拓展线性信号发生器，实现线性扫描功能；拓展大电流拓展模块，将仪器的输出电流范围增大到 ±10A；拓展微电流测试模块，实现微电流测试等。

除了硬件上的优势，通过计算机配备的数据处理程序，还可以对测试结果进行保存和处理，进行平滑、滤波、卷积、扣除背景等操作，对伏安分析类的方法，可以进行寻找峰、扣除基线、绘制标准曲线、线性回归等操作；对于极化曲线可进行半对数极化曲线分析、Tafel 斜率分析、腐蚀速率分析等操作；对电化学阻抗谱，可以进行阻抗谱的拟合操作。

(2) 操作简介。

以下以 CHI 电化学工作站为例简单介绍其操作方法。

① 打开仪器后面的开关。

② 将需要检测的体系(一般为某物质的溶液)放置在适当的电解池中,将准备采用的电极放置在溶液中。

③ 测试一般采用三电极体系,接线方式如下:绿色夹头接研究电极,红色夹头接辅助电极,白色夹头接参比电极。当使用两电极体系系统时,其接线方式需要略作改变,绿色夹头接研究电极,红色和白色接另一电极。

注意:通常的工作站接线端有 4 个接线头,分别是红色接线头、黑色接线头、绿色接线头、白色接线头,其中绿色为研究电极,黑色为感受电极,白色为参比电极,红色为辅助电极。特殊情况下,如工作站具有双恒电位仪功能时会存在黄色接线头(第二研究电极),当进行旋转环盘电极测试时,应该将黄色接线头接入环电极的电极柱上。

④ 打开电脑上的 CHI 程序(程序需与电化学工作站型号相匹配)。

⑤ 点击软件中的 Setup(设置) 菜单,找到 System(系统) 命令,选择正确的端口。

⑥ 点击软件中的 Setup(设置) 菜单,找到 Hardware Test(硬件测试) 选项,进行系统测试,大约 1min 后屏幕上会显示硬件测试的结果。

⑦ 硬件测试完成后,点击软件工具栏中 Technique 选项,选择需要使用的测试技术,点击 Parameters 设置实验参数,再点击 Run 开始实验测试。

⑧ 测试完成后,保存实验结果至电脑(存储位置自行设置),整理测试装置。

(3) 注意事项。

① 仪器的电源必须采用单相三线,地线需与大地连接良好(地线可以降低噪声并避免漏电导致的安全问题)。

② 晚上离开时,建议关机。

③ 电化学工作站的使用环境温度建议在 15 ~ 28 ℃,在此温度范围外测试,会影响数据的准确性(会有漂移),且影响仪器的使用寿命。

④ 当工作站与计算机连接正常,但是无法测试信号时,有可能是电极夹头因长时间使用而出现虚接或断路,可以自行焊接。

⑤ 在仪器使用过程中,应当注意定期矫正仪器,确保仪器的正常工作和测量精度。通常采用由电阻、电容构成的模拟电解池来进行上述校正。

二、信号发生器

信号发生器即信号源,能够提供测量所需要的各种电信号,是基本且应用广泛的电子测量仪器,也是电化学实验中给出激励信号的重要仪器。

1. 基本结构和分类

信号发生器的基本结构一般可用图 1.4.2 原理框图描述。其中,振荡器是信号发射器的核心部分,可以产生不同频率、不同波形的信号;变换器主要是对振荡器输出的信号进行放大；输出级的主要功能是调节输出信号的电平和输出阻抗，根据实际情况不同，输出级可以是衰减器、匹配变压器或射极跟随器等；指示器的主要功能是用来监视和显示输出信号，可以是电压表、功率计、频率计等；电源用来提供信号发生器各部分的工作电源电压。

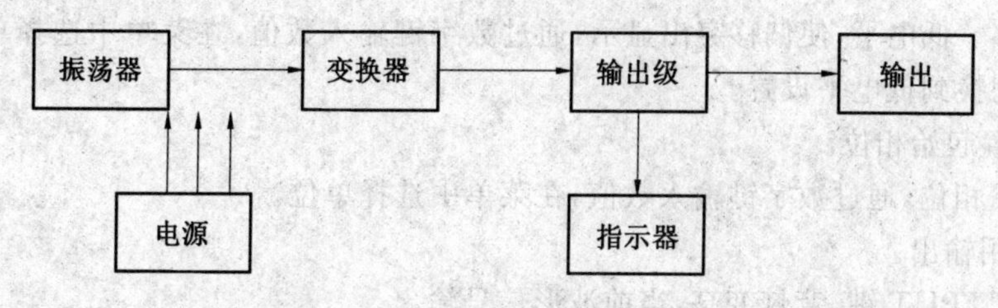

图 1.4.2　信号发生器原理框图

信号发生器根据波形的不同可以分为正弦信号发生器、函数信号发生器、脉冲信号发生器和随机信号发生器，其中函数信号发生器是电化学测试中最常用的信号发生器。按照信号发生器的输出信号频率范围可以将其分为超低频(0.000 1 Hz ～ 1 kHz)、低频(1 Hz ～1 MHz)、视频(20 Hz ～ 10 MHz)、高频(200 kHz ～ 30 MHz)、甚高频(30 MHz ～ 300 MHz)、超高频(300 MHz以上)信号发生器。根据调制方式不同，信号发生器可分为调幅、调频、调相、脉冲调制等类型。

在信号发生器的选择和使用过程中必须要关注其主要性能指标，确保信号发生器可以满足电化学实验的需求。信号发生器的主要性能指标包括以下几个：

① 频率特性：频率范围、频率准确度和频率稳定度。

② 输出特性：输出阻抗、输出电平及其平坦度、输出形式、输出波形及谐波失真等。

③ 调制特性。

2. 使用方法

以下以 DG1062Z 型信号发生器为例。

(1) 机台电源的激活(power on)。

先确定机台电源线已经连接到插板上，然后按下显示器左下方电源开关按钮至“1”位置。

(2) 机台电源的关闭(power off)。

欲关闭电源，按下电源开关按钮。

(3) 输出基本波形。

① 选择输出通道。

按通道选择键 CHI/CH2，选中 CH1，此时通道状态栏边框以黄色标识。

② 选择正弦波。

按 Sine，选择正弦波，背灯变亮标示选中。

③ 设置频率 / 周期。

按频率 / 周期，使“频率” 显示突出，通过数字键盘输入数值，然后在弹出的菜单中选择单位。再次按下此键，切换至周期位置，通过数字键输入数值，在菜单中选择单位。

④ 设置幅值。

按幅值/高电平,使幅值突出显示,通过数字键输入数值,在菜单中选择单位。再次按下此键切换至高电平设置。

⑤ 设置偏移电压。

按偏移/低电平,使偏移突出显示,通过数字键输入数值,在菜单中选择单位。再次按下此键切换到低电平设置。

⑥ 设置起始相位。

按起始相位,通过数字键输入数值,在菜单中选择单位。

⑦ 启用输出。

按 OUTPUT 键,背灯变亮,当前波形信号输出。

3. 注意事项

(1) 禁止在潮湿环境、易燃易爆环境下操作。

(2) 注意保持仪器表面的清洁和干燥。

(3) 禁止开盖操作。

(4) 使用合适的保险丝,在更换保险丝时严禁带电操作,必须将电源线与交流市电电源切断,以保证人身安全。

(5) 维护修理时,一般先排除直观故障,如断线、碰线、器件倒伏、接插件脱落等可视损坏故障。然后根据故障现象按工作原理初步分析出故障电路的范围,再以必要的手段来对故障电路进行静态、动态检查,查出确切故障后按实际情况处理,使仪器恢复正常运行。

(6) 信号发生器采用大规模集成电路,修理时禁用二芯电源线的电烙铁,校准测试时,测量仪器或其他设备的外壳应接地良好,以免意外损坏。

三、电池测试仪

1. 电池测试仪概述

电池测试仪是一种通过对电池进行充放电并记录充放电过程的电流、电压等数据的测量装置。通过电池测试仪,可测试得到电池容量(比容量)、能量(比能量)、直流内阻等,或循环得到其衰减特性,亦可通过一些脉冲的输入输出响应匹配电池等效模型进行参数估计并进行建模仿真。电池测试仪是化学电源研究中的必备装置。

一般来说,电池测试仪系统主要由 3 部分组成:电源、功率模块及采样控制模块。目前市面上的电池测试仪通常为了拓展更多的功能会在基本结构上有所改变,以新威电池测试仪的基本结构为例(见图 1.4.3)。为提升数据计算和控制的实时性,增加中位机模块。同时,为获取测试过程中的温度、压力、辅助电压、厚度等数据,增加辅助通道模块。通过电源及相应功率模块协同工作,使其输出电池充电所需的参数、负载及其相应功率模块协同输出放电所需的参数,在电池输入输出的同时,采样单元持续对其回路进行检测监控并记录数据。

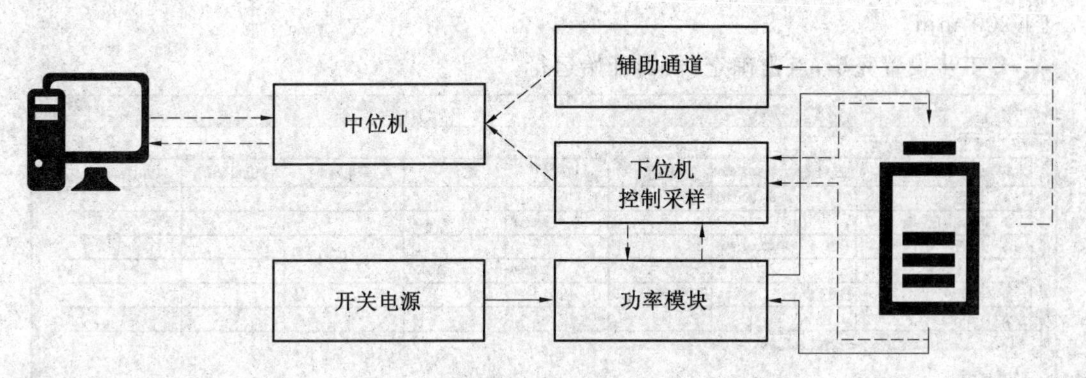

图 1.4.3　新威电池测试仪的基本结构

目前,电池测试仪正在往高精度、高速采样、节能回馈等方向发展。高精度能更好的重现测试结果,保证测试准确;高速采样则能捕捉到充放电测试中的细微变化;节能回馈则能将电池放电能量回收到充电通道或逆变回电网,提升能源效率。

以新威电池测试仪 BTS7.6 系列为例进行具体操作说明。

2. 使用方法

(1) 将电池接到测试仪,注意区分正负极。

(2) 工步设置。

① 选定待操作通道 → 单击右键 → 单点“启动(S)”。

② 在“启动”界面下,可设置工步、记录条件、安全保护等信息。启动界面包括两个子界面“标准工步设置”和“专业工步设置”。“标准工步设置”是针对整个工步流程的“记录条件”、“安全保护”条件等设置。“专业工步设置”是针对每个单独工步的“记录条件”、“安全保护”条件等设置。工步设置界面如图 1.4.4 所示,一般包含以下几个步骤:

a. 搁置。设置搁置时间,当运行到此工步时,仪器不进行电流等信息的输入,但仍会记录电压、容量等信息。通常此步骤可以记录初始电压,另外在充放电间隔搁置可以减小极化。

b. 恒流充放电。设置充放电电流以及充放电时间(定容充放)或截止电压,仪器以恒定的电流对电池进行充放电,直至达到一定的容量或电位。

c. 恒压充放电。设置充放电的电压及截止电流(一般为 0.05 C,具体根据测试目的确定),但由于电流达到截止电流的时间一般很长,经常同时设置一个充放电时间进行限制,截止电流或时间两者满足其一工步便会停止。

d. 循环。设置循环起始工步及循环次数。注意:当设置循环次数为 n 时,部分型号仪器会循环 n 次,部分型号仪器会循环 $n-1$ 次。

e. 结束。当运行到此工步时,充放电结束。

f. 安全保护。设置上下限电压或上下限电流,当电压或电流超出设置范围时,工步停止。

g. 活性物质质量。输入电池活性物质质量,方便计算比容量等参数。

h. 备份设置。设置文件备份路径、文件名及备份方式,备份方式一般有两种,定时备份和完成备份。注意：为防止对仪器造成负荷太大，一般定时备份时间不少于1 200 min。

i. 工步设置完毕，点击确定，仪器开始运行。

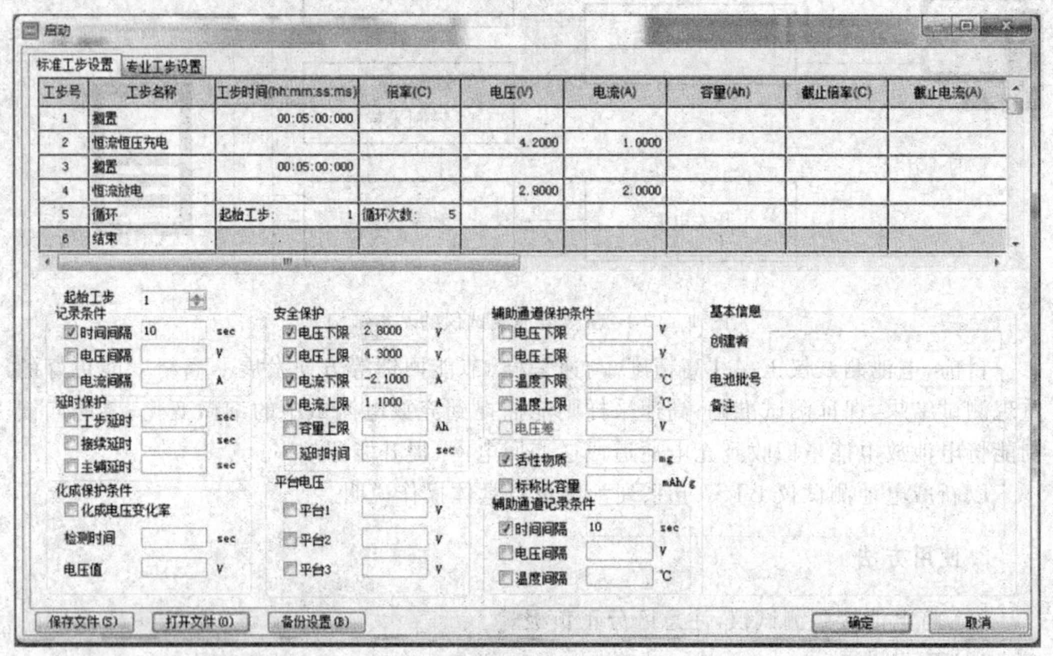

图 1.4.4　工步设置界面

③ 数据导出

右键单击→"通道数据"，打开选中通道的测试数据。将鼠标放在"数据"上右击，选择"导出"，选择"自定义报表"，在图框中选择要导出的数据，并选择导出格式（一般为excel）和保存路径，即可导出相应数据。

(3) 电池测试仪还具有单点停止、整柜启动、整柜停止、跳转通道、重置工步、通道迁移、通道复制的功能，可以根据实际情况进行相应操作。

3. 注意事项

(1) 不要擅自拆装线路板，以免造成通讯错误或损坏设备。

(2) 使用设备前请先通电查看设备是否正常，电池夹具探针处是否已经损坏，若有损坏则不可使用，并粘贴标签加以注释及时维修。

(3) 将电池装在夹具上时，务必注意电池实际组装时的正负极与夹具的正负极正确连接。

(4) 放入电池时，需调节夹具上、下档板的间距，下夹具至少被下压一半，才能保证良好接触。若夹具间距过小容易刮花电池；过大会使电池松动影响测试数据的精确度。

(5) 测试过程中请正确设置工步，否则会损坏电池，甚至引发安全事故。

(6) 使用过程中若发现某通道电压电流数据异常，应立即停止使用该通道，并贴上标签，及时告知老师联系仪器公司进行维修。

四、旋转圆盘电极

旋转圆盘电极是能够把流体力学方程和液相传质方程在稳态时严格解出的少数几种对流电极体系之一。

1. 工作原理

图 1.4.5 为旋转圆盘电极示意图。旋转圆盘电极是由电极材料、绝缘材料和导电旋转轴组成的。常见的电极材料有 Pt、Au 和玻碳，绝缘材料有聚四氟乙烯、环氧树脂或其他塑料，导电轴可以是黄铜等导电性较好的材料。将圆盘状的电极材料固定在旋转轴上嵌入绝缘材料中，露出的底面经过抛光后要光滑平整。电极材料和绝缘套之间一定要严密封装，不能有溶液渗入。测试时，将所选圆盘电极连接上旋转器，通过马达带动电极在一定转速下旋转，从而带动周边溶液按照流体力学规律建立起稳定的强迫对流状态。

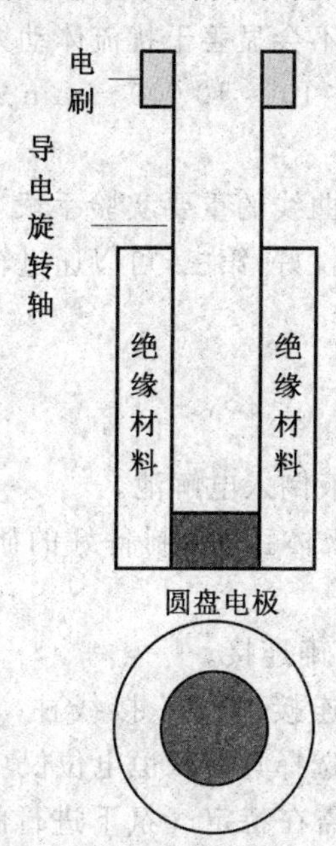

图 1.4.5　旋转圆盘电极示意图

旋转圆盘电极实际使用的是圆盘的底部表面，整个电极围绕垂直于盘面的中心轴转动。在层流状态下，也就是不出现湍流且自然对流可以忽略的情况下，整个电极表面上可以形成均匀的扩散层，并且扩散层厚度可以通过调节转速而人为控制。

根据流体动力学理论，可以推导出扩散层的有效厚度 δ 公式(1.4.1)：

$$\delta = 1.61 D_i^{1/3} \upsilon^{1/6} \omega^{-1/2} \tag{1.4.1}$$

根据 Fick 第一定律 $i = nFAD_i \dfrac{C_i^* - C_i^S}{\delta}$ 可以得到扩散电流为

$$i = 0.62 nFAD_i^{2/3} \upsilon^{-1/6} (C_i^0 - C_i^S) \omega^{1/2} \tag{1.4.2}$$

极限扩散电流 i_d 为

$$i_d = 0.62nFAD_i^{2/3}\upsilon^{-1/6}C_i^0\omega^{1/2} \tag{1.4.3}$$

式中　δ—— 扩散层的有效厚度，cm；

D_i—— 反应物的扩散系数，$cm \cdot s^{-1}$；

υ—— 溶液的动力黏度，$cm^2 \cdot s^{-1}$；

ω—— 旋转圆盘电极的旋转角速度，$rad \cdot s^{-1}$；

n—— 参与电极反应的电子数；

F—— 法拉第常数；

A—— 反应有效面积；

C^0—— 本体浓度；

C^S—— 表面浓度。

为了保证电极表面只出现层流，圆盘表面的粗糙度与δ相比必须很小，因此要求电极表面具有高光洁度。为保证电极表面不出现湍流，在远大于旋转电极半径范围内不要有任何障碍物，而且旋转电极应当没有偏心度。当使用鲁金毛细管时，如果轴向地指向电极表面，而且尖端距离表面 1 cm 以上不会显著干扰流体动力学性质。转速会对表面层流有很大影响，旋转圆盘电极转速应该在 10 ～ 10 000 r/min之间，转速过低，自然对流不可忽略，过高则容易引起湍流。

旋转圆盘电极是测量稳态极化曲线的重要实验手段，具有以下三个优点：第一，易于建立稳态；第二，稳态极化曲线重现性好；第三，可以通过转速控制溶液的液相传质过程。

2. 使用方法

(1) 操作步骤。

① 按照实验要求，取所需电解液倒入电解池。

② 按照实验要求选择所需电极体系，将制备好的研究电极及其他电极进行安装、固定。

③ 将各电极与电化学工作站正确连接。

(若研究电极为圆盘电极，只连接“Disk”接线柱；若为圆环电极，需将“Disk”及“Ring”两线柱均接入工作站，必须选择具有双恒电位仪功能的工作站。)

④ 接通装置电源，设定参数。需在特定气氛下进行的实验，进行电化学测试前需先鼓气 20 ～ 30 min，鼓气结束后，设定转速进行相关电化学测试。

(2) 鼓气(PURGE) 参数设置。

① 实验前将钢瓶与装置后侧的“GAS INLET”孔相连接，压力始终不得大于 0.2 MPa；进气长管管口需通到电解池底部，短管管口置于电解液液面以上。

② 开关指向“SET”处，由“CONTROL FLOW”旋钮设定气体流速，由“PURGE”旋钮设定长管鼓气时间。

③ 开关指向“LOCAL”处，鼓气开始，指示灯点亮，结束熄灭。

(3) 转速(ROTATION) 参数设置。

① 开关指向“SET”处，按指定方向调节旋钮设定转速。

② 开关指向“LOCAL”处，研究电极启动，绿色指示灯点亮。

第 2 章　电化学基础实验

实验 1　标准氢电极的制备实验

一、实验目的

(1) 熟悉参比电极的原理与应用。
(2) 掌握标准氢电极的制备方法。

二、实验原理

电极电势是电化学体系的一个基本性质。电极和溶液界面双电层的电势跃为绝对电极电势，是影响电极反应速度的主要因素之一，直接反应了电极过程的热力学和动力学特征。然而一个电极的绝对电极电势是无法测量的，当我们需要测量一个电极的电势时，常选择一个标准氢电极与待测电极组成原电池，然后测定其电动势，设定标准氢电极电势为零，这样测出的待测电极的电势称为氢标电极电势。

除标准氢电极外，还可以选用另外一些电极电势比较稳定、使用较方便、标准电极电势已知的电极作为参比电极。

作为参比电极的体系应选择电极电势重现性好、可逆性较大的电极体系(即难极化电极)，且所选电极体系应具备电极电势比较稳定、温度影响较小、制备容易的特点。

常用的参比电极有标准氢电极、甘汞电极、硫酸亚汞电极、氧化汞电极、银－氯化银电极等，这几种常用参比电极的电势数据见表 2.1.1。

表 2.1.1　几种常用参比电极电势数据(25 ℃)

参比电极	体系	电极电势 φ/V	温度系数 r/(V·℃$^{-1}$)
标准氢电极	Pt,H_2 | H^+ (a_{H+} = 1)	0.000	
饱和甘汞电极	Hg | Hg_2Cl_2,KCl(饱和)	0.244	-7.6×10^{-4}
1 mol·L^{-1} 甘汞电极	Hg | Hg_2Cl_2,KCl(1 mol·L^{-1})	0.283	-2.4×10^{-4}
0.1 mol·L^{-1} 甘汞电极	Hg | Hg_2Cl_2,KCl(0.1 mol·L^{-1})	0.336	-7×10^{-5}
氯化银电极	Ag | AgCl,KCl(0.1 mol·L^{-1})	0.290	-6.4×10^{-4}
氧化汞电极	Hg | HgO,NaOH(0.1 mol·L^{-1})	0.165	
硫酸亚汞电极	Hg | Hg_2SO_4,H_2SO_4(1 mol·L^{-1})	0.615	-8.02×10^{-4}

温度校正公式：$\varphi_t=\varphi_{25\,℃}+r(T-25\,℃)$

1. 标准氢电极

氢标电极的体系是：

$$Pt\mid H_2(气,101.3\ kPa)\mid H^+(液,1\ mol\cdot L^{-1})$$

电极反应见式(2.1.1)：

$$2H^+(液)+2e^-=H_2(气) \qquad (2.1.1)$$

通常采用0.5 mol·L^{-1} 硫酸溶液作为 H^+ 的来源，氢气通过电解硫酸溶液的方式产生，标准氢电极的电极电势为 0 V。

2. 甘汞电极

甘汞电极的体系是：

$$Hg\mid Hg_2Cl_2(固),KCl(溶液)$$

电极反应见式(2.1.2)：

$$2Hg+2Cl^-=Hg_2Cl_2+2e^- \qquad (2.1.2)$$

甘汞电极的电势随着采用的氯化钾溶液的浓度不同而不同，通常使用的有 0.1 mol·L^{-1}、1.0 mol·L^{-1} 及饱和式三种。甘汞电极结构示意图见附录一(附图 1)，硫酸亚汞参比电极和氧化汞参比电极也采用与甘汞电极相同的电极结构。

3. 银 / 氯化银电极

银 / 氯化银电极的体系是：

$$Ag\mid AgCl(固),KCl(溶液)$$

电极反应见式(2.1.3)：

$$Ag+Cl^-=AgCl+e^- \qquad (2.1.3)$$

其平衡电极电势的数值取决于 Cl^- 的活度。银 / 氯化银电极结构示意图见附录 1(附图 2)。

在实际使用中，应根据被测溶液的性质和浓度选择组成相同或相近的参比电极，如在含有 Cl^- 的溶液中可选用甘汞电极或氯化银电极；在硫酸或硫酸盐溶液中，可选用硫酸亚汞电极；在碱性溶液中可选用氧化汞电极，这种选择方法可使液接界电势减至最小程度，从而提高测量结果的准确性，并减少对参比电极的污染。同时，参比电极体系也不能对研究体系造成污染，例如，锂离子电池研究中，就不能使用水溶液体系的参比电极。对于同一研究对象，根据要求的测量精度不同，也可以选择不同的参比电极体系。

三、实验仪器、药品及材料

(1) 仪器：稳压电源，数字电压表。

(2) 药品：乙醇，0.5 mol·L^{-1} H_2SO_4 溶液。

(3) 材料：烧杯，锉刀，塑料镊子，Hg/Hg_2SO_4 参比电极，饱和甘汞电极，石棉网，酒精喷灯，表面皿，Φ8 mm 薄壁玻璃管若干，隔热手套，尖嘴钳子，生料带，0.5 mm 铁丝，铂丝，导线若干。

四、实验步骤

1. 制作电极

(1) 用 0.5 mm 铁丝疏通酒精喷灯喷火孔，倒入约 200 mL 无水乙醇。

(2) 关闭控制阀，打开容器开关，检查燃料有无渗漏，将酒精倒入预热盘中，然后点燃预热盘加热燃烧器，当预热盘中燃料消耗约 50% 时，开启喷灯控制阀，调整其火焰高度为 150 ～ 180 mm，稳定燃烧约 2 min 后再进行下一步。

(3) 取一根玻璃管，截取长度大约 15 cm，放在酒精喷灯火焰上，将玻璃口缩小，保证铂丝能进入缩小后的孔即可。

(4) 把 5 cm 长的铂丝插到小孔中，铂丝大约一半在外面，一半在里面。酒精灯加热插入铂丝的玻璃端口至融化状态，用尖嘴钳子把端口封住，注意铂丝的位置尽量不要变。把带铂丝这一端放在酒精喷灯火焰上，待玻璃融化后，在尖嘴钳子较窄处旋转挤压玻璃口，直至封死。封死后放置冷却 5 min。

(5) 将没有铂丝的一段玻璃管，从中间部位均匀加热，趁热从两端以相同频率旋转玻璃管，同时向两端拉伸，形成毛细玻璃管，待冷却后用锉刀在靠近铂丝一端的位置，把毛细管划断，如图 2.1.1 所示。

(6) 关闭酒精喷灯，用石棉网快速将火苗盖住熄灭，切忌用嘴吹。

(7) 取适量 0.5 mol·L^{-1} 的硫酸放入试管中，把电极放到试管中(带铂丝一端向下，毛细管向上)，注意硫酸液面应没过整个电极，但液面也不宜过高，防止硫酸溢出，如图 2.1.2 所示。

(8) 把试管放置在真空瓶中，启动真空泵，抽真空，使硫酸溶液进入玻璃管内。

(9) 停止抽真空，往真空瓶中通入空气，打开真空瓶。取出试管，用塑料镊子把电极夹出。

(10) 把做好的电极放入装满 0.5 mol · L^{-1} 硫酸溶液的三电极体系中，使用恒压直流电源，标准氢电极接负极，铂片或铂丝接正极，调节电压(1 ～ 2 V)，可以看到标准氢电极内部有大量气泡产生。仔细观察气泡的产量，当电极中出现黄豆粒般大的气泡，同时铂丝下端仍与溶液接触时，关闭直流电源，标准氢电极制备完成。

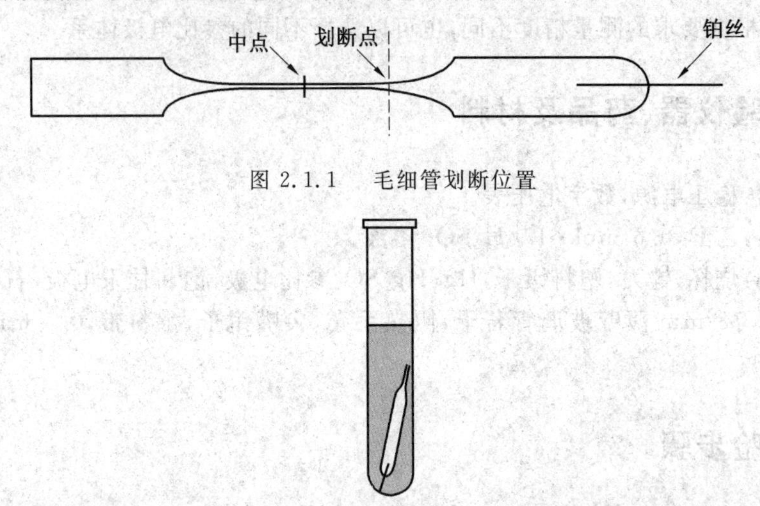

图 2.1.1　毛细管划断位置

图 2.1.2　标准氢电极放置试管中浸泡示意图

2. **测量电极电势**

(1) 取制作好的标准氢电极作为参比电极，按如图 2.1.3 所示的测量线路图，将待测电极(研究电极)和参比电极与电压表接通，电解池中为 0.5 mol · L^{-1} 硫酸溶液。

(2) 将汞 / 硫酸亚汞电极插入硫酸溶液中，测试汞 / 硫酸亚汞电极的电势，并记录其数据。

(3) 饱和甘汞电极插入饱和 KCl 溶液中，通过盐桥连接硫酸溶液和饱和氯化钾溶液，测量饱和甘汞电极的电势。

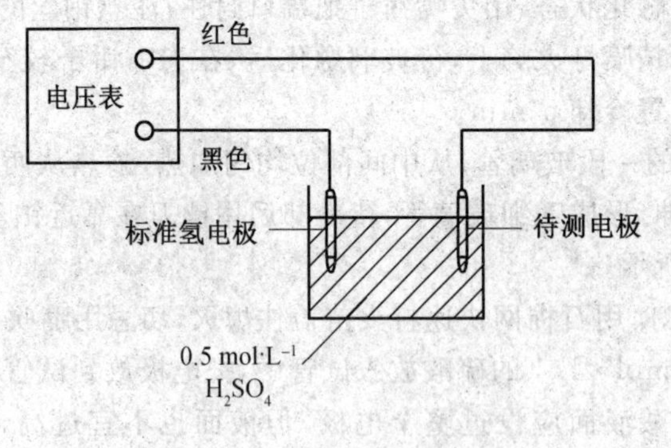

图 2.1.3　测量线路图

五、注意事项

本实验中会两次用到明火装置,操作过程中一定要注意安全,因此作如下要求:

(1) 测试完后,应用石棉网快速将火苗盖住,切忌用嘴吹,待酒精喷灯熄灭后倒净酒精喷灯、容器及管中的残余酒精。

(2) 测试中应注意喷灯连接处的泄露情况,若有泄漏立即关灭喷灯,检查设备。

(3) 加热玻璃过程中双手都应该佩戴隔热手套,玻璃加热之后,至少 5 min 以后才可触碰玻璃的加热点,以免烫伤。

(4) 锉刀划断玻璃时,往玻璃表面喷少量水,划出一个浅浅的痕迹,即可轻松掰断玻璃。

六、思考题

(1) 本实验中的哪些因素会影响标准氢电极的电极电位?

(2) 在实际实验过程中,参比电极将如何影响实验结果?如何避免影响?

实验 2　简易恒电位仪原理实验

一、实验目的

(1) 了解恒电位仪基本工作原理,学会正确使用恒电位仪。

(2) 了解恒电位仪在电化学测量的重要性,掌握恒电位仪的主要性能测定方法。

(3) 了解简易恒电位仪的制作。

二、实验原理

恒电位仪是电化学测试最基本的常用重要仪器。恒电位电路也是许多专用电化学测试仪器的核心。恒电位仪的出现,不仅解决了电化学研究过程中因电化学反应造成外部激励信号值偏离的问题,而且促进了电化学检测与分析领域的多元化发展。鉴于恒电位仪在电化学检测系统构成中至关重要的地位,了解恒电位仪的原理、电路组成及性能,对于学习电化学测量研究方法相当重要。

恒电位仪,是使相对于参比电极的研究电极的电势恒定地保持在设定电势上的装置。图 2.2.1 是恒电位仪的工作示意图,它主要由运算放大器 A1 和 A2、三电极体系、样品溶液、反馈电阻 R_f 四部分构成。其中三电极体系由研究电极(WE)、辅助电极(CE)、参比电极(RE)组成。研究电极的作用是在外加电位条件下,使待测溶液发生电化学反应,从而测定该电极上产生的电流。研究电极和辅助电极组成一个导通回路,而参比电极作为研究电极和辅助电极的基准电极,反馈电阻主要将研究电极产生的电流转换成电压,以符合后端采集输入的要求。

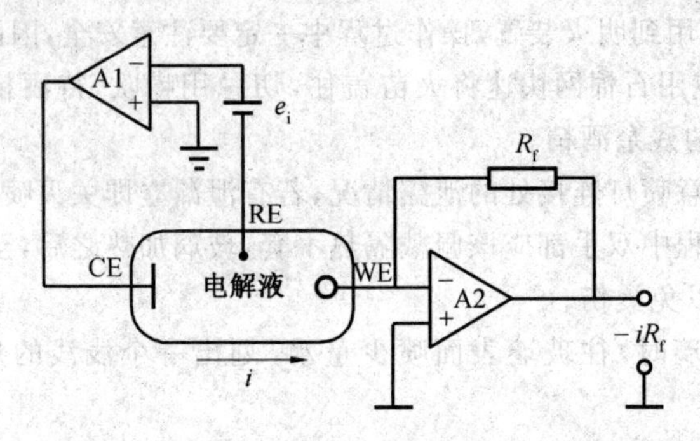

图 2.2.1　三电极恒电位仪电路原理图

CE— 辅助电极;RE— 参比电极;WE— 研究电极

如图2.2.1所示,根据运算放大器"虚短虚断"的性质,由于运算放大器A1和A2反向虚地,若外部施加的电位为e_i,则参比电极的电位$V_R=-e_i$,研究电极的电位$V_w=0$,因此,研究电极相对于参比电极的电位V_{W-R}如式(2.2.1)所示

$$V_{W-R}=V_R-V_W=e_i \tag{2.2.1}$$

式(2.2.1)表明研究电极相对参比电极之间的电位与外部施加电位的值保持一致,不受电解池中电流变化或阻抗波动的影响。

另外,研究电极右侧的电路为电流跟随器,由运算放大器A2与反馈电阻R_f组成,可以将流过研究电极的电流信号i转换成电压信号,这时,运算放大器A2输出端的电位V_0可用式(2.2.2)计算,即

$$V_0=-iR_f \tag{2.2.2}$$

即

$$i=-V_0/R_f \tag{2.2.3}$$

式(2.2.3)表明可以通过调节反馈电阻R_f的值,得到不同精度的电流值i,亦即,可以通过控制R_f调节测量电流i的灵敏度。

通过分析三电极恒电位仪电路工作原理,我们看到运算放大器的性能对恒电位仪的性能有很大影响。如果要实现电位恒定,要求运算放大器具有以下性质:

① 输入阻抗无穷大,不影响电化学体系。② 输出阻抗为零,输出特性不因负载变化而变化。③ 输入暗电流为零,以免干扰电化学体系。④ 响应速度无限快。⑤ 开环放大倍数无穷大,电压误差为零。⑥ 输出电压与电流足够大。⑦ 温度漂移和时间漂移均为零,不产生噪声。

实际上运算放大器的性能远远达不到上述要求,另外,环境温度、被测量体系溶液阻抗、电极材料和放置方式等因素的变化都会影响被测体系的溶液电阻,并对恒电位仪的性能产生影响。因此,降低溶液电阻对恒电位仪测试结果的影响至关重要。

各部分电阻可由实际被测量三电极体系电子等效电路模型表示,如图2.2.2所示。

三电极体系的阻抗由辅助电极界面阻抗 Z_c、溶液电阻 R_Ω 和 R_u、研究电极界面阻抗 Z_{wk} 三部分组成。其中，参比电极将样品溶液电阻分成 R_Ω 和 R_u 两部分，而恒电位仪的电位控制误差主要与 R_u 的大小有关。在研究电极和参比电极之间施加外部电位 e_i 时，恒电位仪的实际电势除了外加的电位 e_i 外，还应包括 R_u 引起的电压降 iR_u。iR_u 误差的大小取决于 i 和 R_u 的大小，若电化学反应产生的电流 i 非常小，同时 R_u 只占总溶液电阻的极小部分，形成的电压降就可以忽略不计。因此，在三电极体系中，参比电极应尽可能靠近研究电极表面（参比电极鲁金毛细管尽量靠近研究电极表面放置，使参比电极的测量回路中几乎没有电流通过）。

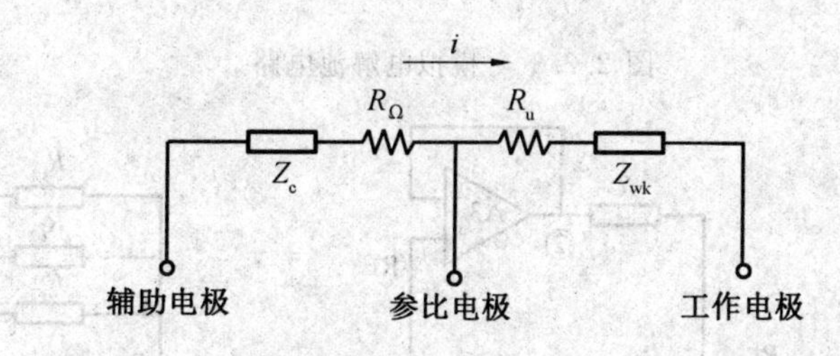

图 2.2.2　实际被测量三电极体系电子等效电路模型

三、实验仪器、药品及材料

(1) 仪器：双通道恒压源 1 个。

(2) 药品：硫酸，硫酸铜，氯化钠，蒸馏水。

(3) 材料：1.5 V电池 1 只，电压表 1 只，电阻，Pt电极 2 个，Hg/Hg_2SO_4 参比电极 1 支，面包板 1 个，运算放大器 LM741、C832C 各 1 个，H 型电解池 1 个，导线若干，开关若干。

四、实验步骤

(1) 按照图 2.2.3 所示模拟电解池电路连接实验电路图，确认实验电路无误后打开双通道电源。

(2) 调整输入信号 ①，分别测量给定输入电位 0.5 V、1.0 V、1.5 V时 ② 点的电位，并在表 2.2.1 中记录数据。

(3) 接入模拟电解池，改变 WE 和 RE 之间的电阻 R_u，选取 5 个不同的阻值，测量 ② 点电位变化，同时测量 ③ 点电位变化，在表 2.2.1 中记录实验数据。

(4) 配制酸性硫酸铜溶液，组成为 60 g · L^{-1} $CuSO_4 \cdot 5H_2O$，230 g · L^{-1} H_2SO_4，82 mg · L^{-1} NaCl。

(5) 接入 H 型电解池（如图 2.2.4），注入溶液，改变输入信号 ①，测量分别给定输入电位 0.5 V、1.0 V、1.5 V时 ② 点电位，调节测量 ② 点的电位至 1.0 V，改变反馈电阻 R_f 的阻值，测量 ③ 点电位变化，并据此计算通过研究电极的电流 I_{WE}，在表 2.2.2 中记录实验数据。

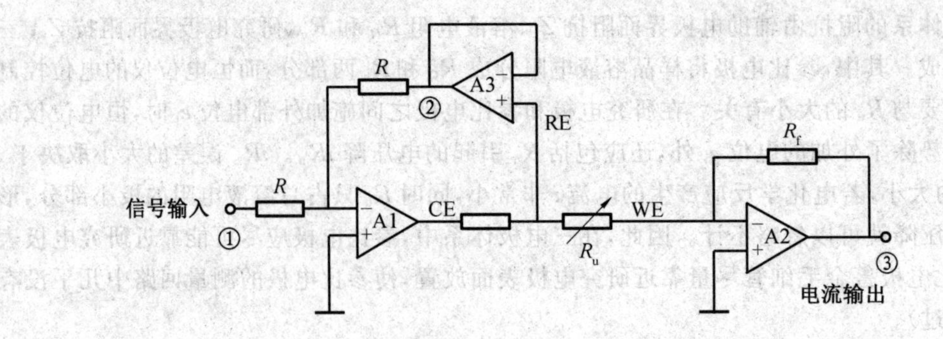

图 2.2.3　模拟电解池电路

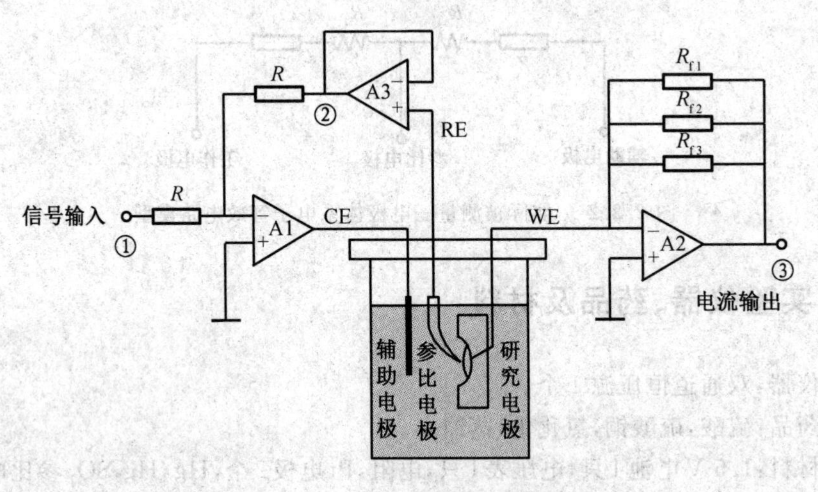

图 2.2.4　实际电解池接线图

(6) 实验完成后,整理实验台。

五、数据处理及分析

(1) 将步骤(2) 和(3) 所测试数据记录入表 2.2.1 中,对比分析输入电位 ①、阻值 R_u 对 ② 点电位和 ③ 点电位的影响;

表 2.2.1　模拟电解池实验记录表

输入电位 ①/V	R_u 阻值 /Ω	② 点电位 /V	③ 点电位 /V
0.5			
1.0			
1.5			

(2) 将步骤(4) 所测试数据记录入表 2.2.2 中，对比分析实际电解池中，①、②、③ 各点电位之间的关系，及 R_f 对 3 个位置电位的影响。

表 2.2.2　实际 H 型电解池实验记录表

输入电位 ①/V	R_f 阻值 /Ω	② 点电位 /V	③ 点电位 /V	电流 I_{WE}/A
0.5				
1.0				
1.5				

六、思考题

(1) 输入信号固定的情况下，为什么 Z_{wk} 变化时 RE 电位保持不变？

(2) 图 2.2.4 中运算放大器 A2 和 A3 作用分别是什么？

实验 3　方波电流法测量电池的欧姆内阻

一、实验目的

(1) 了解电池内阻构成，电池欧姆内阻的性质、影响因素。

(2) 了解测量一般欧姆电阻和电池欧姆内阻的区别。

(3) 掌握方波电流法测量电池的欧姆内阻的原理和方法。

(4) 测量几种电池的欧姆内阻。

二、实验原理

电池的内阻是评价电池质量的重要指标之一，直接影响电池的倍率性能。如果电池内阻很大，当电池工作时，电池内部的电压降大，大量的电能就会转变成热能释放出来，同时电池的工作电压也会下降很多，致使电池无法继续工作。因此，我们总是希望电池的内阻越小越好。在生产干电池的工厂里，常常采用测量电池的峰值短路电流的方法来表示电池的内阻，但是这种方法测出的电池内阻，并不是电池的欧姆内阻，而是电池的全内阻(式(2.3.1))。

$$R = R_\Omega + R_f \tag{2.3.1}$$

式中　R—— 电池的全内阻；

R_Ω—— 电池的欧姆内阻；

R_f——电池的极化内阻。

电池的内阻包含欧姆内阻和极化内阻两部分。电池的欧姆内阻包括电池的引线、集流体、电极材料、电解液和隔膜相关的电阻，它的大小与电池所用材料的性质和电池结构、制造工艺等因素有关，还与电池的荷电状态和温度条件有关，而与电池放电（或充电）时电流大小无关，该部分电阻符合欧姆定律。电池的极化内阻是电池内有电流流过时，电池中两个电极的极化（包括电化学极化和浓差极化）所对应的相当电阻，它的大小与电极材料的本性、电极的结构、制造工艺和使用条件有关。对于确定的电池产品来说，它的大小仅与电池放电（或充电）时的电流有关，电流越大，则极化内阻越大。电池的极化内阻可以用电化学方法测得，并能分别测出各种极化所占的比重。

怎样把 R_Ω 和 R_f 分开呢？产生 R_f 的原因是：电池放电（或充电）时，电极上发生了电化学反应，电极表面电解液浓度发生了变化，由于电化学反应的迟缓性且液相离子扩散有一定的限度，造成了电极的极化。一个电化学反应的建立需要一定时间，同样要达到浓差扩散也需要一定时间，一般情况下，大约需要 10^{-5} s 以上的时间，反应才能趋于稳定。而 R_Ω 产生的原因是电子通过导体（金属）和离子通过溶液而引起的。电池通电后，由于在 R_Ω 上产生的电压降建立非常迅速，约需 10^{-12} s，几乎是通电的瞬间就建立了。如图 2.3.1 所示，根据这个差别，就可以将 R_Ω 和 R_f 分开。

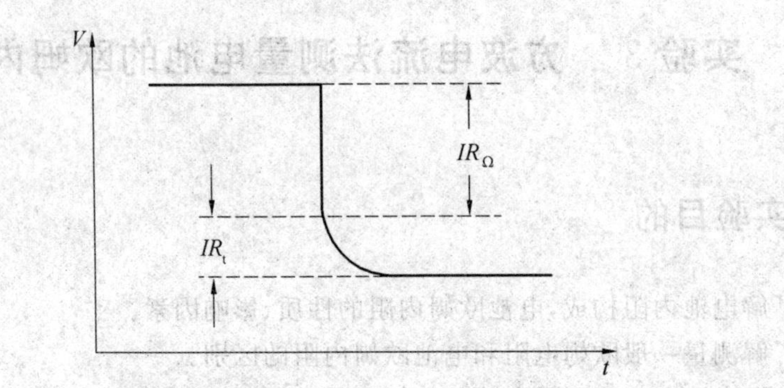

图 2.3.1　电池开始放电时的电压变化

本实验采用方波电流法测电池的欧姆内阻。方波电流的波形如图 2.3.2 所示，在每一周期中有一半是正电压，另一半是负电压。方波电流是由方波电流发生器产生的，实验中可选用合适的方波频率，如选用 50 kHz/s，在每一周期中电池得到正向电流的时间为 10^{-5} s，而负向电流时间也为 10^{-5} s，在这样短的时间内，电池的欧姆内阻压降已经完全建立起来了，而电池两极的极化却来不及完全建立。这时测得的电池电压的突然变化就是由电池的欧姆内阻引起，由此可以把电池的欧姆内阻求出来。由于用的方波频率很高，电池上电压变化必须用示波器或晶体管毫伏表来测量，测量应在短时间内完成。若时间太长，则被测电池的状态就会因放电或充电而发生变化，即电池中电解液浓度、电极中活性物质的变化，从而引起电池内阻的变化。

本实验采用比较法进行测量，测量线路如图 2.3.3 所示。图中 R 是电阻，用来稳定通过电池的方波电流，阻值为 1～5 kΩ，视方波电阻大小而定；R_X 是被测电池；$R_{比}$ 是可调标准电阻箱。

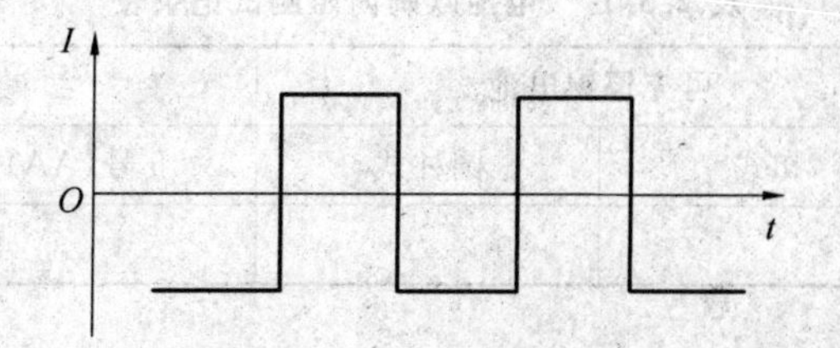

图 2.3.2　方波电流波形

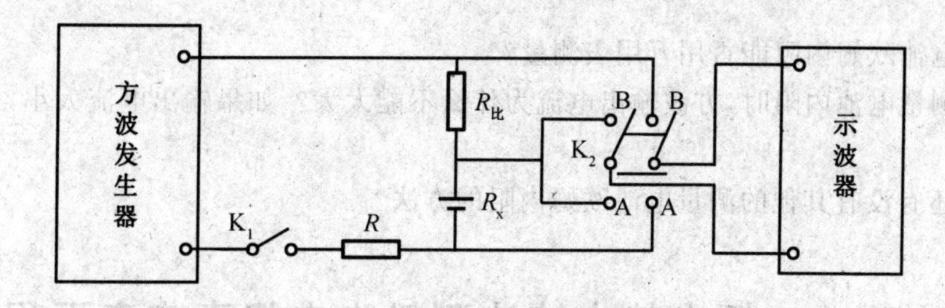

图 2.3.3　测定电池内阻线路图

三、实验仪器、药品及材料

(1) 仪器:方波信号发生器,示波器,电阻箱 2 个,万用表。

(2) 材料:可充镉镍电池(扣式与圆柱式),碱性锌锰电池(5 号和 7 号),开关,若干导线。

四、实验步骤

(1) 按照图 2.3.3 连接好测量线路。

(2) 打开方波信号发生器和示波器电源。

(3) 合上 K_1,把开关 K_2 打向 AA 端,调节方波输出频率和电流(从小到大),使示波器上显示出一适当波形,并记录其垂直部分 V_1 值。

(4) 把开关 K_2 打向 BB 端,调节 R 比使 $V_2=V_1$,并记录此时标准电阻箱的 R 值,就等于电池的欧姆内阻。

(5) 调换一种电池,按上述步骤重新测量。

五、数据处理及分析

比较几种电池的欧姆内阻值,并列入表 2.3.1。

表 2.3.1 电池欧姆内阻测试记录表

电池种类	可充镉镍电池		碱性锌锰电池	
	扣式	圆柱式	5号(AA)	7号(AAA)
欧姆内阻				

六、思考题

(1) 电池欧姆内阻能否用万用表测量?

(2) 测量电池内阻时,方波输出电流为什么不能太大? 如果输出电流太小,会产生什么结果?

(3) 还有没有其他的测量电池欧姆内阻的方法?

实验4 恒电势方波法测粉末电极真实表面积

一、实验目的

(1) 了解在化学电源中采用多孔电极的意义。

(2) 掌握恒电势方波法测量双层电容的基本原理。

(3) 测量粉末电极的真实表面积。

二、实验原理

1. 粉末多孔电极定义

在化学电源中,很少采用由单一材料制造的板状电极(或称整体电极),而大多采用粉末多孔电极。例如铅酸蓄电池的正负极、锌银电池的锌电极和银电极。所谓粉末多孔电极,是由粉末(主要是电极反应的粉末状活性物质及其他若干组分)和骨架构成的。这种电极可以具有很高的孔隙率和比表面,因此在相同的表观面积下,电极的实际工作电流密度大大降低,减小了电化学极化。总之,采用多孔电极使得化学电源的性能大大改善,并为各种新电极的研制和使用提供了广阔的前景。

在电化学生产和科学研究中,测定电极的真实表面积是一项重要的工作。因为电极反应都是集中在电极/溶液界面上进行。所以对于一种电极而言,当它的化学组成、结构、物理状态等相同时,它的活性取决于表面积的大小。粉末多孔电极的真实表面积可达表观面积的几百倍甚至几万倍。

测量真实表面积的方法很多,如气体吸附法、物理法和电化学方法等。本实验采用电化学法，即恒电势阶跃法(或恒电势方波法)。恒电势阶跃法测量电极真实表面积的实质就是测定电极的双层电容，然后计算电极的真实表面积。

2. 恒电势阶跃法

恒电势阶跃暂态过程的特征在于，在暂态实验开始之前极化电流为零，研究电极处于开路电势(平衡电势或稳定电势)，实验开始时，研究电极电势突然跃至某一指定的恒定值，直到实验结束，同时记录极化电流随时间的变化规律。恒电势阶跃法所施加的阶跃波形如图 2.4.1 所示。

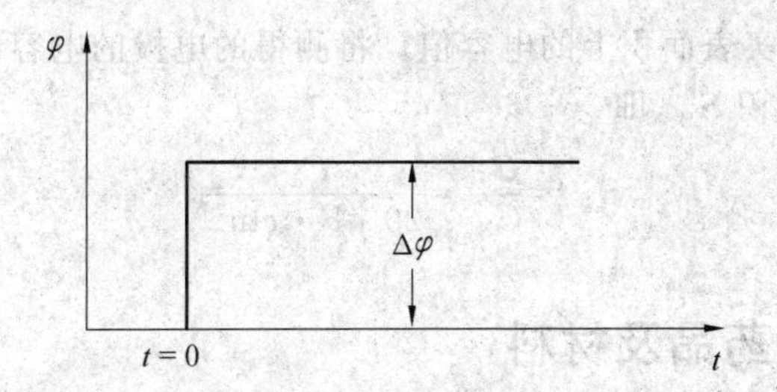

图 2.4.1　恒电势阶跃法中所施加的电位阶跃信号

给处于平衡电势或稳定电势的电极突然加上一小幅度电势阶跃信号，且持续时间不太长，使电极电势在平衡电势或稳定电势附近波动，此时可认为电化学反应电阻 R_{ct} 及双电层电容 C_d 为常数，浓度极化的影响可以忽略，所以电极的等效电路如图 2.4.2 所示。

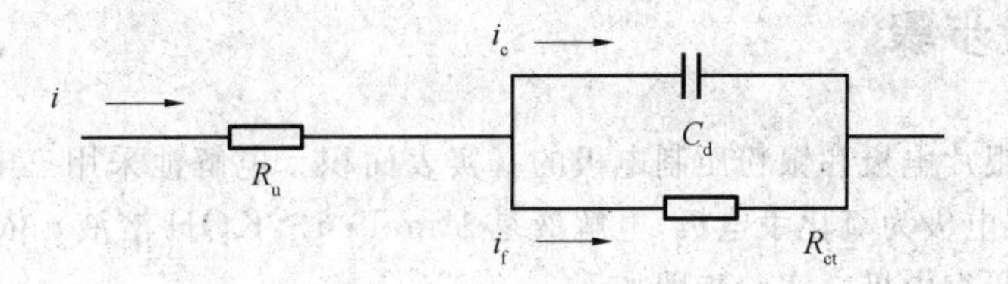

图 2.4.2　无浓差极化时电极过程的等效电路

显然要测定电极的双层电容，就应创造条件使体系处于理想极化电极，即在所控制的电势范围内，电极基本不发生电化学反应($R_{ct}\rightarrow\infty$)，于是等效电路由图 2.4.2 简化为图 2.4.3。当 $R_{ct}\rightarrow\infty$ 时，$i_f\rightarrow 0$，此时极化电流 i 就是 i_c，响应波形见图 2.4.4。由图 2.4.4 测量 Δq 的大小，代入式(2.4.1)中，可计算双层电容 C_d。

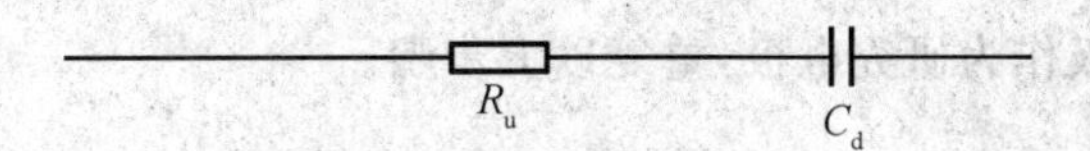

图 2.4.3　无浓差极化及电化学反应时的等效电路

$$C_d=\frac{\Delta q}{\Delta\varphi} \tag{2.4.1}$$

电极的双层电容与电极的真实表面积成正比。纯汞的表面最光滑，所以可认为纯汞的表观面积就等于它的真实表面积。已知汞电极的双层电容值为 20 $\mu F\cdot cm^{-2}$，以它为标

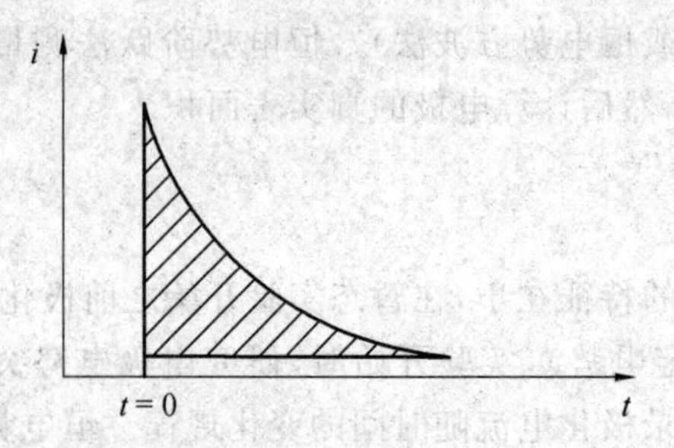

图 2.4.4　电势阶跃法中所记录的电流时间响应曲线

准记作C_N，表示单位真实表面积上的电容值。将测得的电极的电容值C_d除以C_N，便可计算出该电极的真实表面积$S_{总}$，即

$$S_{总}=\frac{C_d}{C_N}=\frac{C_d}{20\ \mu F\cdot cm^{-2}} \tag{2.4.2}$$

三、实验仪器、药品及材料

(1) 仪器：CHI 电化学工作站，计算机。

(2) 药品：KOH，乙醇，蒸馏水。

(3) 材料：银片电极，银粉压制电极，铂电极，Hg/HgO 参比电极，H 型电解池。

四、实验步骤

本实验测银片电极和银粉压制电极的真实表面积。电解池采用三电极体系，辅助电极为铂片，参比电极为氧化汞电极，电解液是 1 mol・L^{-1}KOH 溶液。依次采用银片和银粉压制电极做研究电极。实验步骤如下：

(1) 预处理银片电极，依次采用蒸馏水和乙醇清洗银片电极，并用滤纸擦干。

(2) 接好实验线路，打开电化学工作站和计算机。

(3) 测量开路电势，待开路电势稳定后，记录数值。

(4) 选择计时电流法，起始电势为开路电势，高电势为开路电势＋10 mV，阶跃时间为 10 s，记录电流时间曲线。

(5) 取出银片电极，重新对电极进行清洗处理，并重复试验 2 次。

(6) 更换银粉电极作为研究电极，重复以上步骤。

五、数据处理及分析

(1) 对于银片和银粉压制电极分别作出三条电流－时间曲线。

(2) 选择合适的时间区间，分别将电流－时间曲线进行积分。根据积分求得的电量，计算银片和银粉压制电极的真实表面积(三次试验的平均值)。

(3) 将计算的真实表面积与其几何表面进行比较，并分析差别的原因。

(4) 将计算所得银片和银粉压制电极的真实表面积进行比较,并分析差别的原因。

六、思考题

(1) 在本实验中为什么采用恒电势法而不是恒电流法?

(2) 对于测定真实表面积的常见方法,氮气吸脱附方法与本实验方法的区别在哪里?

实验 5　交流电桥法测量双电层微分电容

一、实验目的

(1) 掌握用交流电桥测量滴汞电极 / 溶液双电层微分电容的方法。

(2) 了解滴汞电极的特点。

(3) 了解用微分电容法研究表面活性物质在电极表面上吸附现象的原理及优点。

二、实验原理

1. 双电层微分电容

电极 / 溶液界面是电化学反应进行的重要场所,界面性质对电化学反应有着极大影响,因此,了解界面构造的基本性质对于研究电化学反应非常重要。

当电极和溶液接触时,由于带电粒子在两相间转移,或者由于外电源的充电作用,使得电极表面和靠近电极表面的液层中产生数量相等、符号相反的剩余电荷。在异性电荷之间的静电引力作用下,剩余电荷必然集中分布在界面的两侧,形成所谓的“双电层”。

电极 / 溶液界面的双电层与通常的平板电容器一样,其电容量也是可以准确测量的。若将一个很小的电量 dq 引至电极表面,则溶液中必然有一个电量相等、符号相反的离子在界面处出现。若由此引起的电极电势变化为 $d\varphi$,则:

$$C_d = \frac{dq}{d\varphi} \tag{2.5.1}$$

C_d 即为电极 / 溶液界面的微分电容。其数值可以用交流电桥法十分精确地进行测量。

然而上述情况并不是在所有条件下都可以适用的。通常情况下,供给电极的电量将消耗于两个方面:一是充电电流,用于改变双电层结构。这时只需要一定的、有限的电量,像电容器充电一样,则外电路只引起瞬间电流。二是电解电流,用于电极反应。这是为了维持电极反应稳定的进行,必须不断地由外电源供给电量,由此在外电路中引起持续电流。这时的双电层就像一个漏电的电容器，可以用图 2.5.1 所示的有电极反应时电极的等效电路来表示，其中 Z_f 为由于进行电极反应造成电解极化引起的阻抗，称为法拉第阻抗，其数值与测量信号的强度、频率以及电极的动力学参数有关。C_d 为电极/溶液界面微分电容。

在交流电路中，整个电解池阻抗可以分解成图 2.5.2 所示的电解池等效电路。

图 2.5.2 中的 C_{dk}、C_{dA} 分别为研究电极和辅助电极的双层微分电容。Z_{fk}、Z_{fA} 分别是研究电极和辅助电极的法拉第阻抗，C_0 表示研究电极和辅助电极之间的电容，R_L 表示研究电极和辅助电极之间的溶液电阻。

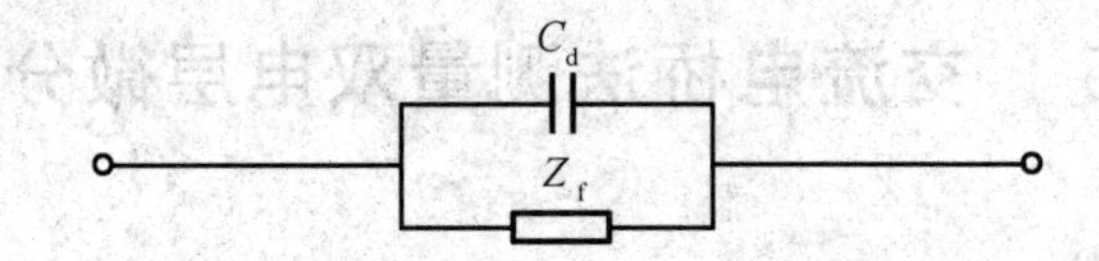

图 2.5.1　有电极反应时电极的等效电路

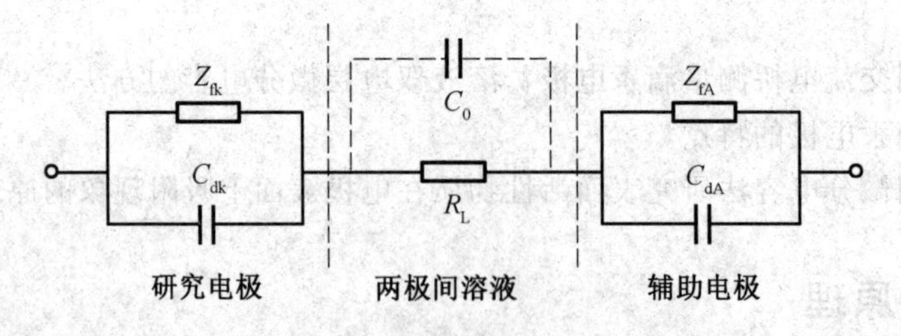

图 2.5.2　电解池等效电路

为了达到测量研究电极双层电容的目的，必须选择适当的试验条件，将电解池的阻抗进行简化。用振幅足够小（<10 mV）、频率足够大（>1 kHz）的交流信号做电源，由于研究电极和辅助电极之间的距离比双电层厚度（不大于 10^{-5} cm）要大的多，所以 C_0 很小，它的容抗 $\frac{1}{\omega C_0}$ 却很大，与双层支路比起来，可认为 C_0 是不存在的。另外，辅助电极选用面积很大的镀铂黑电极，研究电极选用面积很小的滴汞电极，那么辅助电极的双层电容 C_{dA} 要比滴汞电极的 C_{dk} 大得多，而它的阻抗 $\frac{1}{\omega C_{dA}}$ 就相当小，与研究电极的阻抗比较可以忽略不计。采用滴汞电极可以实现在某一电位范围是理想极化电极，即不发生电化学反应，那么它的法拉第阻抗 Z_{fk} 是无穷大，可以认为是开路。这样我们就把图 2.5.2 进一步简化为图 2.5.3 的等效电路。

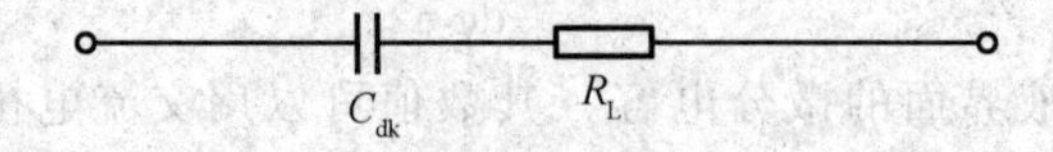

图 2.5.3　简化后的等效电路

对于图 2.5.3 电路中研究电极的双层电容和串联的溶液电阻，可以采用交流电桥法进行测量。

由于固体电极的真实表面积不易计算，而且表面易被污染，测量结果重现性不好，因此，大多数微分电容的测量均采用液体金属（汞、镓）或液体合金（汞齐）作为研究电极。特别是表面可以不断更新、重现性良好、理想极化电势较宽的滴汞电极，经常被用来做研究电极（在科学研究或要求比较严格的实验中，为了保证数据的重现和准确性，用二次蒸馏水配制电解液，并长时间通纯氮或纯氢净化溶液都是非常必要的）。

电极／溶液界面的微分电容与电极电势有关，对不同电极电势下的微分电容值做图，可得到微分电容曲线，如图 2.5.4。如果溶液中含有能在电极／溶液界面上吸附的表面活性物质，微分电容曲线将发生显著变化，如图 2.5.4 中的曲线 2、3 所示。在一定电位范围内，由于有机表面活性物质的吸附，位于双层之间的介电常数较高、体积较小的水分子被有机分子取代，电容值因而降低。曲线在 a、b 两处出现了峰值，这是由于电极表面电场的变化，使有机物发生了吸、脱附导致的。

通过微分电容曲线可以研究分析各种添加剂的吸附能力，吸、脱附电势范围和吸附量。一般来讲，吸、脱附电势区越宽，吸附能力越强；吸附时电容值越小，则吸附量越大。

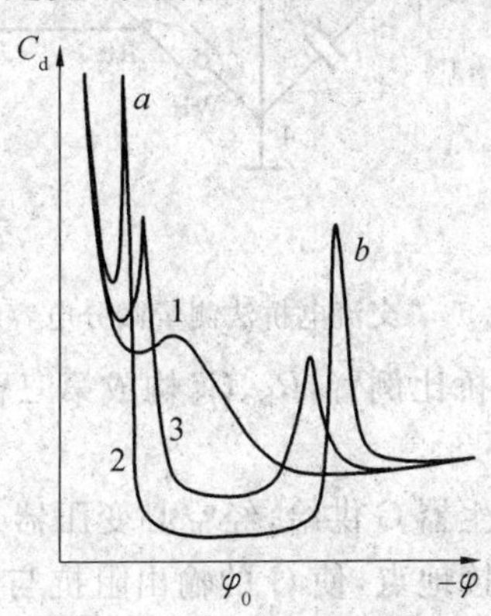

图 2.5.4　微分电容曲线

2. **交流电桥法**

交流电桥法是测量微分电容最方便、最精确的方法之一。它的基本原理是把一个很小的交流信号加在极化至一定电势的研究电极上，把它的交流阻抗与一个标准电阻和一个标准电容串联的等效电路相比较。

用交流电桥法测量微分电容线路如图 2.5.5 所示，它可以分成五个部分：

(1) 电桥与电桥平衡示零部分。

(2) 交流信号源部分。

(3) 直流极化部分。

(4) 交流信号电压的测量部分。

(5) 电极电位的测量部分。

图 2.5.5 中：

R_1、R_2、R_S— 高周波电阻箱；C_S— 标准电容箱；C—0.1 μF 电容器；CE— 辅助电极；WE— 研究电极；RE— 参比电极；A— 选频放大器；O— 示波器；K— 单刀开关；G— 交流信号发生器；T_P— 空心变压器；S— 直流电源；L_P— 扼流圈；

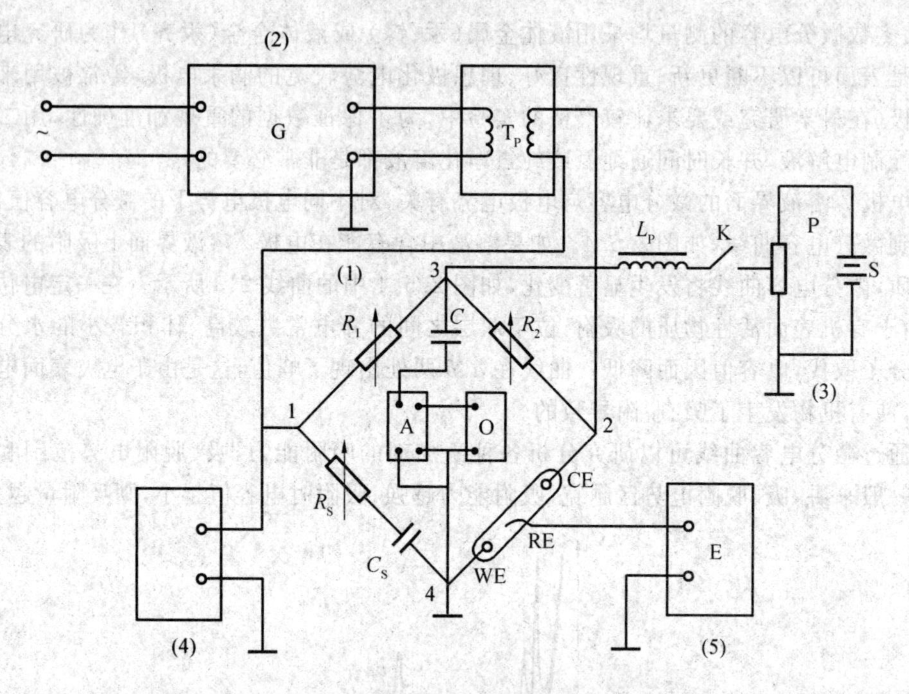

图 2.5.5　交流电桥法测量微分电容线路图

交流电桥由 R_1、R_2 构成电桥比例臂，R_S、C_S 构成第三臂（即测量臂），电解池为第四臂（即被测量臂）。

电桥的交流信号由信号发生器 G 供给，经空心变压器 T_P 加到电桥 1 和 2 两端上。T_P 的作用是为了使电桥只有一个接地点，使 G 的输出阻抗与电桥阻抗相匹配。信号振幅由电子毫伏计测量，振幅 < 10 mV，太大的信号虽然可以提高测量灵敏度，但此时所测量的数据将失去微分电容$(C_d = \frac{d_q}{d_\psi})$的性质。

当电桥未达到平衡时，电桥的 3 和 4 两端存在着不平衡的交流信号，由于加入的信号振幅小于10 mV，为获得足够高的准确度和避免外界磁场50 Hz信号的干扰，将不平衡信号首先送入选频放大器 A，然后再送入示波器 O 的 y 轴（x 轴处于扫描挡），则示波器上呈现出正弦信号。当电桥平衡时，3、4 两端信号为零，示波器上呈一条直线。

直流极化采用可调式直流电源输出的直流电压来调节。直流信号经过扼流圈 L_P（它是用来阻止交流进入直流电路）加到电桥端点 3 上，再经 R_2 进入电解池，这样可以避免直流电路对电解池的分路作用。电容器 C 是为了防止直流信号进入平衡显示器部分。

为避免外磁场的干扰，电路中的电线均采用金属屏蔽线并很好地接地。应尽量避免与马达、变压器、发射台及日光灯接近。

滴汞电极从开始长大到电桥平衡所经过的时间 t 是用秒表测量的，以便从 t 计算出电桥平衡时汞电极的面积。为了提高测量精确度，一般采用“末期平衡”，即适当调节 R_s、C_s，使电桥在汞滴落下前 1 ~ 2 s时达到平衡。汞滴周期一般控制在 6 ~ 10 s之间。利用末期平衡既可减少测量的相对误差，又利于在电极上建立吸附平衡，这对于低浓度活性物质更为重要。

三、实验仪器、药品及材料

(1) 仪器：计算机，交流信号发生器，示波器，直流电源，标准电容箱，高周波电阻箱，选频放大器。

(2) 药品：KCl，聚乙二醇，H_2SO_4(98%)，蒸馏水。

(3) 材料：电解池，滴汞电极，电容器，Pt 电极(1×3 cm，辅助电极)，甘汞电极，单刀开关，空心变压器，扼流圈，电子毫伏计，可调电阻。

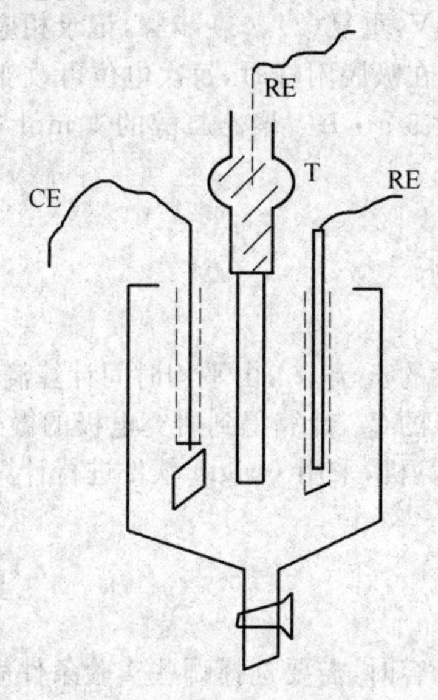

图 2.5.6　测量双层微分电容的电解池

RE— 滴汞电极；T— 贮汞瓶；CE—Pt 辅助电极；RE— 参比电极

四、实验步骤

1. 调节交流信号并测试电路性能

按图 2.5.5 接好线路，全部检查无误后，接通电源，用一个电容箱代替电解池的位置，调节 G 的输出为 10 mV，频率 1 kHz，试调 R_S 和 C_S，如有 0.01 μF 的变化在示波器上能明显看出，而且噪音不大，则表示仪器工作正常，调整 $R_1 = R_2 = 100\ \Omega$。

2. 组装电解池

用浓硫酸及蒸馏水浸洗电解池(不能用含有表面活性物质的洗液)，之后按图2.5.6装置电解池，滴汞电极安装时毛细管必须放在垂直方向±5°以内，如果有较大的倾斜度将产生不规律的汞滴下落。配制 1 mol · L^{-1}KCl 溶液和含 5 g · L^{-1} 聚乙二醇的 1 mol · L^{-1}KCl 溶液。

3. **测量**

(1) 移入适量的 1 mol·L^{-1} 的 KCl 溶液，调节贮汞瓶的高度，使滴汞时间为 6～10 s。此后高度固定不变，将电解池接入电桥。

(2) 调节极化电位，使滴汞电极相对参比电极（甘汞电极）电位为－0.01 V，调节 R_s、C_s，使汞滴下落前 1～2 s 达到平衡。

(3) 当汞滴落下时立刻开通秒表，电桥平衡时立刻停表，记下 t 值，重复 3～4 次，要求误差在 0.1 s 内，取平均值。并记录 R_s、C_s 值。

(4) 电位每负向移动 0.1 V，重复(2)、(3) 步骤，记录相应的 φ、t、R_s、C_s 值。直到测至电位达到－1.8 V 时为止。（在吸脱附峰时，每次电位可改变 0.05 V）。

(5) 将研究溶液更换为含 5 g·L^{-1} 聚乙二醇的 1 mol·L^{-1} 的 KCl 溶液，重复上述(1)～(4) 步骤。

五、数据处理及分析

(1) 记录不同 φ 值条件下的 t_1、t_2、t_3，由平均时间计算滴汞电极的面积。

(2) 记录不同 φ 值条件下的 C_s，计算得到研究电极的微分电容 C_d。

(3) 将 φ 及 C_d 输入到计算机，采用 Origin 软件进行计算并绘图、打印。

六、思考题

(1) 用此方法测量微分电容时，需要选择哪些实验条件简化电解池阻抗？

(2) 线路中 T_P、C、L_P 的作用是什么？

实验 6　循环伏安法测定 Ag 在 KOH 溶液中的电化学行为

一、实验目的

(1) 了解循环伏安法在电化学研究中的应用，掌握循环伏安曲线的测量方法和实验技术。

(2) 了解电势扫描速度对循环伏安曲线的影响。

(3) 掌握电化学工作站关于循环伏安法测试的参数设定原则。

(4) 学会采用循环伏安法研究 Cl^- 对银电化学反应过程的影响。

二、实验原理

控制研究电极的电势以恒定的速度从初始电势扫描到换向电势，改变扫描方向，以相同的速度扫描回到初始电势，电势再次换向，反复扫描，这时记录下来的电流—电势扫描曲线，称为循环伏安曲线，这种方法称为循环伏安法。循环伏安法是电化学测量方法中应用最为广泛的一种方法。

由于循环伏安法具有操作比较简单、获取的信息数据多、可进行理论分析等特点，在电化学研究中得到了广泛的应用。通过循环伏安曲线分析可以得到较多信息，利用峰值电流进行定量分析，判断电极过程可逆性，对未知电化学体系进行电化学行为的探讨，因此，循环伏安法在各个电化学领域均有应用。例如，可以通过阴、阳极峰值电势差 $\Delta\varphi$ 的绝对值及其随着扫描速度 v 的变化对电极过程可逆性进行判断。

本实验以银丝电极在 KOH 溶液中循环伏安曲线的测量为例，学习利用循环伏安法研究电极电化学行为的一般方法。

银丝电极在 7 $mol\cdot L^{-1}$ KOH 溶液中的循环伏安曲线如图 2.6.1 所示，其中电极电势为相对于同溶液中 Hg/HgO 电极的电势，记为 φ vs. Hg/HgO。

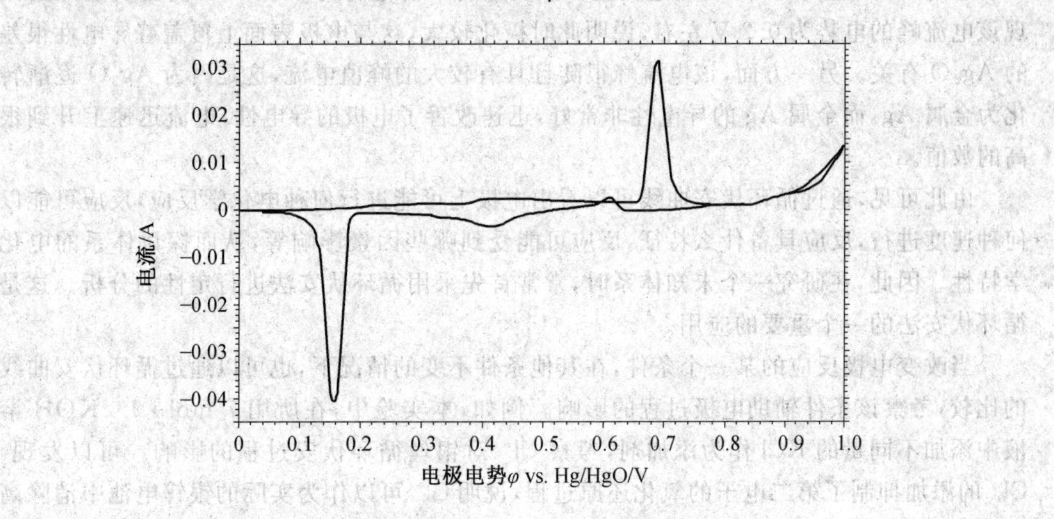

图 2.6.1　银丝电极在 7 $mol\cdot L^{-1}$ KOH 溶液中的循环伏安曲线

从 0 V 开始向正电势方向扫描，此时研究电极表面是金属 Ag。在 0.25 V 以后电流逐渐上升，出现一个比较低且平缓的电流峰，这是金属 Ag 氧化为 Ag_2O 所引起的阳极电流峰，其反应方程式为

$$2Ag + 2OH^- \longrightarrow Ag_2O + H_2O + 2e^- \tag{2.6.1}$$

该反应的平衡电势 φ_{eq} vs. Hg/HgO 为 0.246 V。对比实测曲线，开始出现电流峰的电势与平衡电势偏离很小，说明此时反应极化很小，主要是由于金属 Ag 具有良好的导电性。继续正扫，低而平缓的电流峰是因为反应式(2.6.1)的产物 Ag_2O 膜覆盖在电极表面上，造成电极导电性迅速下降，阻碍了反应式(2.6.1)的进行。

当电势增至 0.65V 左右时，出现明显的阳极电流峰，其反应方程式为

$$Ag_2O + 2OH^- = 2AgO + H_2O + 2e^- \tag{2.6.2}$$

理论上，Ag_2O 氧化为 AgO 的平衡电势 φ_{eq} vs. Hg/HgO 为 0.47 V。显然，实际测试的氧化峰电势远比其平衡电势更正，说明此时反应极化很大，这是因为此时 Ag_2O 均匀地覆盖在银丝电极表面上，而 Ag_2O 的电阻率极高($7\times10^8\ \Omega\cdot cm$)，大大增加了电极的电阻极

化。而该电流远大于第一个反应的电流，主要是因为随着反应的进行，Ag_2O 逐渐转化为电阻率较小的 AgO($1 \sim 10^4\ \Omega \cdot cm$)，电阻极化迅速下降，极化电流迅速增大。

当电势扫描至 0.8 V 左右时，电流再次上升，同时可看到在电极表面上有气体逸出，这时为 O_2 析出的电流，其反应方程式为

$$4OH^- = 2H_2O + O_2 + 4e^- \tag{2.6.3}$$

当电势从1.0 V反向扫描至0.6 V左右时，开始出现阴极电流峰，这是由AgO还原为 Ag_2O 所至，即反应式(2.6.2)的逆反应，该反应的平衡电势为0.47 V，而实测曲线上开始出现电流峰的电势约为0.46 V，差值很小，说明极化很小，这与AgO的电阻率较低有关。电流峰峰值较小的原因是随着反应的进行，AgO 又逐渐转化为电阻率极高的 Ag_2O，阻碍了反应的进行。

当电势扫至0.2 V以后时，开始出现第二个阴极电流峰，这是由 Ag_2O 还原为金属 Ag 所引起的，即反应式(2.6.1)的逆反应。该反应的平衡电势为 0.246 V，而曲线上开始出现该电流峰的电势为0.2 V左右，说明此时极化较大，这与电极表面上覆盖着导电性很差的 Ag_2O 有关。另一方面，该电流峰很陡且具有较大的峰值电流，这是因为 Ag_2O 逐渐转化为金属 Ag，而金属 Ag 的导电性非常好，迅速改善了电极的导电性，电流迅速上升到很高的数值。

由此可见，通过循环伏安曲线可以看出电极上可能进行何种电化学反应，反应可能以何种速度进行，反应具备什么特征，反应可能受到哪些因素影响等，从而探讨体系的电化学特性。因此，在研究一个未知体系时，常常首先采用循环伏安法进行定性的分析。这是循环伏安法的一个重要的应用。

当改变电极反应的某一个条件，在其他条件不变的情况下，也可以通过循环伏安曲线的比较，考察该条件辅助电极过程的影响。例如，本实验中，在所用 7 mol·L^{-1}KOH 溶液中添加不同量的 KCl 作为添加剂，考察 Cl^- 对银丝循环伏安过程的影响。可以发现，Cl^- 的添加抑制了第二电子的氧化还原过程，说明 Cl^- 可以作为实际的银锌电池中消除高波电压的添加剂，并由此确定其最佳用量。这种用循环伏安法筛选添加剂并确定其最佳用量的方法，与做成实际电池进行筛选的方法相比，具有简便易行、快速实现的优点，可用于大量添加剂的初步优选。

三、实验仪器、药品及材料

(1) 仪器：CHI 电化学分析仪 1 台；计算机 1 台。

(2) 药品：7 mol·L^{-1}KOH 溶液；7 mol·L^{-1}KOH + 0.05 mol·L^{-1}KCl 溶液；7 mol·L^{-1}KOH + 0.5 mol·L^{-1}KCl 溶液；蒸馏水。

(3) 材料：Hg/HgO 参比电极 1 支；银丝研究电极(Φ0.5 mm×5 cm)1 支；铂片辅助电极 1 支；游标卡尺 1 把；洗瓶 1 个；H 型三电极电解池 3 个；滤纸。

四、实验步骤

(1) 打开CHI电化学分析仪的电源开关。打开计算机电源开关，双击CHI程序图标，启动程序。

(2) 用游标卡尺测量银丝电极的直径和长度。

(3) 用蒸馏水清洗三电极电解池，注入 7 mol·L^{-1}KOH 溶液，放置银丝电极、Hg/HgO 参比电极和铂片辅助电极。

(4) 将电化学分析仪的研究电极接线端(绿色夹头) 与银丝研究电极连接，感受电极接线端(黑色夹头) 也与研究电极连接，参比电极接线端(白色夹头) 与 Hg/HgO 参比电极连接，辅助电极接线端(红色夹头) 与铂片辅助电极连接。

(5) 鼠标点击程序工具栏上的“Technique” 按钮，打开对话框，选择“Cyclic Voltammetry”后，点击确定。鼠标点击工具栏上的“Parameters” 按钮，打开对话框，在“Initial E(V)” 框中输入“0”，在“High E(V)” 框中输入“1”，在“Low E(V)” 框中输入“0”。在“Initial Scan” 框中选择“Positive”，在“Scan Rate(V/s)” 框中输入“0.02”，在“Sweep Segments” 框中输入“8”，在“Sample Interval(V)” 框中输入“0.001”，在“Quiet Time(sec)” 框中输入“120”，在“Sensitivity(A/V)” 框中选择“1×10^{-2}”。然后点击确定。点击工具栏上的“Run” 按钮，开始循环伏安曲线的测量。测量完毕后，点击工具栏上的“Save As” 按钮，将曲线保存为文件。

(6) 电极体系及测量条件保持不变，将扫描速度改为 0.05 V·s^{-1}，再次测量循环伏安曲线。重复步骤(5)，仅改变扫描速度参数，在“Scan Rate(V/s)” 框中输入“0.05”。

(7) 电极体系及测量条件保持不变，将测量扫描速度为 0.1 V·s^{-1}，再次测量循环伏安曲线。即重复步骤(5)，仅改变扫描速度参数，在“Scan Rate(V/s)” 框中输入“0.1”。

(8) 将电解液换成 7 mol·L^{-1}KOH＋0.05 mol·L^{-1}KCl，清洗和处理研究电极，测量扫描速度为 0.05 V·s^{-1} 时的循环伏安曲线，重复步骤(5)。

(9) 将电解液换成 7 mol·L^{-1}KOH＋0.5 mol·L^{-1}KCl，重新处理研究电极，测量扫描速度为 0.05 V·s^{-1} 时的循环伏安曲线，重复步骤(5)。

五、数据处理及分析

(1) 取不同扫描速度下循环伏安测试的最后一圈 CV 曲线，求出 4 个主要电流峰所对应的峰值电势和峰值电流密度。

(2) 利用峰值电流和电势讨论扫描速度对于循环伏安曲线的影响，以及本实验中的电化学反应的可逆性。

(3) 分析 Cl^- 存在时对循环伏安曲线中的各个峰值电势和电流的变化，讨论添加 Cl^- 及其浓度改变对于 Ag 电极氧化还原过程的具体影响规律。

六、思考题

(1) 如何利用循环伏安曲线中峰值电流进行定量分析?

(2) 如何利用循环伏安曲线判断电极过程的可逆性?

(3) 扫描速率在不同电化学体系中是如何影响循环伏安曲线峰值电流和电势的?

(4) 随着扫描循环次数的增加,循环伏安曲线是怎么变化的? 循环伏安的循环次数是如何确定的?

实验7　线性电势扫描法测试阳极极化曲线

一、实验目的

(1) 理解线性电势扫描法测试阳极极化曲线的基本原理。

(2) 掌握使用电化学工作站测试阳极极化曲线的方法。

(3) 测定镍电极在不含 Cl^- 及含 Cl^- 的电解液中的阳极极化曲线。

(4) 通过实验加深电极钝化与活化的理解。

二、实验原理

线性电势扫描法(liner sweep voltammetry,LSV)是指用慢速线性扫描信号控制恒电势仪,使电极电势在一定电势范围内、以一定的速度均匀连续变化,同时记录各电势下反应的电流密度,从而得到电势—电流密度曲线,即稳态极化曲线。在这种情况下,电势是自变量,电流是因变量,极化曲线表示稳态电流密度与电势之间的函数关系:$i=f(\varphi)$。控制电极电势从开路电势向负向扫描时,测得的是阴极极化曲线,控制电极电势从开路电势向正向扫描时,测得的是阳极极化曲线。

线性电势扫描法可测定阴极极化曲线,也可测定阳极极化曲线,特别适用于测定电极表面状态有特殊变化的极化曲线,如测定具有阳极钝化行为的阳极极化曲线。

用线性电势扫描法测得典型的阳极钝化极化曲线如图2.7.1所示。整个曲线可分为四个区域:*AB* 段为活性溶解区,此时金属进行正常的阳极溶解,阳极电流随电势的正移而增大;*BC* 段为过渡钝化区,此时由于金属开始发生钝化,随着电极电势的正移,金属的溶解速度反而减小了;*CD* 段为稳定钝化区,在该区域中金属的溶解速度基本上不随电势的改变而改变;*DE* 段为过钝化区,此时金属溶解速度重新随电势的正移而增大,同时可能存在氧的析出反应及高价金属离子的生成反应。

从图2.7.1所示的阳极钝化极化曲线上可得到下列参数:φ_B—临界钝化电势(*B* 点对应的电势);i_B—临界钝化电流密度(*B* 点对应的电流密度);φ_P—稳定钝态的电势区(*CD*

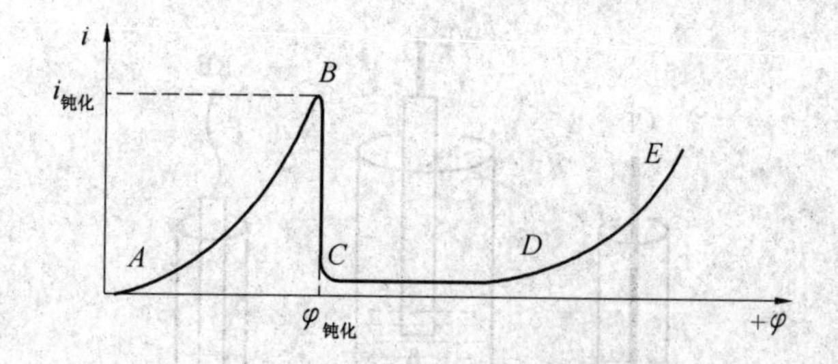

图 2.7.1　线性电势扫描法测得的典型阳极钝化极化曲线

段对应的电势区域)；i_P—维钝电流密度(*CD* 段对应的电流密度)，即稳定钝态下金属的溶解电流密度。

由图 2.7.1 可以看出，具有钝化行为的阳极极化曲线的一个重要特点是存在着所谓的"负坡度"区域，即曲线的 *BCD* 段。由于这种极化曲线上每一个电流值对应着几个不同的电势值，故具有这样特性的极化曲线是无法用恒电流法测得的。使用线性电势扫描法能够测试出金属与溶液的相互作用过程，可见线性电势扫描法是研究金属钝化的重要手段。

影响金属钝化的因素很多，主要有以下几个方面。

1. 溶液的组成

溶液中存在的 H^+ 离子、卤素离子以及某些具有氧化性的阴离子，对金属的钝化行为起着显著的影响。在酸性和中性溶液中随着 H^+ 离子浓度的降低，临界钝化电流密度减小，临界钝化电势也向负移。卤素离子，尤其是 Cl^- 离子则妨碍金属的钝化过程，并能破坏金属的钝态，使金属溶解速度大大增加。某些具有氧化性的阴离子(如 CrO_4^- 等)则可促进金属的钝化。

2. 金属的组成和结构

各种金属的钝化能力不同。以铁族金属为例，其钝化能力的顺序为 Cr ＞ Ni ＞ Fe。在金属中加入其他组分可以改变金属的钝化行为，如在铁中加入镍和铬可以大大提高铁的钝化倾向及钝态的稳定性。

3. 外界条件

温度、搅拌会对钝化产生影响。一般来说，升高温度和加强搅拌都不利于钝化过程的发生。

用线性电势扫描法测得的阳极极化曲线可以研究影响金属钝化的各种因素。本实验用线性电势扫描法测试金属镍在含有不同浓度 Cl^- 的硫酸溶液中的阳极极化曲线。测试装置如图 2.7.2 所示。

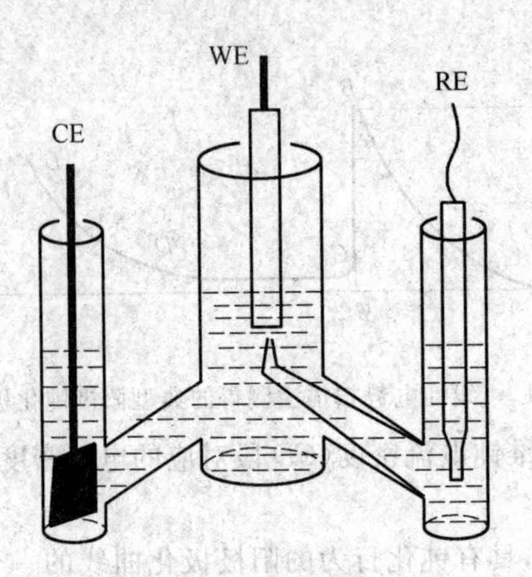

图 2.7.2 测试装置图

WE— 研究电极(镍圆盘电极);CE— 辅助电极(铂片);

RE— 参比电极(Hg/Hg_2SO_4 电极)

三、实验仪器、药品及材料

(1) 仪器:CHI 电化学工作站,计算机,电子天平。

(2) 药品:浓硫酸(质量分数为 98%),氯化钾,蒸馏水,酒精。

(3) 材料:烧杯,移液管,搅拌棒,容量瓶,药匙,吸管,镍圆盘电极(直径 3 mm) 铂片(10 mm×10 mm),Hg/Hg_2SO_4 电极,H 型电解池,砂纸(2 000 目),脱脂棉,滤纸。

四、实验步骤

1.测试液的配制

按表 2.7.1 配制 3 种测试液。

表 2.7.1 测试液

测试液组成	A	B	C
硫酸 /($mol \cdot L^{-1}$)	0.5	0.5	0.5
KCl/($mol \cdot L^{-1}$)	0	0.005	0.05

2.研究电极的前处理

研究电极为镍圆盘电极,工作面的直径为 3 mm。为保证每次测试时研究电极面积一致且表面清洁无杂质,用 2 000 目的砂纸将电极表面打磨光亮。然后,用脱脂棉蘸酒精擦洗电极,再用蒸馏水清洗,最后用滤纸吸干电极上的水,待用。

3. 准备测试液 A 的测试装置

在 H 型电解池中装入 70 mL 测试液 A，按图 2.7.2 中的说明，将洁净的研究电极、参比电极和辅助电极放入 H 型电解池中，并与电化学工作站上相应的测试线路连接。（一般地，CHI 电化学工作站有 4 个接头，在三电极体系中，绿色和黑色的接头与研究电极相连，白色的接头与参比电极相连，红色的接头与辅助电极相连。）

4. 测试液 A 中阳极极化曲线的测量

(1) 启动工作站，运行 CHI 电化学工作站的测试软件。在 Setup 菜单中点击 Technique 选项，在弹出菜单中选择 Open Circuit Potential-Time 测试方法，然后点击 OK 按钮。参数用系统默认值。在 Control 菜单中点击 Run Experiment 选项（或点击快捷按钮“▶”），进行开路电势的测量。当开路电势稳定时，在 Control 菜单中点击 Stop Run 选项（或点击快捷按钮“■”），手动停止测试，记录开路电势值。

(2) 在 Technique 菜单中选择 Linear Sweep Voltammetry 测试方法。在 Setup 菜单中点击 Parameters 选项，输入测试条件：Init E 为开路电势值，Final E 为 1.6 V，Scan Rate 为 0.002 V/s，Sample Interval 为 0.001 V，Quiet Time 为 2 s，Sensitivity 为 1×10^{-6}，选择 Auto sensitivity。然后点击 OK 按钮。

(3) 在 Control 菜单中点击 Run Experiment 选项，进行极化曲线的测量。

(4) 测试结束后，在 File 菜单中点击 Save as 选项，输入文件名，完成阳极极化曲线的测试。

5. 测试其他几种测试液中的阳极极化曲线

(1) 将 70 mL 测试液 B（或 C）倒入 H 型电解池中。

(2) 用蒸馏水清洗上一个测试中用过的辅助电极和参比电极，重复步骤 4 中第(2)步中的方法打磨清洗镍圆盘电极。

(3) 重复步骤 4 中第(3)步和第(4)步，测试条件不变，得到测试液 B 和 C 中镍电极的阳极极化曲线。

6. 实验完毕

实验完毕后，关闭仪器，将各电极清洗干净。

五、数据处理及分析

(1) 计算镍圆盘电极的工作面积。

(2) 根据阳极极化曲线，列表记录 3 种测试体系对应的临界钝化电势、临界钝化电流密度、稳定钝化区的电势区间、维钝电流密度。

(3) 对比三条曲线，分析 Cl^- 对镍阳极钝化过程的影响。

六、思考题

(1) 金属镍作为电镀生产中的阳极使用时,如何防止阳极钝化?

(2) 本实验测试阳极极化曲线时,辅助电极上发生了什么反应?如果辅助电极的面积小于镍圆盘电极的面积,可能会产生什么现象?

实验8 线性电势扫描法测定阴极极化曲线

一、实验目的

(1) 了解影响阴极极化的因素。

(2) 掌握玻碳电极的使用方法。

(3) 掌握使用电化学工作站测试阴极极化曲线的方法。

(4) 根据阴极极化曲线分析电镀液中添加剂的作用机制。

二、实验原理与装置

本实验采用线性电势扫描法(liner sweep voltammetry,LSV)测试阴极极化曲线,其测试原理与测试阳极极化曲线的原理相同,测试方法的不同之处在于电势扫描的方向是相反的。

对于电化学反应式(2.8.1):

$$O + e^- \rightleftharpoons R \tag{2.8.1}$$

当初始溶液中只含有O,不含有R,扫描的起始电势一般设置为开路电势(φ_{OCP}),扫描方向设置为向负方向扫描,扫描速度足够慢时所得到的电流随电极电势变化的曲线为阴极极化曲线。理想情况下的稳态阴极极化曲线如图2.8.1所示。

在最开始的一段时间内,电极电势比O/R电对的平衡电势更正,没有电化学反应发生,电极上只有不大的充电电流,在阴极极化曲线上表现为电流密度值几乎为0的一条水平线,如图2.8.1中*AB*段所示。当电极电势接近O/R电对的平衡电势并逐渐负移时,O开始在电极上还原,电极电势偏离了平衡数值,电极上有净电流通过,即电极电势发生了电化学极化,在阴极极化曲线上表现为阴极电流迅速增大,如图2.8.1中*BC*段所示。随电极电势进一步负移,极化电势的增大,电流密度随之指数性地增长,其数值接近极限扩散电流密度(i_d)时,电极反应速度由扩散步骤控制,要考虑浓度极化的影响。理想情况下,扫描速度足够慢,电化学反应处于"稳态",浓度极化存在却不再发展,极化曲线上表现为电流密度不随阴极极化增加而变化,此时对应的电流密度为极限扩散电流密度(如图2.8.1中*CD*段所示)。若不是严格的稳态测试,则由于表面层中反应粒子的显著消耗而

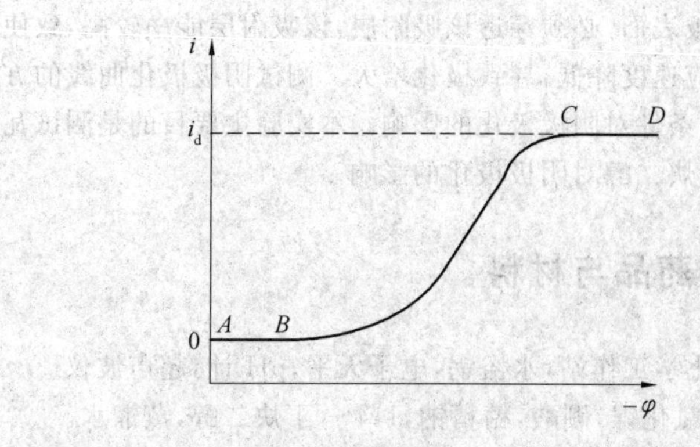

图 2.8.1　理想情况下的稳态阴极极化曲线

引起电流密度下降，得到具有峰值的曲线。

电极电势与平衡电势之间的差值称为超电势(η_c)，可以用式(2.8.2)表示，式中右侧第一项由电化学极化所引起，其数值决定于 i/i^0，第二项由浓度极化所引起，其数值决定于 i 与 i_d 的相对大小。

$$\eta_c = \frac{RT}{\alpha nF}\ln\frac{i}{i^0} + \frac{RT}{\alpha nF}\ln\left(\frac{i_d}{i_d - i}\right) \tag{2.8.2}$$

式中　R—— 气体常数，8.314 3 J·(mol·k)$^{-1}$；

T—— 绝对温度，K；

α—— 传递系数；

n—— 电子反应中涉及的电子数；

F——Faraday 常数，96 485 c·mol^{-1}。

极限扩散电流密度 i_d 和交换电流密度 i^0 与反应体系的浓度有关，但二者之间不存在确定的关系，可以根据 i_d、i^0 和 i 数值的相对大小分成不同的情况来分析导致出现超电势的主要原因。

(1)$i_d \gg i \gg i^0$，超电势完全由电化学极化所引起。

(2)$i_d \approx i \ll i^0$，超电势主要是浓度极化所引起。

(3)$i_d \approx i \gg i^0$，电化学极化和浓度极化都起作用，在 i 较小时，电化学极化的影响往往较大，而当 $i \to i_d$ 时，浓度极化成为决定超电势的主要因素。

(4)$i \ll i^0, i_d$，几乎不出现任何极化现象，电极上基本保持不通过电流时的平衡状态。

金属的电沉积过程是金属离子(或配合离子)在阴极上放电并形成金属晶体的过程。在制备金属镀层的电镀工艺中，为了提高镀层质量，获得光亮、细致、均匀的镀层，必须提高阴极的极化，常采用的方法是在镀液中加入配位剂和光亮剂来增大阴极极化。金属离子与配位剂形成配合离子时的配位反应的能量变化决定了阴极极化的大小，能量变化大，金属离子还原所需的活化能相应较高，电化学极化较大。光亮剂等有机添加剂会对极化产生影响，第一，由于封闭效应，即表面活性物质吸附于电极表面，对离子的放电产生阻化作用，吸附主要发生在某些活性点上，虽没有改变界面反应，但会使放电反应速度下降，极化增大；第二，由于穿透效应，表面活性物质吸附于电极表面并全面覆盖形成吸附层,金属离子要到达电极表面,必须穿透该吸附层,该吸附层能垒较高,致使金属离子穿透能垒放电困难,电极反应速度降低,导致极化增大。测试阴极极化曲线的方法常被用于研究电镀液各组分及工艺条件对阴极极化的影响。本实验主要目的是测试瓦特镀镍液中光亮剂糖精钠和1,4－丁炔二醇对阴极极化的影响。

三、实验仪器、药品与材料

(1) 仪器:CHI电化学工作站,水浴锅,电子天平,pH计,超声波仪。

(2) 药品:硫酸镍,氯化镍,硼酸,糖精钠,1,4－丁炔二醇,蒸馏水。

(3) 材料:烧杯,量筒,药匙,吸管,称量纸,搅拌棒,温度计,饱和甘汞电极,铂片(10 mm×10 mm),玻碳电极(直径3 mm),H型电解池,抛光布,抛光粉(粒径1.5 μm的Al_2O_3粉末)。

四、实验步骤

1. 瓦特镀镍液的配制

按表2.8.1配制4种镀镍液。

表2.8.1　瓦特镀镍液的组成和工艺条件

镀液组成和工艺	镀液A	镀液B	镀液C	镀液D
硫酸镍/$(g \cdot L^{-1})$	250	250	250	250
氯化镍/$(g \cdot L^{-1})$	30	30	30	30
硼酸/$(g \cdot L^{-1})$	35	35	35	35
糖精钠/$(g \cdot L^{-1})$	0	1.0	0	1.0
1,4－丁炔二醇/$(g \cdot L^{-1})$	0	0	0.5	0.5
pH	4～4.5	4～4.5	4～4.5	4～4.5
温度/℃	50	50	50	50

2. 研究电极的前处理

研究电极为玻碳电极,工作面的直径为3 mm。为保证每次测试时研究电极面积一致且表面清洁无杂质,在抛光布上使用粒径1.5 μm的Al_2O_3抛光粉对玻碳电极进行抛光处理5 min。然后,把玻碳电极放入装有蒸馏水的小烧杯中,在超声波清洗仪中清洗3 min;更换蒸馏水,重复清洗步骤,共洗涤3次。用滤纸吸干玻碳电极上的水,待用。

3. 准备镀液A的测试装置

将已装入50 mL镀液A的H型电解池放入水浴锅中,使镀液温度升至50 ℃。按图2.8.2中的说明,将洁净的研究电极、参比电极和辅助电极放入H型电解池中,并与电化学工作站上相应的测试线路连接。(一般地,CHI 电化学工作站有 4 个接头,在三电极体系中,绿色和黑色的接头与研究电极相连,白色的接头与参比电极相连,红色的接头与辅助电极相连。)

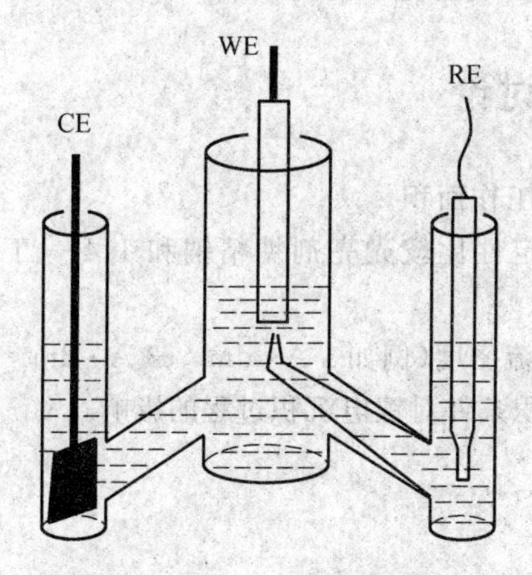

图 2.8.2　实装置图

WE— 研究电极(玻碳电极);CE— 辅助电极(铂片);RE—参比电极(饱和甘汞电极)

4. 镀液 A 的阴极极化曲线的测量

(1) 启动工作站,运行 CHI 电化学工作站的测试软件。在 Setup 菜单中点击 Technique 选项,在弹出菜单中选择 Open Circuit Potential-Time 测试方法,然后点击 OK 按钮。参数用系统默认值。在 Control 菜单中点击 Run Experiment 选项(或点击快捷按钮"▶"),进行开路电势的测量。当开路电势稳定时,在 Control 菜单中点击 Stop Run 选项(或点击快捷按钮"■"),手动停止测试,记录开路电势值。

(2) 在 Technique 菜单中选择 Linear Sweep Voltammetry 测试方法。在 Setup 菜单中点击 Parameters 选项,输入测试条件:Init E 为开路电势值,Final E 为 -1.1 V,Scan Rate 为 0.005V/s,Sample Interval 为 0.001 V,Quiet Time 为 2 s,Sensitivity 为 1×10^{-6},选择 Auto sensitivity。然后点击 OK 按钮。

(3) 在 Control 菜单中点击 Run Experiment 选项,进行极化曲线的测量。

(4) 测试结束后,在 File 菜单中点击 Save as 选项,输入文件名,完成这条阴极极化曲线的测试。

5. 测试其他几种镀液的阴极极化曲线

(1) 将 50 mL 镀液 B(C 或 D) 倒入 H 型电解池中,然后放入水浴锅中预热;

(2) 用蒸馏水清洗上一个测试中用过的辅助电极和参比电极,重复步骤 4 中第(2) 步中的方法清洁玻碳电极。

(3) 重复步骤 4 中第(3) 步和第(4) 步,测试条件不变,得到镀液 B、C 和 D 的阴极极化曲线。

6. **实验完毕**

实验完毕后,关闭仪器,将各电极清洗干净。

五、数据处理及讨论

(1) 计算玻碳电极的工作面积。

(2) 对比 4 条曲线,定性比较光亮剂糖精钠和 1,4 — 丁炔二醇对阴极极化曲线的影响。

(3) 定量分析一定电流密度(例如 1 A·dm^{-2}、3 A·dm^{-2} 和 5 A·dm^{-2})对应的极化电势,讨论光亮剂和电沉积条件对镍电沉积过程的影响。

六、思考题

(1) 怎样才能测得理想情况下的阴极极化曲线?

(2) 由阴极极化曲线能获得哪些反应动力学的信息?

实验 9　交流阻抗法解析锂离子电池电化学反应

一、实验目的

(1) 了解采用电化学阻抗谱进行电化学研究的基本原理。

(2) 熟悉应用 PARSTAT2273 电化学综合测试系统测量电化学阻抗谱的基本方法。

(3) 初步掌握应用 ZSimpWin 软件进行电化学阻抗谱解析的方法。

(4) 掌握锂离子电池电化学阻抗谱的测量及解析方法。

二、实验原理

交流阻抗方法应用于电化学体系时,也称为电化学阻抗谱法(electrochemical impedance spectroscopy,EIS)。该方法是指控制通过电极的电流(或电位)在小幅度条件下随时间按正弦规律变化,同时测量作为其响应的电极电位(或电流)随时间的变化规律,或者直接测量电极的交流阻抗(或导纳)。该方法已经成为研究电极过程动力学和电极表面现象最重要的方法之一。

阻抗频谱数据测得之后,需要进行合理的数据处理,通常采用等效电路的方法,即将电极过程中的各单元步骤用等效电路模型中的元件代表,若根据阻抗频谱数据解析出电极过程的等效电路及其元件参数,就可确定电极过程的动力学机理及各单元步骤的动力学参数。

简单体系的电化学阻抗谱非常容易分析，只需在图上量取长度计算即可。但对于复杂体系，阻抗谱分析复杂。这时，可以采用专门的阻抗谱解析软件，如 ZSimpWin 软件进行解析。该软件采用非线性最小二乘拟合(nonlinear least squares fit，NLLSF) 技术，允许同时调整等效电路模型中所有的参数以获得对阻抗数据的最优化拟合。另外，该软件可以由程序指定初始参数，而无需事先确定接近于真值的初始参数。

为了在程序中描述等效电路模型，引入了电路描述码(circuit description code，CDC)的概念。规定若两个元件或支路串联，则用偶数组数的括号括起；若两个元件或支路并联，则用奇数组数的括号括起。例如 RC 串联，则 CDC 为 RC 或((RC))，即由 0 组或 2 组括号括起；如 RC 并联，则 CDC 为(RC) 或(((RC)))，即由 1 组或 3 组括号括起。因此，如图 2.9.1 所示混合控制体系的电极等效电路，其 CDC 为 R(C(RW))，其中第 1 位 R 代表溶液电阻 R_u，第 2 位 C 代表双层电容 C_d，第 3 位 R 代表电荷传递电阻 R_{ct}，第 4 位 W 代表 Warburg 阻抗 W。

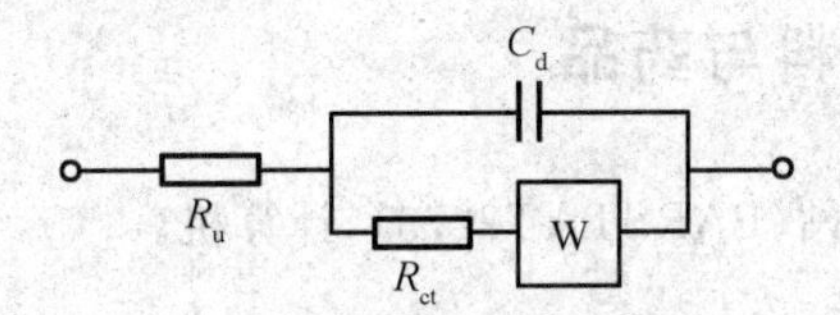

图 2.9.1　混合控制体系的电极等效电路

电化学阻抗谱(EIS) 是研究电极 / 电解质界面发生的电化学过程的最有力工具之一，广泛应用于研究锂离子在锂离子电池电极活性材料中的嵌入和脱出过程。EIS 能够根据电化学嵌入反应每一步弛豫时间常数的不同，在较宽频率范围内表征电化学嵌入反应的每一步。Barsoukov 等认为锂离子在电极中的脱出和嵌入过程包括以下几个步骤：① 电子在活性物质间的输运和锂离子在电解液中的输运；② 锂离子通过 SEI 膜的扩散迁移；③ 电极界面的电荷传输过程；④ 锂离子在活性物质内部的固体扩散过程；⑤ 锂离子的嵌入、脱出导致电极材料晶体结构的改变或新相的生成。根据这个过程 EIS 谱包括 5 个部分(如图 2.9.2 所示)：① 超高频区域(10 kHz 以上)，与锂离子和电子移动输运有关的欧姆电阻，在 EIS 谱上表现为一个点，用 R_S 表示；② 高频区域，为锂离子穿透 SEI 膜的扩散过程，可用一个 R_{SEI}/C_{SEI} 并联电路表示。其中，R_{SEI} 即为锂离子扩散迁移通过 SEI 膜的电阻；③ 中频区域，为电化学传荷过程控制，用 R_{ct}/C_{dl} 并联电路表示。R_{ct} 为电荷传递电阻，C_{dl} 为双电层电容；④ 低频区域为锂离子在活性物质内部的固体扩散过程，在图上表现为一条斜线，用 Warburg 阻抗 Z_W 表示；⑤ 极低频区域(< 0.01 Hz)，电极结构改变或新相的生成相关过程，表现为一条垂线，用 R_b/C_b 并联电路与 C_{int} 组成的串联电路表示。

本实验先对电阻、电容组成的模拟电解池进行电化学阻抗谱的测量和解析，然后对锂离子电池进行电化学阻抗谱的测量和解析。

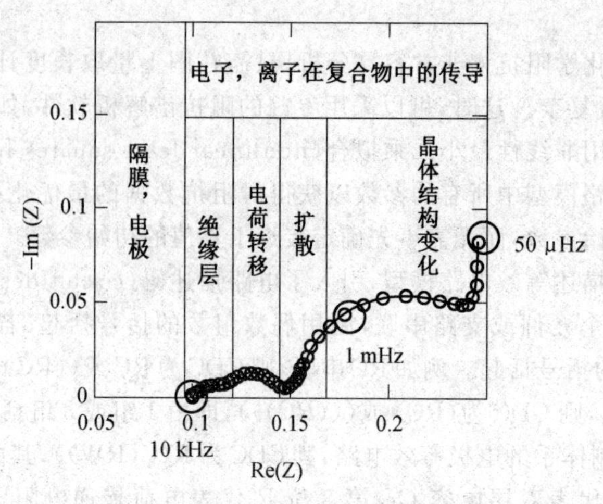

图 2.9.2　锂离子在电极中脱出和嵌入过程的典型电化学阻抗谱

三、实验仪器、材料与药品

(1) 仪器：电化学工作站(PARSTAT2273)，计算机。

(2) 材料。

① 模拟电解池：由电阻、电容组成的模拟电解池如图 2.9.3 所示。其中，$C=2.2\ \mu F\pm 10\%\ \mu F$，$R_1=15\ \Omega\pm 10\%\ \Omega$，$R_2=470\ \Omega\pm 10\%\ \Omega$。

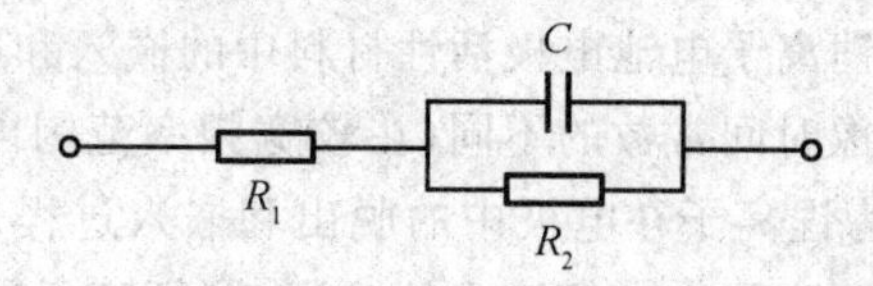

图 2.9.3　模拟电解池

② 锂离子电池：石墨 /Li 扣式电池。

四、实验内容及步骤

1. 模拟电解池 EIS 图谱测试

(1) 打开 PARSTAT2273 的电源开关，将模拟电解池的一端连接 PARSTAT2273 的"研究"和"地"接线端，将模拟电解池的另一端连接 PARSTAT2273 的"辅助"和"参比"接线端。

(2) 确认仪器间接线连接正确后，按下 PARSTAT2273 面板上的"Cell Enable"按键，点亮"Cell Enabled"指示灯，接通测试电路。

(3) 打开计算机电源，进入"PowerSuite"测试软件界面，选择 PowerSine 模块，选择"Single Sine"模式，选择"lead-acid"模板，在页面下方"Name of"框中输入阻抗数据文件的文件名，然后可以将“Run on Finish”选项选中（从而在设置完成后自动进行阻抗测试），也可以不选中“Run on Finish”选项（设置完成后需要手动开始阻抗测试）。设置界面如图 2.9.4 所示。

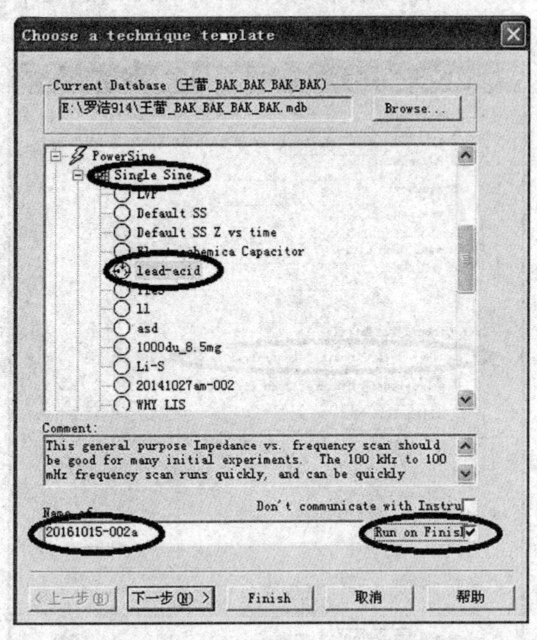

图 2.9.4　阻抗谱测量技术设置界面

（4）点击“下一步”进入下一个设置界面，如图 2.9.5 所示。在该界面可以记录实验的信息、仪器信息以及研究电极和参比电极的信息。

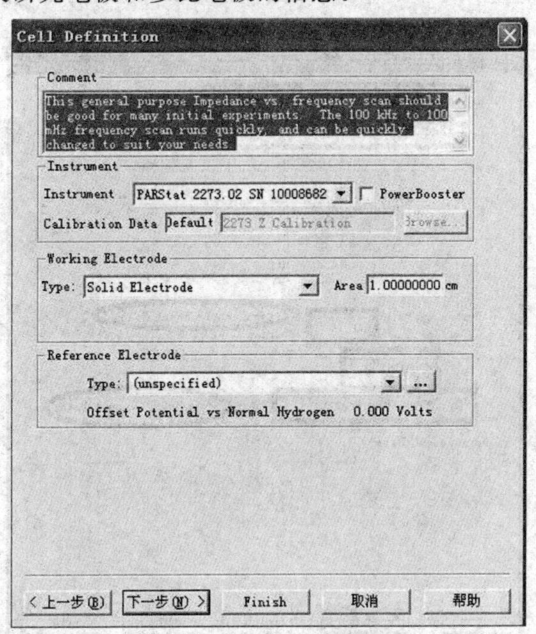

图 2.9.5　电解池体系及实验条件设置界面

(5) 点击“下一步”进入下一个设置界面，如图 2.9.6 所示。在该界面可以设置阻抗测试之前的预先极化条件、开路时间、直流极化平衡时间等，通常将“Measure Open Circuit Potentialas Required”选项选中，以便在阻抗测试过程中随时跟踪体系的开路电位。

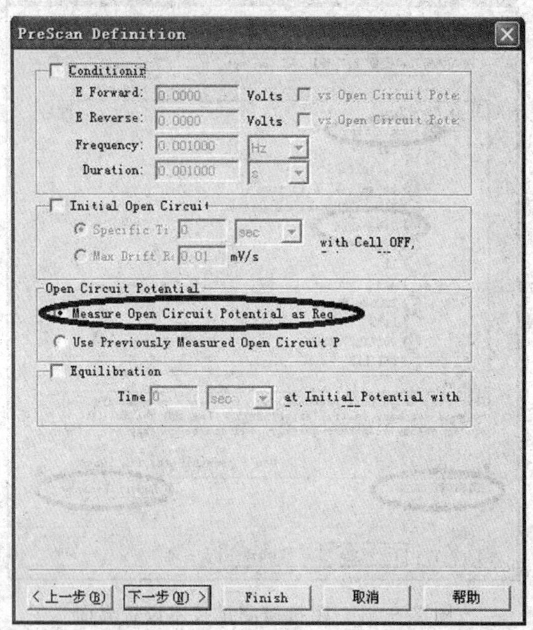

图 2.9.6　预极化设置界面

(6) 点击“下一步”进入下一个设置界面，如图 2.9.7 所示。在该界面设置阻抗测试

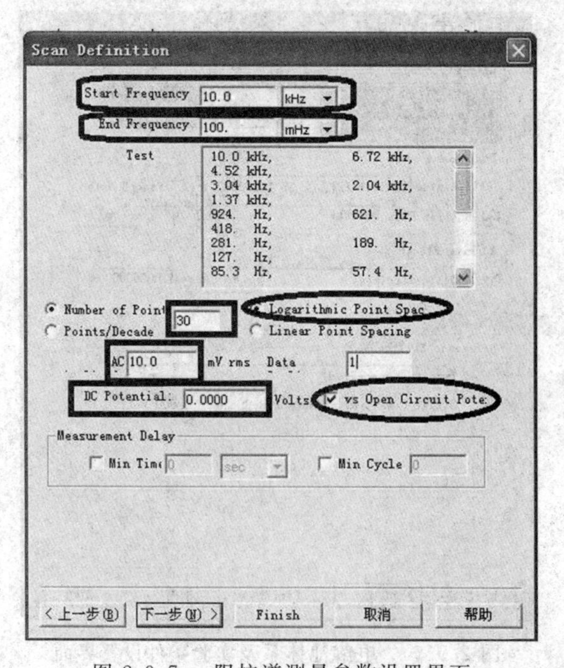

图 2.9.7　阻抗谱测量参数设置界面

的各个具体条件，设置起始频率为 10^4 Hz，终止频率为 1 Hz，测试数据点数为 30，数据点采样方式为对数取点方式，这样需要测试阻抗数据的 30 个频率点由软件自动给出。设置交流信号幅值为 10 mV，设置直流极化电位为相对于开路电位 0 V（也就是将阻抗测试保持在开路电位下进行）。

(7) 点击“下一步”进入下一个设置界面，如图 2.9.8 所示。在该界面设置实验的一些辅助条件，保持软件默认设置即可。

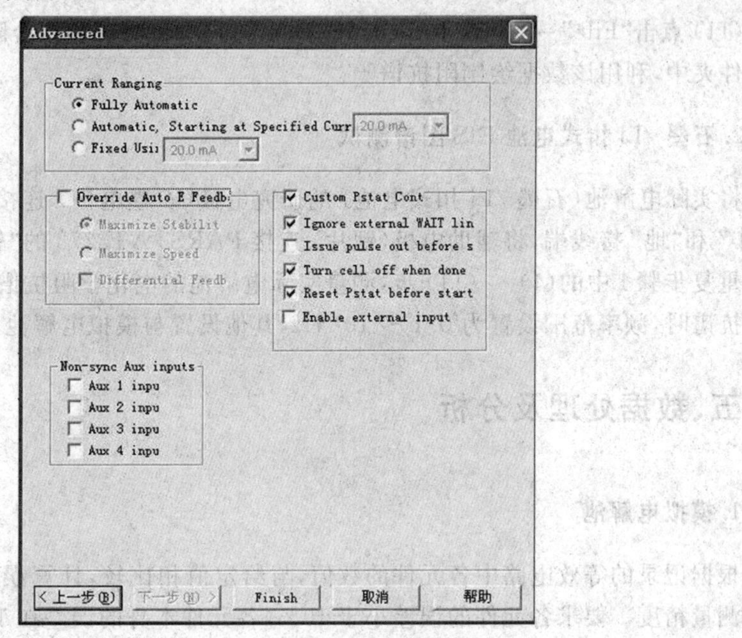

图 2.9.8　辅助实验条件的设置界面

(8) 启动 ZSimpWin 软件，将测得的阻抗数据文件读入程序中。

(9) 点击工具栏上的“Select model and run mode”按钮，打开“Select model and run mode”界面，如图 2.9.9 所示。在界面上输入适当的等效电路 CDC 码，在“Initial values

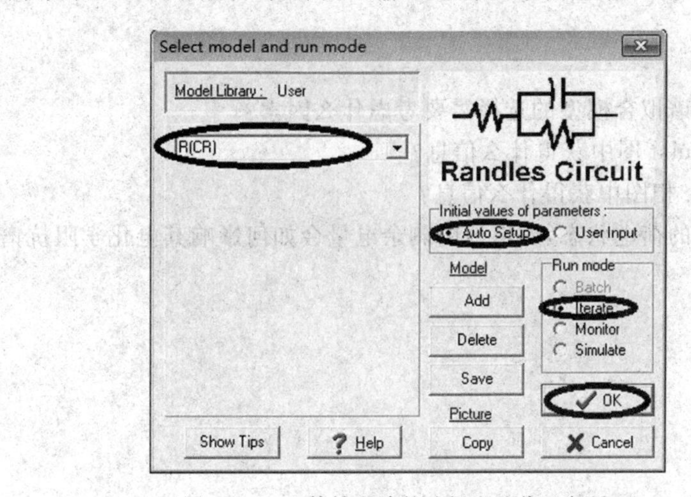

图 2.9.9　等效电路的选择和迭代运行界面

of parameters”处选择“Auto Setup”,在“Run mode”处选择“Iterate”。点击“OK”开始迭代拟合运算。迭代结束后,在“Want to save results?”界面选择“OK”,在“Save results with this file name?”界面选择“OK”。

(10) 点击工具栏上的“Copy results”按钮,将拟合得到的等效电路及其元件参数拷入 Word 文档;点击工具栏上的“Copyplot”按钮,将包含了测试阻抗谱和拟合阻抗谱的图拷入 Word 文档。

(11) 点击“File”→“Save Impedance Data”命令,将测试和拟合阻抗谱数据保存至适当文件夹中,利用该数据绘制阻抗谱。

2. 石墨 /Li 扣式电池 EIS 图谱测试

将实际电解池(石墨 /Li 扣式电池)的研究电极(石墨电极)连接 PARSTAT2273 的“工作”和“地”接线端,将辅助电极(锂片)连接 PARSTAT2273 的“辅助”和“参比”接线端。重复步骤 1 中的(1) ~ (11) 步,测量实际电解池的电化学阻抗谱,并进行解析。在测试阻抗谱时,频率范围设置为 0.1 ~ 10^4 Hz,其他设置与模拟电解池相同。

五、数据处理及分析

1. 模拟电解池

根据记录的等效电路中各元件的数值,与给定值相比较,计算误差,从而检验实验方法的测量精度。要求各元件的误差小于 10%(各元件本身的误差在 10% 以内)。

2. 石墨 /Li 扣式电池

对锂离子电池电化学阻抗谱测量结果采用 ZSimpWin 进行解析。

六、思考题

(1) 电化学阻抗谱拟合模型的选择需要考虑什么因素?

(2) 能够从 Nyquist 图中获得什么信息?

(3) 能够从 Bode 相图中获得什么信息?

(4) 锂离子电池的荷电状态,即电池的剩余电量会如何影响其电化学阻抗谱?

实验 10　旋转圆盘电极周期溶出伏安法测定添加剂的整平能力

一、实验目的

(1) 了解添加剂整平能力的测定方法。

(2) 用旋转圆盘电极周期伏安法测定酸性镀铜溶液添加剂的整平能力。

二、实验原理

1. 添加剂整平作用

添加剂的整平作用是指添加剂使镀层微观轮廓更加平滑的一种性能。镀层微观轮廓一般用“V”型沟槽来表示，电镀前后“V”型微观轮廓示意图如图 2.10.1 所示。整平能力的表达式为

$$L=(d_1-d_2)/d_1 \quad 或 \quad L=(h_2-h_1)/h_1 \tag{2.10.1}$$

式中　d_1—— 电镀前沟槽深度；

d_2—— 电镀后沟槽深度；

h_1—— 峰处镀层厚度；

h_2—— 谷中镀层厚度。

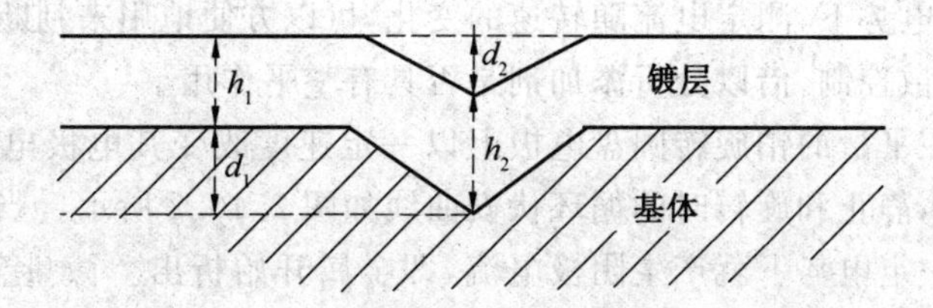

图 2.10.1　电镀前后“V”型微观轮廓示意图

添加剂的整平能力取决于电流密度在“V”型波峰和波谷的分布情况，当 $i_{谷}/i_{峰}>1$ 时，电极表面原有的微观轮廓凸和凹得以整平，使镀层平整、细致、光亮，显现正整平作用；当 $i_{谷}/i_{峰}<1$ 时，电极原有的微观轮廓上凸和凹深度差别更明显，显现负整平作用；当 $i_{谷}/i_{峰}\approx 1$，电极表面原有的微观轮廓上凸与凹处差别略有减小，这由几何因素引起，因此称为几何作用。

2. 添加剂的作用机理

添加剂的作用机理较多，扩散控制阻化理论是大多数人公认的理论。该理论认为：某

些添加剂不仅能吸附在电极表面，而且还在电解过程中参加电极反应。一方面，因添加剂浓度很低，一旦参加电极反应，阴极表面就会出现一层添加剂的扩散层，因此添加剂的反应过程必然要受到扩散控制。添加剂扩散层厚度在微观凸凹处不等，凹处较厚，而凸处较薄，因此微观凹处添加剂放电效率低于微观凸处。另一方面，由于放电金属离子浓度一般很高，当不存在添加剂时，其放电效率在微观凹处和凸处差别不大，但加入添加剂后，金属离子的放电效率在微观凹处和凸处发生变化，微观凹处添加剂放电效率低，因而凹处参加反应的主要是金属离子，添加剂放电较少。微观凸处则不同，添加剂放电较多。因此，金属离子在微观凹处的放电效率相对高于凸处。添加剂的整平作用是由其在微观凸凹处的极化效果及金属离子放电效率决定的，即在凹处添加剂阻化作用小，金属还原速度快，而凸处正相反，因此能取得良好的整平效果。添加剂的上述作用取决于电极表面添加剂的浓度。由于电极表面添加剂的放电过程受扩散控制，所以对溶液进行搅拌与否将使添加剂的上述作用发生很大的变化。

用旋转圆盘电极周期溶出伏安法测定添加剂的整平能力是基于上述原理提出的一种电化学模拟测定方法。根据电极过程动力学可知，旋转圆盘电极的整个表面上具有均匀而恒定的扩散层厚度，而扩散层厚度又决定于转速，可用下式来计算扩散层的有效厚度，即

$$\delta_{有效} = 1.62 D^{1/3} \nu^{1/6} \omega^{-1/2} \tag{2.10.2}$$

式中　$\delta_{有效}$—— 扩散层的有效厚度，cm；

D—— 反应离子的扩散系数，$cm^2 \cdot s^{-1}$；

ν—— 动力粘度，$cm^2 \cdot s^{-1}$；

ω—— 旋转角速度，s^{-1}。

由式(2.10.2)可见，在旋转圆盘电极上，扩散层的有效厚度随转速平方根的增加而降低。所以，可以通过改变旋转圆盘电极的转速来模拟微观表面的峰与谷，高速表示峰，低速表示谷。在恒电势下，测定电流随转速的变化，可以方便地用来判断电极反应和添加剂的作用是否受扩散控制，借以分析添加剂是否具有整平作用。

具体测定时，在平滑的铂旋转圆盘电极上以一定速度改变其电极电势使微量金属析出和溶解重复出现，静止和旋转时的循环伏安曲线如图 2.10.2 所示。当电极电势从正向负方向扫描时，到一定电势下就产生阴极电流，即金属开始析出。微量金属析出后回扫，则到某一电势下就会出现阳极电流，即被析出金属溶解，微量金属彻底溶解后电流恢复到零。溶解峰面积 A 与金属的析出量成正比，而金属的析出量与添加剂的综合效果密切相关，即溶解峰面积中包含着添加剂辅助电极反应的极化作用和阴极电流效率的影响。当静止状态下电解时，由于添加剂浓度很低，来不及扩散到电极表面，因而电极表面添加剂浓度趋于零。因此，此时的析出电流主要消耗在金属的还原，其溶解峰面积与无添加剂时基本相同。当电极旋转时，添加剂的放电不能忽略，析出电流包括金属的还原和添加剂的放电电流，而溶解峰面积只与金属析出量有关，因而所得溶解峰面积比静止时要小。由此可见，旋转时和静止时的溶解峰面积比值 A_R/A_S，即相对析出度比，可以用来评价添加剂的综合效果或整平效果。其整平能力 L 可由式(2.10.3)表示，即

$$L = (A_S - A_R)/A_S \times 100\% = (1 - A_R/A_S) \times 100\% \tag{2.10.3}$$

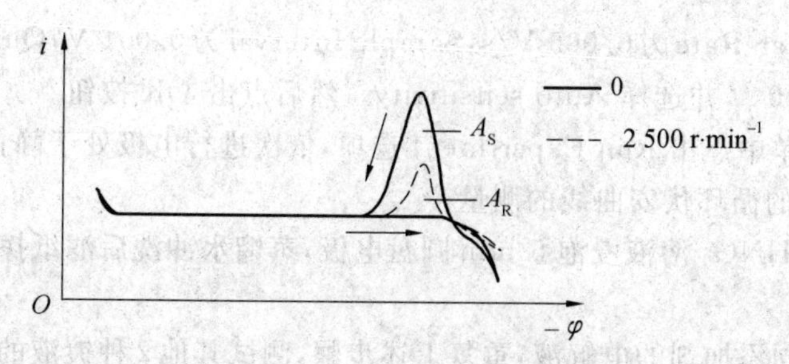

图 2.10.2　静止和旋转时的循环伏安曲线

式中　A_S——静止时的溶解峰面积；

A_R——旋转时的溶解峰面积。

三、实验仪器、药品与材料

(1) 仪器：计算机，电化学工作站，旋转圆盘电极装置。

(2) 药品：$CuSO_4 \cdot 5H_2O$，H_2SO_4，NaCl，聚乙二醇，聚二硫二丙烷磺酸钠，质量分数为10%的 HNO_3 溶液，蒸馏水。

(3) 材料：H 型电解池 3 个，铂片电极(辅助电极)，Hg/Hg_2Cl_2 电极(参比电极)，滤纸，洗瓶。

四、实验步骤

(1) 配置镀液。

按下述组成配置 3 种镀液，其中 1 种无添加剂，2 种分别含有添加剂聚二硫二丙烷磺酸钠或聚乙二醇。

$CuSO_4 \cdot 5H_2O$	$180 \sim 200\ g \cdot L^{-1}$
H_2SO_4(比重 1.84)	$60\ g \cdot L^{-1}$
NaCl	$0.5\ g \cdot L^{-1}$

(2) 准备实验装置。

将电解池用蒸馏水清洗干净，装好待测电解液，放好辅助电极、参比电极，然后将电解池放在旋转圆盘电极的台座上。最后清洗旋转圆盘电极，用脱脂棉或滤纸擦净，并调整台座使旋转圆盘电极固定在电解池中。

(3) 将电化学工作站的绿色夹头与研究电极(旋转圆盘电极)相接，白色夹头与甘汞参比电极相接，红色夹头与铂片辅助电极相接。

(4) 启动工作站，运行测试软件。

在 Setup 菜单中点击 Technique 选项。在弹出菜单中选择 Cyclic Voltammetry 测试方法，然后点击 OK 按钮。在 Control 菜单中点击 Open circuit potential 选项，查看体系的开路电势。然后在 Setup 菜单中点击 Parameters 选项。在弹出菜单中输入测试条件：初始电势 Init E 和终止电势 Final E 一般分别在开路电势基础上降低 0.5 V 和提高

0.5 V，扫描速率Scan Rate为0.005 V/s，Sample Interval为0.001 V，Quiet Time为2 s，Sensitivity为1×10^{-3}，并选择Auto sensitivity。然后点击OK按钮。

在Control菜单中点击Run Experiment选项，依次进行电极处于静止状态和转速为2 500 r·min^{-1}下的循环伏安曲线的测量。

(5) 采用10%HNO_3溶液浸泡5 min圆盘电极，蒸馏水冲洗后滤纸擦拭；蒸馏水冲洗参比电极。

(6) 换含有不同添加剂的电解液，重复上述步骤，测试其他2种镀液的循环伏安曲线，保存数据。

(7) 实验完毕，关闭电化学工作站、旋转圆盘电极、计算机，清洗圆盘电极和参比电极，圆盘电极滤纸擦拭备用，参比电极放入参比电极浸泡溶液中，打扫实验台。

五、数据处理及分析

(1) 根据测得的曲线，分别求出3种电解液在电极静止时的溶解峰面积A_S和电极旋转时的溶解峰面积A_R。

(2) 计算并分析两种添加剂的整平能力，探讨添加剂的作用机理。

六、思考题

(1) 添加剂整平能力的测试方法有哪些？

(2) 根据金属离子沉积的控制步骤分析出现三种整平作用的原因。

实验11　线性极化技术测量金属腐蚀速度

一、实验目的

(1) 了解线性极化法测定金属腐蚀速度的原理和方法。

(2) 掌握应用电位扫描法测定Tafel曲线。

(3) 掌握应用Tafel曲线计算极化电阻、斜率和腐蚀电流密度的方法。

(4) 应用Stern公式计算腐蚀速度。

二、实验原理

金属发生腐蚀时，金属表面至少发生着两个电化学反应，即金属的阳极溶解过程和去极化剂(氧气、H^+等)的阴极还原过程。这两个反应相互共轭、相互极化，当阳极电流等于阴极电流时，表现出外电流为零，处于电荷平衡状态，此时称为自腐蚀电势，也称为稳定电势、混合电势、开路电势。金属处于自腐蚀电势下，虽然电荷平衡，但是物质不是平衡的，这一点是与平衡电势的区别。

以铁在硫酸的腐蚀为例，当铁在硫酸溶液中时，电极上一定会发生两对电化学反应过程：

$$Fe - 2e^- \rightleftharpoons Fe^{2+} \tag{2.11.1}$$

$$2H^+ + 2e^- \rightleftharpoons H_2\uparrow \tag{2.11.2}$$

如果外电路无电流流过时有

$$i_{铁氧化} + i_{氢氧化} = i_{铁还原} + i_{氢还原} \tag{2.11.3}$$

通常情况下，$i_{铁氧化}(i_{a,Fe}) \gg i_{铁还原}(i_{c,Fe})$，$i_{氢还原}(i_{c,H_2}) \gg i_{氢氧化}(i_{a,H_2})$，这种情况下表现出来的是铁的阳极溶解速度与表面氢的逸出速度相等，该速度就是铁的腐蚀速度，用电流密度 i_{corr} 表示，此时铁的电势即是自腐蚀电势 φ_{corr}。

对于单电极体系，考虑每个电极处于强极化的条件下，其电极反应极化方程式如下：

阳极极化时

$$i_{a,Fe} = i^0_{Fe/Fe^{2+}} \exp\left(\frac{\varphi - \varphi^0_{Fe/Fe^{2+}}}{\overleftarrow{\beta}}\right) \tag{2.11.4}$$

阴极极化时

$$i_{c,H_2} = i^0_{H_2/H^+} \exp\left(\frac{\varphi^0_{H_2/H^+} - \varphi}{\overrightarrow{\beta}}\right) \tag{2.11.5}$$

其中 $i_{Fe/Fe^{2+}}$、i_{H_2/H^+} 分别为 Fe/Fe^{2+}、H_2/H^+ 的交换密度，$\varphi_{Fe/Fe^{2+}}$、φ_{H_2/H^+} 分别为对应的平衡电极电位 $\overleftarrow{\beta} = RT/(1-\alpha_{Fe/Fe^{2+}}) \cdot n_{Fe/Fe^{2+}} \cdot F$，$\overrightarrow{\beta} = RT/\alpha_{H_2/H^+} \cdot n_{H_2/H^+} \cdot F$，$\alpha_{Fe/Fe^{2+}}$，$\alpha_{H_2/H^+}$ 分别为对应的电子传递系数，$n_{Fe/Fe^{2+}}$、n_{H_2/H^+} 为对应的反应电子数。

当腐蚀体系处于极化状态时，其极化电势及极化电流关系可以表达如下：

$$i_A = i_{a,Fe} - i_{c,H_2} = i^0_{Fe/Fe^{2+}} \exp\left(\frac{\varphi - \varphi^0_{Fe/Fe^{2+}}}{\overleftarrow{\beta}}\right) - i^0_{H_2/H^+} \exp\left(\frac{\varphi^0_{H_2/H^+} - \varphi}{\overrightarrow{\beta}}\right) \tag{2.11.6}$$

$$i_C = i_{c,H_2} - i_{a,Fe} = i^0_{H_2/H^+} \exp\left(\frac{\varphi^0_{H_2/H^+} - \varphi}{\overrightarrow{\beta}}\right) - i^0_{Fe/Fe^{2+}} \exp\left(\frac{\varphi - \varphi^0_{Fe/Fe^{2+}}}{\overleftarrow{\beta}}\right) \tag{2.11.7}$$

其中 i_A 为外加阳极电流；i_C 为外加阴极电流。

体系处于自腐蚀电势 φ_{corr} 时：

$$i_{a,Fe} = i_{c,H_2} = i_{corr} \tag{2.11.8}$$

即

$$i^0_{Fe/Fe^{2+}} \exp\left(\frac{\varphi_{corr} - \varphi^0_{Fe/Fe^{2+}}}{\overleftarrow{\beta}}\right) = i^0_{H_2/H^+} \exp\left(\frac{\varphi^0_{H_2/H^+} - \varphi_{corr}}{\overrightarrow{\beta}}\right) \tag{2.11.9}$$

将式(2.11.9)代入式(2.11.6)、式(2.11.7)并简化可以得到在偏离阴极阳极平衡电位较远的腐蚀体系极化方程式：

$$i_A = i_{corr} \exp\left(\frac{\varphi - \varphi_{corr}}{\overleftarrow{\beta}}\right) - i_{corr} \exp\left(\frac{\varphi_{corr} - \varphi}{\overrightarrow{\beta}}\right) \tag{2.11.10}$$

$$i_C = i_{corr} \exp\left(\frac{\varphi_{corr} - \varphi}{\overrightarrow{\beta}}\right) - i_{corr} \exp\left(\frac{\varphi - \varphi_{corr}}{\overleftarrow{\beta}}\right) \tag{2.11.11}$$

此时式(2.11.10)、式(2.11.11)处理方式跟单电极体系思路一样，当 $|\varphi - \varphi_{corr}| >$

50 mV时，式(2.11.10)、式(2.11.11)忽略掉第二项电流，同时取对数，得腐蚀体系Tafel曲线：

$$\Delta\varphi_a=\varphi-\varphi_{corr}=-\overleftarrow{\beta}\ln i_{corr}+\overleftarrow{\beta}\ln i_A \quad (2.11.12)$$

$$\Delta\varphi_c=\varphi_{corr}-\varphi=\overrightarrow{\beta}\ln i_{corr}-\overrightarrow{\beta}\ln i_C \quad (2.11.13)$$

在测定如图2.11.1所示铁在硫酸中的阴极和阳极的Tafel曲线后，当阴极段和阳极段符合Tafel关系时，将两条曲线的直线段外延相交，所得交点所对应的电流是i_{corr}，电位是φ_{corr}。

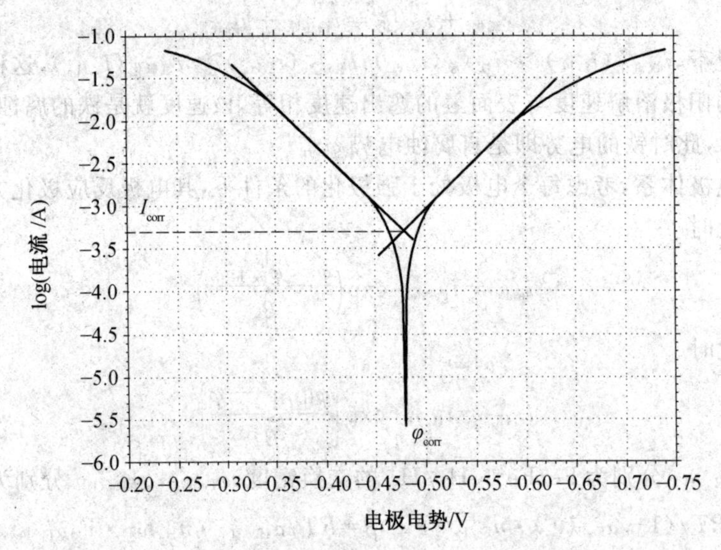

图2.11.1　铁在硫酸中的阴极和阳极的Tafel曲线示意图

上述方法在实际应用时，有时两条曲线的外延线交点不准确，给精确测量带来很大的误差。所以经常在实验中采用线性极化法来测定腐蚀速度。

线性极化的含意就是指在腐蚀电势附近，当$|\varphi-\varphi_{corr}|<10$ mV时，式(2.11.10)、式(2.11.11)可以进行级数展开，保留一次项，略去二次以上的高次项，可以得到下面关系式：

$$\Delta\varphi_a=\frac{\overrightarrow{\beta}\cdot\overleftarrow{\beta}}{2.3(\overrightarrow{\beta}+\overleftarrow{\beta})}\times\frac{i_A}{i_{corr}}=b_a\times\frac{i_A}{i_{corr}}$$

$$\Delta\varphi_c=\frac{\overrightarrow{\beta}\cdot\overleftarrow{\beta}}{2.3(\overrightarrow{\beta}+\overleftarrow{\beta})}\times\frac{i_C}{i_{corr}}=b_k\times\frac{i_c}{i_{corr}}$$

该公式即为线性极化法的Stern公式。根据上述的基本原理，测量腐蚀体系的极化电阻R_p和Tafel曲线的b_a和b_k，用Stern公式，即可求出腐蚀速度i_{corr}。

三、实验仪器、药品及材料

(1) 仪器：电化学工作站1台，计算机1台。

(2) 药品：1 mol·L^{-1} H_2SO_4，1 mol·L^{-1} NaOH，质量分数为10%的HCl，质量分数

为 3.5% 的 NaCl。

(3) 材料：电解池 4 个，铂片辅助电极 4 片，$Hg/HgSO_4$ 电极 1 支，Hg/Hg_2Cl_2 电极 1 支，Hg/HgO 电极 1 支，1 cm^2 低碳钢片 4 个(其中一面用环氧树脂封固绝缘)。

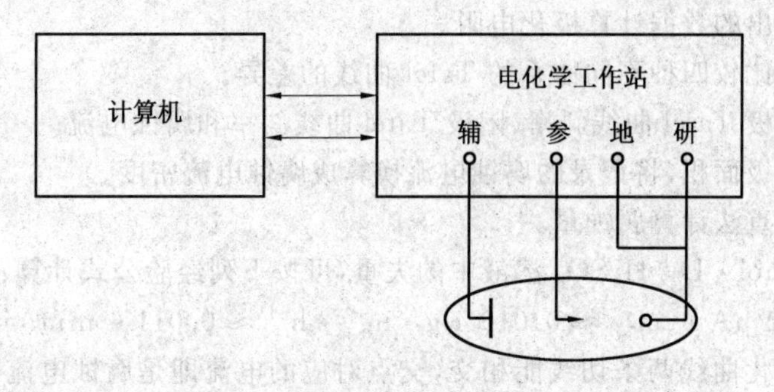

图 2.11.2　测量 Tafel 线路示意图

四、实验步骤

(1) 清洗电解池，装入 1 mol・L^{-1} H_2SO_4 溶液。放入参比电极、辅助电极、研究电极。研究电极放入电解池前，要用细砂纸仔细打磨至光亮，水洗后用丙酮除油，再放入电解池。

(2) 按图 2.11.2 接好线路，打开计算机和电化学工作站开关。在计算机桌面上用鼠标点击电化学工作站软件，进入分析测试系统。

(3) 选择菜单中的“T”(Technique) 实验技术进入，选择菜单中的 Tafel Plot，点击“OK”退出。

(4) 选择菜单中的“Control”(控制) 进入，选择菜单中的 Open Circuit Potential (开路电压) 得出给定的开路电压，然后退出。

(5) 选择菜单中的 Parameters(实验参数) 进入实验参数设置。Init E(V) (初始电位) 和 Final E(V) 终止电位，应根据给定的开路电压 ± (0.25 − 0.5)V 来确定。Scan Rate (V/s) 扫描速度为 0.005 或者 0.001。其余的参数可选择自动设置。

(6) 选择菜单中“▶”Run 开始扫描。

(7) 扫描结束，选择菜单中的 Graphics(图形) 进入，选择 Graph Option(图形选项) 进入，在 Data (数据) 选择 Current (电流) 进入图形，取 $\Delta\varphi$ 和对应的 ΔI，根据 $\Delta\varphi/\Delta I=R_p$ 计算出极化电阻。

(8) 进入 Analysis(分析)，选择菜单中 Special Analysis(特殊分析) 进入，点击 Calculate(计算) 得出阴极斜率、阳极斜率和腐蚀电流。

(9) 换溶液，重复以上步骤，分别做 1 mol・L^{-1} NaOH、10% HCl、3.5% NaCl 三种不同体系的实验。

(10) 将所做出的曲线存盘、打印。

(11) 关闭电源，取出研究电极，清洗干净，结束实验。

五、数据处理及分析

(1) 根据得出的数据计算极化电阻。

(2) 试分析比较四种不同体系的 Tafel 曲线的差异。

(3) 记录阴极 Tatel 曲线斜率、阳极 Tatel 曲线斜率和腐蚀电流。

(4) 计算电极面积,将记录的腐蚀电流换算成腐蚀电流密度。

(5) 应用失重法计算腐蚀量。

铁在 0.5 $mol \cdot L^{-1}$ H_2SO_4 溶液中的失重,可按下列经验公式计算:

$$1\ \mu A \cdot cm^{-2} \approx 0.010\ 4\ g \cdot m^{-2} \cdot h^{-1} \approx 0.011\ 6\ mm/年$$

(6) 如果极化曲线两条切线能相交,交点对应的电流即是腐蚀电流密度 i_{corr},比较此电流与用 Stern 公式计算出的腐蚀电流密度 i_{corr} 的差异,并分析原因。

六、思考题

(1) Tafel 外延法测定金属腐蚀速率的前提条件是什么?

(2) 如何使用 Stern 线性弱极化法测定金属的腐蚀速率?

(3) 腐蚀电位与平衡电位的区别是什么?

(4) 能否用腐蚀电位衡量金属的腐蚀倾向?

实验 12　微电极技术测定电极过程动力学参数

一、实验目的

(1) 了解微电极的构造和制备方法。

(2) 掌握微电极技术的基本原理及其电极行为。

(3) 了解微电极的特点,掌握微电极与常规电极的区别。

(4) 了解微电极技术在电化学研究中的作用,能够用微电极技术研究一些电化学问题。

二、基本原理

1. 微电极的特点

微电极技术是电化学领域最重要的进展之一,微电极的尺寸非常小,以微圆盘电极为例,其电极半径在微米级(一般小于 50 μm)或者纳米级,所以,它具有比常规电极优越的电化学特性：

(1) 双层电容小。微电极的时间常数(RC)可低于1 μs,因此,它具有相当快的电极响应速度。其在溶液中进行循环伏安测试时,扫描速度可高达20 V·s^{-1},比常规电极快3个数量级,更适合于快速、暂态的电化学测量方法。

(2) 极化电流微小。微电极上的极化电流一般在 10^{-9} A(nA) 数量级,甚至可达 10^{-12} A(pA)。这样,电极体系的溶液压降(IR)较小。由于微电极具有这一特点,可采用两电极体系(研究电极和辅助电极),并且不需要恒电位仪,只用信号发生器即可,从而简化了实验装置,提高测量系统的信噪比,进而提高测量精度。另外,对于低极性或无局外电解质的溶液体系也可以进行实验,这一特点为检测方法提供了方便,如色谱电化学检测、生物活体内的在线检测等。

(3) 传质速度高。微电极表面液相的传质包括垂直和平行两个方向的传质,存在"边缘效应",其传质速度远大于常规电极。以微圆盘电极为例,半径为1 μm的微盘电极扩散传质速率与转速为4 500 r·min^{-1}的旋转圆盘电极相当,因此,微电极可用于快速电极反应的动力学研究。

(4) 电极尺寸小,可用于电化学活性的空间分辨实验,如电化学扫描隧道显微镜、生物活体细胞检测及腐蚀微区分析等。

2. 微盘电极的结构及制备

(1) 微盘电极的结构。

微电极按电极形状可以分为微盘、微环、微球、微圆柱和微带电极等,其中微盘电极应用最为广泛。图2.12.1为微盘电极的电极结构,它由电极丝、接触材料、固定材料、玻璃毛细管及电极引线等组成。电极丝为直径1～100 μm的铂丝、金丝或碳纤维等。接触材料常用石墨粉,起到连接电极丝与电极引线的作用,由于接触面积大,有利于提高电极的电子导电能力。固定材料常用树脂、汞和石蜡等,用于固定电极丝及引线。

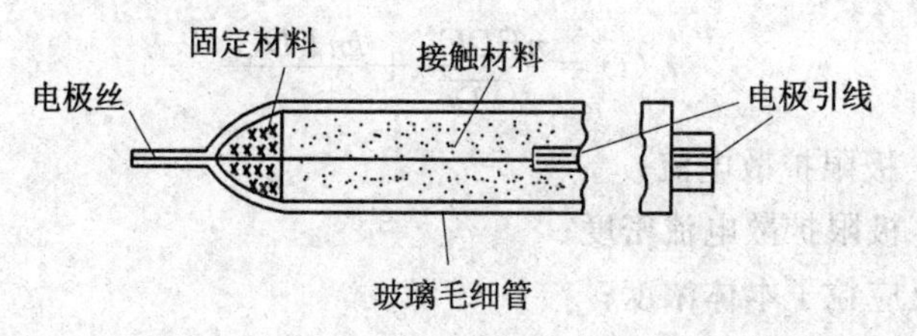

图 2.12.1　微盘电极的电极结构示意图

(2) 微盘电极的制作过程。

① 将玻璃管、金属丝在分析纯丙酮中浸泡5～10 min,然后在浓硝酸中浸泡5～10 min,再用蒸馏水洗涤干净并吹干；

② 将玻璃管在煤气灯上拉成毛细管,把处理干净的金属丝放入毛细管内,并在煤气灯上将金属丝封在毛细管内；

③ 向毛细管内注入固定材料,然后注入接触材料,最后放入铜导线；

④ 管顶端用环氧树脂封紧；

⑤ 微电极在使用前先用600目砂纸打磨电极下端至露出电极平面，再用金相砂纸磨平，然后依次用5 μm、0.3 μm、0.05 μm的Al_2O_3粉研磨抛光；

⑥ 制作好的微电极应放入浓HNO_3中，直到电化学性质不随时间变化时方可使用。

3. 微电极的工作原理

(1) 微盘电极的IR降。

设电解液的电导率为k，对面积$2\pi r^2$及厚度dr的溶液，相对于球坐标其电阻可表示为

$$dR=\frac{1}{k}\left(\frac{dr}{2\pi r^2}\right) \tag{2.12.1}$$

若辅助电极相对于研究电极可认为处于无穷远，则溶液总电阻表示为

$$R=\int_{r_d}^{\infty}\frac{dr}{2\pi k r^2}=\frac{1}{2\pi k r_d} \tag{2.12.2}$$

式中　r_d—— 微盘电极的半径。

根据式(2.12.2)，电极半径越小，溶液总电阻越大。

但由于微盘电极的面积很小，其绝对电流值并不大，微盘电极表面的IR降并不大。据推算，微电极的IR降与常规三电极体系中研究电极与鲁金毛细管之间的IR降相当，甚至更小。因此，选择适当的辅助电极，完全可采用双电极体系进行测量。

(2) 微电极的极限扩散电流。

微盘电极的半径小于自然对流的扩散层厚度，电极表面液相的传质存在"边缘效应"，这就使它的传质速度大于常规电极表面的传质速度，从而提高极限扩散电流密度。理论和实验表明，在微电极上进行电位阶跃实验时，存在关系式(2.12.3)和关系式(2.12.4)，即

$$I_d(t)=\frac{nFSDC^0}{\sqrt{\pi D t}}+\frac{knFSDC^0}{r_d} \tag{2.12.3}$$

$$i_d(t)=\frac{nFDC^0}{\sqrt{\pi D t}}+\frac{knFDC^0}{r_d} \tag{2.12.4}$$

式中　$I_d(t)$—— 极限扩散电流；

$i_d(t)$—— 极限扩散电流密度；

C^0—— 反应粒子本体浓度；

D—— 反应粒子的扩散系数；

r_d—— 微电极的半径；

S—— 微电极的面积；

k—— 待定系数，对于微盘电极k取$\frac{4}{n}$，对微半球电极k取2，对微球电极k取4。

当t非常小时，式(2.12.3)、式(2.12.4)右边第一项远大于第二项，这时扩散电流主要受第一项控制；时间越长，I_d、i_d越小；当$\sqrt{\pi D t}$超过r_d后，扩散电流主要受第二项控制；随着t的进一步增大，第一项相对于第二项可忽略不计，这时对微盘电极来说，就有式(2.12.5)和式(2.12.6)，即

$$I_d = 4nFDC^0 r_d \tag{2.12.5}$$

$$i_d = 4nFDC^0/\pi r_d \tag{2.12.6}$$

可以看出，r_d 越小，暂态扩散时间越短，因此微电极较易出现稳态扩散过程。实验表明，对直径只有几个微米的微圆盘电极，当电位扫描速度小于 50 $mV \cdot s^{-1}$ 时，结果总能得到稳态极化曲线。而在常规电极上，若不加以强烈搅拌，是无法得到这样的效果的。

4. 微电极技术在电化学研究中的应用

由于微电极比常规电极具有许多优点，近年来已在电化学、生物电化学及光谱电化学等领域得到应用。

(1) 电结晶机理的研究。

图 2.12.2 所示为 Ni 在 Pt 微电极上电结晶的恒电位 $I-t$ 曲线。电位阶跃输入后，首先出现由于双层充电引起的电流，接着经过电流较小的诱导期，最后出现明显的电流增大。晶核的形成过程发生在诱导期间。

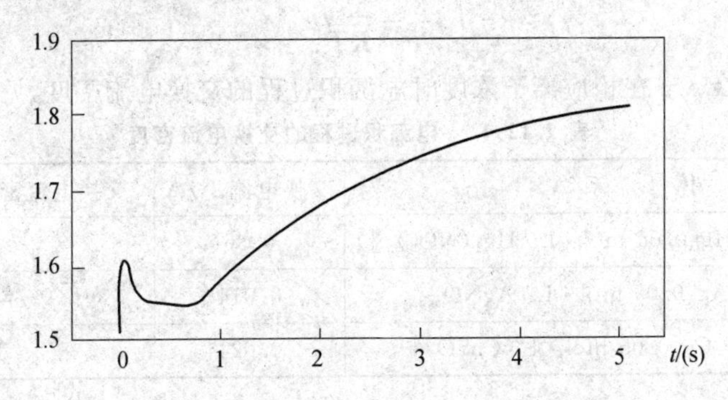

图 2.12.2　Ni 在 Pt 微电极上电结晶的恒电势 $I-t$ 曲线($\eta = -50$ mV)

既然诱导期是单个成熟晶核形成所需的时间，其倒数即为成核速度常数 A。若以诱导时间的终点作为微晶生长的起点，则由图 2.12.2 可知生长电流 I 与时间 t 的平方根成正比。如图 2.12.3 所示，这一关系可用于揭示微晶生长的机理。

若晶核为半球状，则可以导出不同生长机理下的恒电势 $I-t$ 关系，即

电化学控制：
$$i = \frac{2zF\pi M^2 k^3 t^2}{\rho^2} \tag{2.12.7}$$

扩散控制：
$$i = \frac{zF\pi(2DC^0)^{\frac{3}{2}} M^{\frac{1}{2}} t^{\frac{1}{2}}}{\rho^{\frac{1}{2}}} \tag{2.12.8}$$

式中　i—— 表观电流密度；

M—— 沉积相的摩尔质量；

ρ—— 沉积相的密度；

C^0—— 本体离子浓度；

k—— 生长速度常数。

由图 2.12.3 中直线的斜率和式(2.12.8)可求得 $D=4.5\times10^{-5}\ cm^2 \cdot s^{-1}$，数量级是合理的。扩散控制生长机理的确定，反证了上述分析中关于单核生长的假定的正确性。

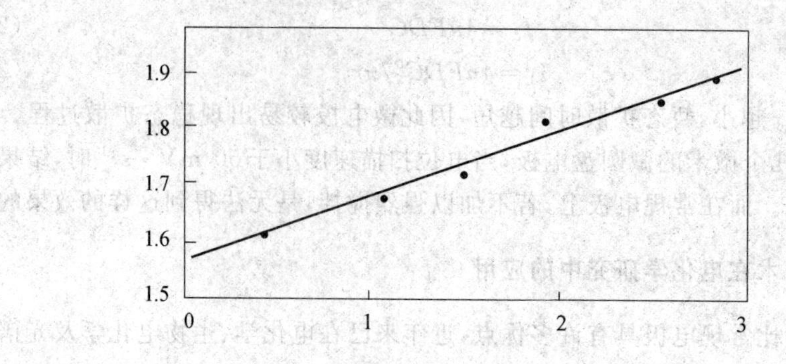

图 2.12.3　微晶生长期间的 $I-t$ 曲线

(2) 单核表面上电化学动力学参数的测量。

微电极上成长的单核表面是新鲜的、干净的，实验结果重现性好，可用于测定金属沉积的交换电流密度 i^0。以二价金属离子还原成金属单质为例，在小幅度极化条件下，根据

$$i=\frac{2F\eta}{RT}i^0 \tag{2.12.9}$$

可以测得 Hg、Ag、Cu 在相应离子浓度时电沉积过程的交换电流密度，见表 2.12.1。

表 2.12.1　电沉积过程的交换电流密度

体　　系	交换电流 I^0/A	交换电流密度 $i^0/(A\cdot cm^{-2})$
$Hg_2^{2+}+2e^-=2Hg[0.05\ mol\cdot L^{-1}Hg_2(NO_3)_2]$	0.36	$\sim 3\times 10^{-4}$
$Ag^++e^-=Ag[0.05\ mol\cdot L^{-1}AgNO_3]$	0.014	$\sim 1\times 10^3$
$Cu^{2+}+2e^-=Cu[0.05\ mol\cdot L^{-1}CuSO_4]$	0.021	$\sim 1.5\times 10^3$

三、实验仪器、药品及材料

(1) 仪器：CHI 电化学工作站，计算机。

(2) 药品：$K_3Fe(CN)_6$，$K_4Fe(CN)_6$，KCl，KIO_3，KI，KOH，$NiSO_4$，蒸馏水。

(3) 材料：氧化铝抛光粉，电解池，Pt 微电极（直径分别为 30 μm 和 10 μm），高纯氮气。

四、实验步骤

实验所用电解池为两电极体系，如图 2.12.4。玻璃容器上设有电极插口和惰性气体进出口，以排除溶液中的溶解氧。测试体系框图如图 2.12.5。测量时，电解池装入金属屏蔽盒以防止干扰。

1. 稳态极化曲线的测量

(1) 扩散控制的电极反应。

测量体系为 $K_3Fe(CN)_6/K_4Fe(CN)_6$，以 KCl 为局外电解质，电极反应为

$$Fe^{3+} + e^- \rightleftharpoons Fe^{2+}$$

① 按图 2.12.5 接好线路。

② 将 100 mL 5 mmol·L^{-1} $K_3Fe(CN)_6$ + 5 mmol·L^{-1} $K_4Fe(CN)_6$ + 1 mol·L^{-1} KCl 溶液注入电解池。

③ 将 r_d 为 30 μm 的微电极用 0.025 μm 的氧化铝粉进行抛光，以蒸馏水洗涤，放入丙酮中除油，用蒸馏水洗涤后放入电解池，并放入铂丝辅助电极。

④ 给溶液通氮气 5 ～ 10 min 除氧。

⑤ 启动工作站，运行测试软件。在 Setup 菜单中点击 Technique 选项。在弹出菜单中选择了 Linear Sweep Voltammetry 测试方法，然后点击 OK 按钮。

⑥ 在 Setup 菜单中点击 Parameters 选项。在弹出菜单中输入测试条件：Init E 为 0.1 V，Final E 为 −0.5 V，Scan Rate 为 0.010 V/s，Sample Interval 为 0.001 V，Quiet Time 为 2 s，Sensitivity 为 1×10^{-8}，选择 Auto sensitivity。然后点击 OK 按钮。

⑦ 在 Control 菜单中点击 Run Experiment 选项，进行稳态极化曲线的测量。

⑧ 分别调节扫描速度为 v = 20、50、100、200、500 mV·s^{-1} 进行实验。

⑨ 将研究溶液分别换成 100 mL 10 mmol·L^{-1} $K_3Fe(CN)_6$ + 10 mmol·L^{-1} $K_4Fe(CN)_6$ + 1 mol·L^{-1} KCl 和 100 mL 20 mmol·L^{-1} $K_3Fe(CN)_6$ + 20 mmol·L^{-1} $K_4Fe(CN)_6$ + 1 mol·L^{-1} KCl，重复操作 ① ～ ⑧。

(2) 混合控制的电极反应。

将 100 mL 10 mmol·L^{-1} KIO_3 + 10 mmol·L^{-1} KI + 20 mmol·L^{-1} KOH 溶液注入电解池，调节电位范围为 −0.56 ～ −1.7 V，重复上述步骤。

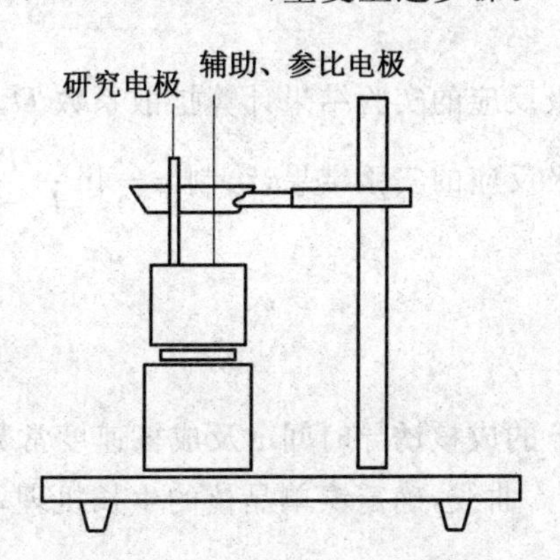

图 2.12.4　电解池结构示意图

2. 电结晶过程的研究

以硫酸镍溶液中镍单晶核的形成为例进行电结晶过程的研究。

(1) 按图 2.12.5 接好线路。

(2) 在电解池中注入 100 mL 20 mmol·L^{-1} $NiSO_4$ 水溶液。

(3) 将清洗干净的 r_d 为 10 μm 的铂微电极及 1 cm^2 的镍辅助电极放入电解池。

(4) 通氮气 5 ～ 10 min。

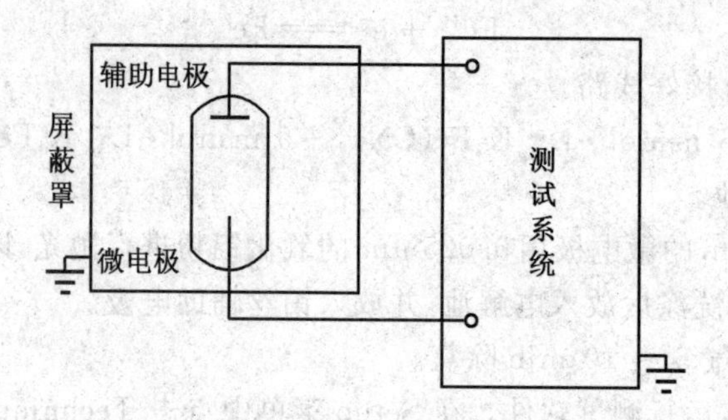

图 2.12.5　测试系统框图

(5) 各仪器置于工作位置，调节过电位为 −50 mV 工作，记录 $I-t$ 曲线。

(6) 在过电位为 −50 mV 条件下，重复 3 次实验。

(7) 调节过电势分别为 −25 mV、−100 mV、−200 mV 及 −500 mV，重复上述步骤。

五、数据处理及分析

1. 稳态极化曲线的测量

(1) 根据扩散控制电极反应的实验结果，绘制 $\varphi-\ln\dfrac{I}{I_d-I}$ 曲线，从直线的斜率求反应电子数 n。

(2) 根据扩散控制电极反应的实验结果计算扩散系数 D。

(3) 根据混合控制电极反应的实验结果，绘制 $\varphi-\ln\dfrac{I}{I_d-I}$ 关系曲线，从直线的斜率求阴极反应传递系数 α。

2. 电结晶过程的研究

(1) 求出不同过电势下的成核诱导时间 τ 及成核速度常数 A。

(2) 作 $I-t^2$ 及 $I-t^{1/2}$ 曲线，确定镍单晶核的生长机理，并加以验证。

六、思考题

(1) 为什么微电极可以采用两电极体系进行测试？

(2) 微电极表面垂直于电极表面的扩散属于线性扩散还是非线性扩散？沿着半径方向的扩散属于线性扩散还是非线性扩散？

(3) 在电沉积机理研究中，微电极相比普通电极有何优势？

(4) 除了本实验涉及的实验内容，你认为微电极技术还能够应用在哪些电化学研究领域？

实验 13　石英晶体微天平技术测量添加剂吸附及金属的沉积/溶解过程

一、实验目的

(1) 掌握电化学石英晶体微天平的基本工作原理。

(2) 了解电化学石英晶体微天平的应用。

(3) 使用电化学石英晶体微天平测量金电极上添加剂的吸附行为。

(4) 使用电化学石英晶体微天平测量 Cu 的阴极沉积和阳极溶解过程。

二、实验原理

在分析化学中,质量信息的提取至关重要。在过去,质量分析位居经典分析化学之首位。即使在容量分析和分光光度分析中,配制标准溶液等操作也均需涉及称量。作为称量工具的分析天平,即使是电子微天平,质量称量下限只能达到 μg 级。石英晶体微天平(QCM,也称为压电化学传感、压电微天平、压电石英微天平、压电石英晶体微天平),是一种质量型传感器,它通过检测石英晶体共振频率的变化来确定电极表面的质量变化,能够测量物质 ng 级的质量变化。例如:使用基频 7.995 MHz 的石英晶体,频率每变化 1 Hz 对应着晶体表面(0.196 cm^2)得到或失去 1.34 ng 的物质。这显然是一个重要的发展,所以它在化学研究中受到广泛重视并被投入应用研究,尤其是电化学石英晶体微天平(EQCM),将电化学方法和压电微天平技术相互结合,至今仍为研究热点。

在 1880 年 Jacques 和 Pierre Curie 系统的研究了压电现象,压电现象的理论基础是 Raleigh 于 1885 年提出的。压电石英晶体共振器是由自然或人工晶体经过精密切割得到的薄片。从图 2.13.1 可以看到具有完善自然形态的石英晶体。将外部电压施加到压电材料上就会产生内部的机械应力。因为 QCM 具有压电性,一个震荡电场施加到设备上就会产生声波,如图 2.13.2 所示。声波穿透晶体,当晶体的厚度是声波半波宽的倍数时阻力最小。在 QCM 中,声波传播方向必须垂直于晶体表面,这要求石英晶体片必须被按照相对于晶轴的特定的方向切割。这种切割属于按照旋转的 Y 轴切割,图 2.13.3 表示了典型的 AT 和 BT 切割。石英晶体微天平中,石英晶体薄片的两侧中间位置沉积一层金或其他金属,沉积层一般是圆形,附着层在石英晶体的表面沉积一层薄膜会使频率降低,这与膜的物质量成正比。图 2.13.4 是典型的压电石英晶体示意图。

在包含晶体的电路中,如果电场或机械震荡接近晶体的基频 f_0,就会引起共振。基频依赖于晶片的厚度、化学结构、形状和质量。一些因素会影响振动频率,比如厚度、密度、石英的剪切模量(常数)、相邻介质的物理性质(气体或液体的密度或粘度)。1959 年 Sauerbrey 提出式(2.13.1),即

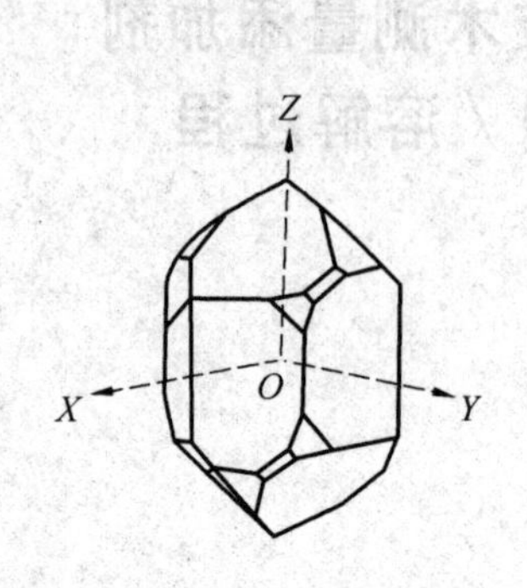

图 2.13.1　石英晶体的轴向

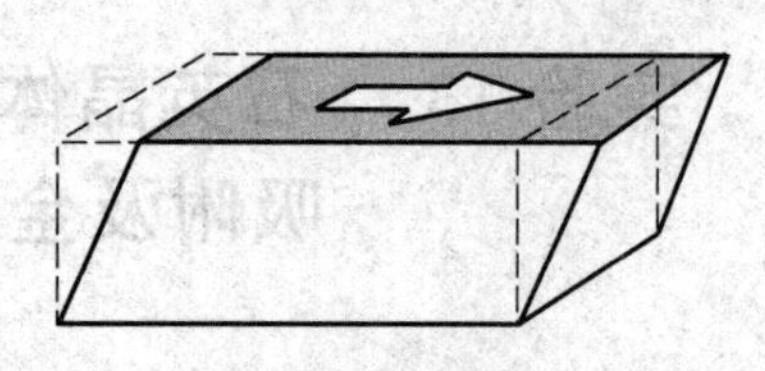

(a)剪切变形示意图

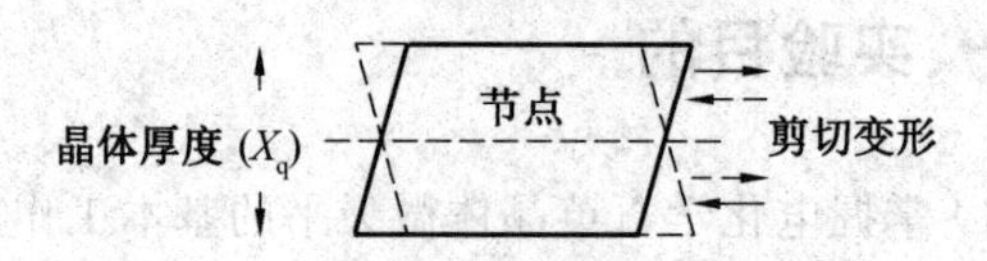

(b)晶体在交变电场下的振荡

图 2.13.2　晶体振荡示意图

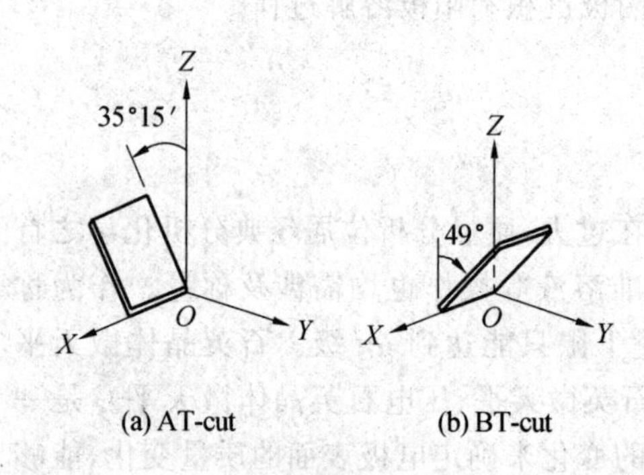

图 2.13.3　石英晶体的切割方向

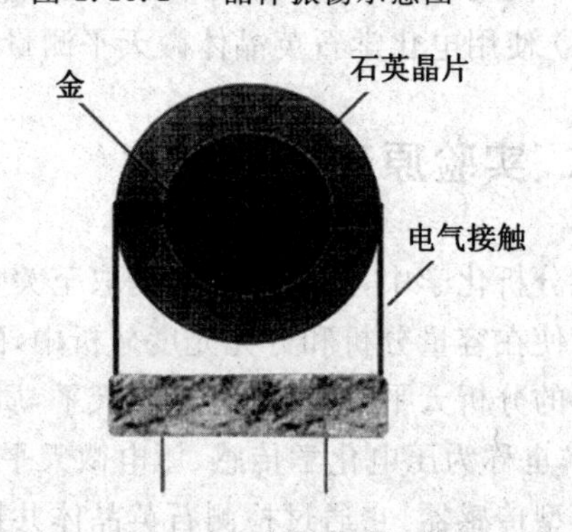

图 2.13.4　压电石英晶体金电极示意图

$$\Delta f=\frac{-2f_{\circ}\Delta m}{A\mu_q^2\rho_q^2} \tag{2.13.1}$$

式中　$f_{\circ}$—— 晶体的基频；

A—— 沉积在晶体上金层的表面积；

ρ_q—— 石英的密度(2.684 $g\cdot cm^{-3}$)；

μ_q—— 石英的剪切模量(2.947×10^{10} $g\cdot cm^{-1}\cdot s^{-2}$)。

对于同一个体系，式中 $f_{\circ}$、A、ρ、μ 都为常数，因而共振频率的变化只与晶体上的质量积聚有关，即

$$\Delta f=K\cdot\Delta m \tag{2.13.2}$$

式中，K 为常数。

一般分析空气中的元素时，频率变化只与质量变化有关。当把晶体浸入到溶液中时，振荡频率依赖于使用的溶剂。频率由哪些因素决定这一问题对于理解晶体在溶液中的振荡机理以及它作为传感器在溶液中的潜在应用是非常重要的。当晶体表面的覆盖层较厚时，f 和 Δm 之间不再是线性关系，必须进行修正。当石英晶体与溶液接触并发生振荡时，晶体表面与液体的结合处会显著改变频率，表面的剪切运动会造成液体界面附近的剪切运动。表面振荡会造成液体层状平面流动，这会导致频率降低，降低值对应于$(\rho\eta)^{\frac{1}{2}}$，其中 ρ 和 η 是液体密度和粘度，其关系式为

$$\Delta f = f_0^{\frac{2}{3}} \left(\frac{\rho\eta}{\pi \eta_q \mu_q} \right)^{\frac{1}{2}} \tag{2.13.3}$$

在液相中，传感器响应参量不单取决于它表面上的质量负载，而且还受制于周边液体的物理化学性质参量。正因如此，用于液相测定的压电传感器必需严格控制测定条件，使液体相关的物理化学性质参量保持恒定，或通过参比消除其影响。在一些研究工作中，使用的晶体往往是单面接触液体，另一面仍然处在气相中。

目前国际上的电化学石英晶体微天平主要有 EG&G Princeton Applied 的 QCA 系列、Universal Sensors 的 PZ 系列、Maxtek 的 PM 系列、CH Instrument 的 CHI 系列等。商品化的 QCM 能够可靠地测量大约 100 μg 的质量变化，最小可探测质量变化一般是 1 ng/cm^3（目前已有产品能够达到 0.05 ng/cm^3），如上所述，AT 切割的石英晶体用在 QCM 设备中，是由于在室温下的温度系数低，因而在此区域中由于温度导致的频率变化最小。晶体可能是粗糙或光滑、清洁或有污斑，但是对于液相，建议使用光学抛光的晶体，因为液体能够附着在粗糙晶体的缝隙中，会导致虚假的频率变化。晶体直径对稳定性有很大影响，一般晶体直径是 0.5 in。晶体的厚度决定了共振频率，因而决定了质量灵敏度。薄晶体的共振频率更高，也更灵敏，但是也更易破碎。晶体和电极合在一起组成一个正反馈振荡回路，使用频率计数器进行测量。

压电石英晶体传感器可以对液体的黏度、密度、电导率和介电常数的变化给出相当灵敏的响应，可直接用于连续在线检测；可用于天然水中总盐度的测定，环境水（天然水，废水等）和工厂锅炉进水中总电解质浓度的测定。QCM 可以测量添加剂在电极表面的吸附，图 2.13.5 是三种不同表面活性剂在金晶振电极上的吸附时频率－时间曲线。

石英晶体微天平以及石英晶体微天平与电化学结合（电化学石英晶体微天平 EQCM）被广泛应用于测量晶体上金属的沉积、研究聚合物膜中的离子传递过程、生物传感器和吸附分子的吸／脱附机理。电化学石英晶体微天平可以在进行电化学测量（如循环伏安、计时电流、计时电位、计时库仑、线性极化等电化学测量方法）的同时，探测电化学氧化还原过程中电极表面的吸附或沉淀、脱附或溶解引起的质量变化。在电化学石英晶体微天平的实验中，特殊的电压波形（例如：循环伏安实验中的三角波扫描），以及后来的电流测量、频率计算都是在恒电位仪／频率计数器上进行的，也就是用计算机控制和采集数据，各种电化学参数，如电势、电流、研究电极的充电以及对应频率变化，都同时获得，因而可以更深入地认识电极表面的吸、脱附或反应过程。

图 2.13.6 和图 2.13.7 是对于在含有 50 $mmol \cdot L^{-1}$ Cu^{2+} 溶液中，使用 EQCM 方法（循环伏安＋QCM）研究 Cu 沉积于 Au 电极表面所得到的曲线。循环伏安扫描速度为0.01 $V \cdot s^{-1}$。

从图 2.13.6 可以看出，铜开始沉积发生在电势为 0.3 V 时，随着向负方向扫描，沉积层质量增加，质量增加一直到达 Cu 层又开始氧化的较正电势（－0.05 V），即 X 点，然后质量又开始下降，最后达到起始点电势 0.4 V，即 Y 点。在这样的测量中，流过的所有电流都与 Cu 的沉积联系在一起，这就意味着电量－电势曲线与质量－电势曲线应该具有相同的形状，都代表着 Cu 的沉积量，如图 2.13.7 所示。

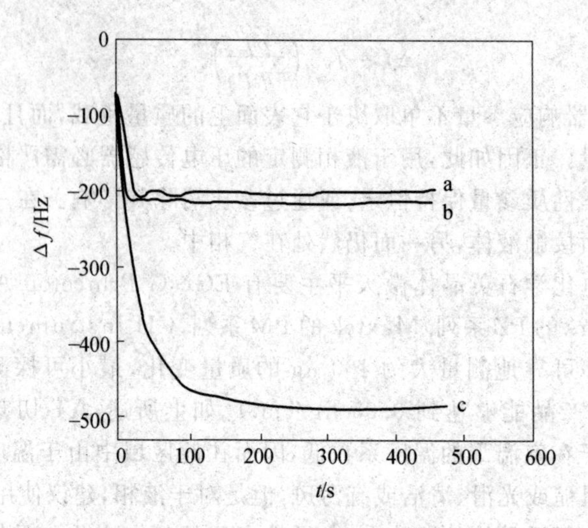

图 2.13.5　三种不同表面活性剂在金电极上吸附时的频率－时间曲线

a—十二烷基磺酸钠；b—Triton X－100；c—十八烷基三甲基溴化铵

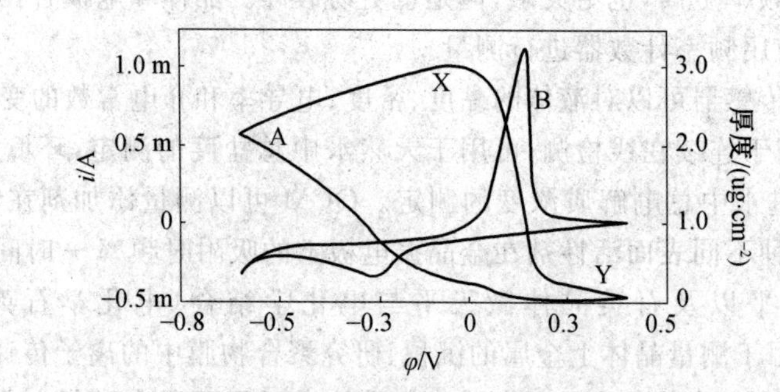

图 2.13.6　Au 电极上沉积 Cu 的 EQCM 曲线．曲线 A 为同时测量沉积 Cu 层的质量（厚度）结果，曲线 B 为循环伏安曲线

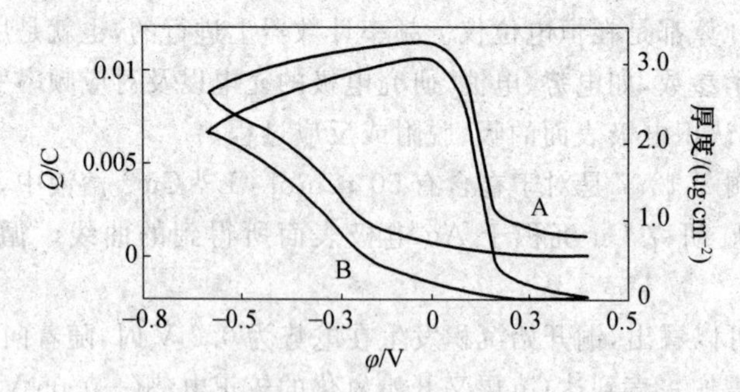

图 2.13.7　循环伏安扫描过程中的电量变化与沉积层的质量（厚度）变化比较

CHI400 系列电化学分析仪使用的石英晶体振荡器，是一种沿着与石英晶体主光轴成 35°15″ 切割（AT－CUT）而成的石英晶体振荡片。QCM 对恒电势或恒电流进行积分，使

得 EQCM 的研究非常简单而且方便。CHI400 系列使用时间解析模式代替直接测量频率，从一个标准参比频率中减去 QCM 的频率信号，测量差值的倒数。这种技术大大降低了 QCM 信号的取样时间，并且对 QCM 信号提供了更好的时间分辨率。使用直接计数方法，1 Hz 的 QCM 分辨率要求 1 s 的取样时间，0.1 Hz 的分辨率要求 10 s 的取样时间。而这种时间解析方法使得 QCM 试样测量时间在 ms 级，分辨率更好。在扫描速率1 $V \cdot s^{-1}$ 时 QCM 数据也能被记录下来。

EQCM 电解池包含 3 个圆的聚四氟乙烯块，总高度为 37 mm，直径为 35 mm。最上面的块是电解池盖，支撑参比电极和辅助电极，还有两个 2 mm 的孔作为注液孔。中间的块是贮存溶液的电解池主体，底部的块主要是起固定作用。4 个螺丝钉将底座与中间块紧固在一起，石英晶体放置在底层与中间层之间，刚才提到的 4 个螺丝钉压紧两个 O 型圈起到密封作用。石英晶体的直径为 13.7 mm，金电极的直径为 5.1 mm。

本实验使用 CHI430A 电化学分析仪，研究电极为金晶振电极，参比电极为饱和的甘汞电极或硫酸亚汞电极，辅助电极为铂片，测量添加剂在金晶振电极上的吸附行为。实验电路图如图 2.13.8 所示。

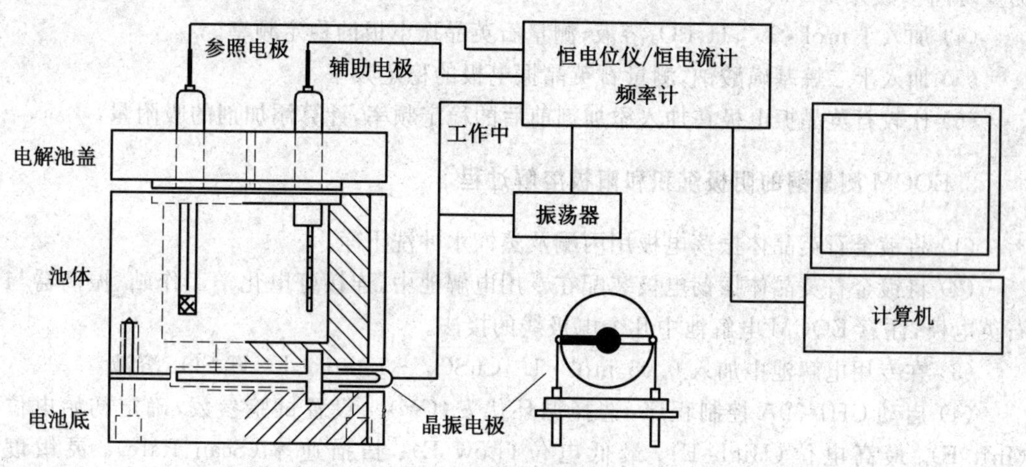

图 2.13.8　石英晶体微天平实验电路图

本实验所用的石英晶体微天平的参数为：$f_0 = 7.995$ MHz（石英晶振的基频），$A = 0.196\ cm^2$（石英晶体的工作面积）。

频移值 Δf 与质量改变值 Δm 之间有简单的线性关系，频率每降低1 Hz，质量增加 1.34 ng。EQCM 两个金属电极之一作为研究电极使用，是电化学反应的场所；另一个电极与谐振线路连接。这样连接的 EQCM 在获得电化学信息的同时又通过频率的测定获得了质量的信息。

三、实验仪器、药品和材料

(1) 仪器：CHI430A 电化学工作站，计算机。

(2) 药品：1 mol·L^{-1} H_3PO_4 溶液，0.05 mol·L^{-1} $CuSO_4$ +1 mol·L^{-1} H_2SO_4 溶液，十二烷基磺酸钠，丙酮，蒸馏水。

(3) 材料：专用电解池，镀金石英晶体振荡电极，饱和甘汞电极，Hg/Hg_2SO_4 参比电极，盐桥。

四、实验步骤

1. EQCM 测量添加剂的吸附行为

(1) 将镀金石英晶体振荡电极用丙酮及蒸馏水冲洗干净。

(2) 将镀金石英晶体振荡电极装配在专用电解池中，连接好电化学工作站、振荡器与石英电极。

(3) 启动 CHI430A 控制程序，选择 Quartz Crystal Microbalance(QCM) 方法，设置测量时间参数为 600 s。

(4) 加入 1 mol·L^{-1} H_3PO_4溶液，测量石英晶振电极的稳定频率。

(5) 加入十二烷基磺酸钠，测量石英晶振电极的稳定频率。

(6) 比较石英晶振电极在加入添加剂前后的稳定频率，计算添加剂的吸附量。

2. EQCM 测量铜的阴极沉积和阳极溶解过程

(1) 将镀金石英晶体振荡电极用丙酮及蒸馏水冲洗干净。

(2) 将镀金石英晶体振荡电极装配在专用电解池中，连接好电化学工作站、振荡器与石英电极，注意 EQCM 电解池中几个电极线的接法。

(3) 在专用电解池中加入 0.05 mol·$L^{-1}$$CuSO_4$ +1 mol·$L^{-1}$$H_2SO_4$ 溶液。

(4) 启动 CHI430A 控制程序，选择循环伏安(CV)。设置试验参数，确定初始电位(Init. E)、最高电位(High E)、最低电位(Low E)、扫描速率(Scan Rate)、灵敏度(Sensitivity)，Initial Scan 选择“Negative”，Sweep Segment 设为“2”，选择同时启动 QCM 测量。

(5) 根据石英晶振电极的频率变化，计算铜的沉积量。

五、思考题

(1) 结合个人的研究方向，考虑石英晶体微天平在电化学研究中有哪些应用？

(2) 使用石英晶体微天平应注意哪些实验条件？

实验 14　旋转圆环圆盘电极(RRDE)技术研究氧还原反应过程

一、实验目的

(1) 了解 RRDE 法在研究反应机理方面的应用。
(2) 掌握用 RRDE 检测中间产物的方法。
(3) 加深辅助电极动力学基本理论的理解。

二、实验原理

旋转电极方法可借助电极的旋转造成强制对流，通过控制转速来实现对扩散层厚度的控制，并可在整个电极上获得均匀一致的电流密度，从而对反应进行精确的理论性处理。

RRDE 是在旋转圆盘电极(RDE)的基础上发展起来的。1959 年，弗鲁姆金等人为了研究复杂的多电子电极过程的反应机理，研究开发了 RRDE，并用来检测中间产物。

1. 旋转圆盘圆环电极的结构

RRDE 是在圆盘电极的外周设一同心圆环电极，中间用薄层绝缘材料(如聚四氟乙烯)隔离，因此两个电极可独立导电，而机械上则作同轴旋转。图 2.14.1 为 RRDE 的结构示意图。

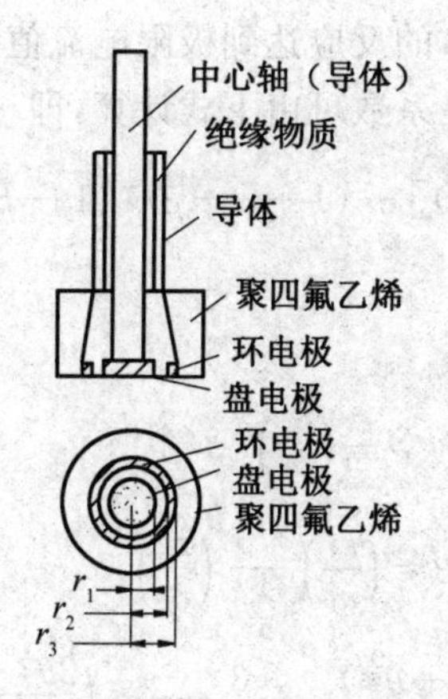

图 2.14.1　RRDE 结构示意图

2.旋转圆环圆盘电极工作原理

假设盘电极上进行如下还原反应时

$$A + n_1 e^- \longrightarrow B \tag{2.14.1}$$

$$B + n_2 e^- \longrightarrow C \tag{2.14.2}$$

生成的中间态粒子B除了部分在盘上还原外，还有几种可能的去向：

(1) 达到环电极表面并在适合的电势下发生氧化或还原。

$$B + n_r e^- \longrightarrow C \tag{2.14.3}$$

(2) 进入溶液本体。

(3) 通过歧化反应或其他反应生成不能被环检测的粒子。

因此盘上生成的B粒子并非可在环上全部检测出来。环上可检出量与盘上生成量之比称为收集系数，用 N 表示。

在实际测试中，常使用简单电对 $Fe(CN)_6{}^{3-}$ | $Fe(CN)_6{}^{4-}$ 来测试环盘电极的收集系数，反应式为

$$Fe(CN)_6^{3-} + e^- \rightleftharpoons Fe(CN)_6^{4-} \tag{2.14.4}$$

在环电极和盘电极上施加合适的电势，分别使式(2.14.4)中的还原和氧化反应发生，可以在盘电极和环电极上获得反应电流(分别为 I_d 和 I_r)。测试中，考虑到环电极上的反应电流可能并非全部来自于盘上反应产物的氧化，还需测试盘电极不反应时的环电极背景电流 I_{r0}，则 N 由式(2.14.5)求得，即

$$N = \frac{|(I_r - I_{r0})/n_r|}{|I_d/n_1|} = \left|\frac{(I_r - I_{r0})n_1}{I_d n_r}\right| \tag{2.14.5}$$

其中 I_d、I_r 分别为盘电流与环电流，n_r 为B在环上参加电化学反应时涉及的电子数，n_1 是盘电极上参与电化学反应时涉及的电子数。

该 N 值是实际测量值。列维奇等人应用流体力学基本理论，导出了计算收集系数的理论公式。他们的分析计算表明，当盘上生成的B完全可溶时，若在溶液本体中B的浓度可以忽视，且将环电位控制在可使B的反应达到极限电流值，同时B不会在溶液中发生其他反应的条件下，环电极的理论收集系数可由下式计算，即

$$N^0 = 1 - F\left(\frac{\alpha}{\beta}\right) + \beta^{\frac{2}{3}}[1 - F(\alpha)] - (1+\alpha+\beta)^{\frac{2}{3}}\left\{1 - F\left[\left(\frac{\alpha}{\beta}\right)((1+\alpha+\beta))\right]\right\} \tag{2.14.6}$$

这里：

$$\alpha = \left(\frac{r_2}{r_1}\right)^3 - 1 \tag{2.14.7}$$

$$\beta = \left(\frac{r_3}{r_1}\right)^3 - \left(\frac{r_2}{r_1}\right)^3 \tag{2.14.8}$$

$$F(\theta) = \frac{\sqrt{3}}{4\pi}\ln\frac{(1+\theta^{\frac{1}{3}})^3}{1+\theta} + \frac{3}{2\pi}\arctan\left(\frac{2\theta^{\frac{1}{3}} - 1}{\sqrt{3}}\right) + \frac{1}{4} \tag{2.14.9}$$

式中 r_1 为盘的半径，r_2 和 r_3 分别为环的内半径和外半径。式(2.14.6)式已被大量实验证实在不出现湍流的情况下是正确的。

式(2.14.6)～式(2.14.9)表明，理论收集系数 N^0 为仅由电极尺寸决定的常数，与转速无关。当满足前述条件，且当 B 不能在盘上继续反应(即无反应式(2.14.2))时，测量值 N 应与理论值 N^0 相等。但如果 B 可在盘上进一步反应，或在溶液中反应，则按式(2.14.5)得到的 $N < N^0$，且与电极转速有关。

3. 旋转圆环圆盘电极的应用

近年来 RRDE 法得到日益广泛的应用，用来检测中间产物是其最成功的范例，RRDE 在氧还原机理研究方面的应用非常典型。氧气还原反应在燃料电池和金属空气电池中作为阴极反应，在能源转换过程中发挥了十分重要的作用。氧还原反应是一个涉及多电子转移的复杂反应，为了加速反应进行，需要在固体催化剂表面进行反应。酸性水溶液氧还原反应按照是否有可溶性中间产物从催化活性位点脱附分为两种历程，即

酸性水溶液中的 2 电子历程：

$$O_2 + 2e^- + 2H^+ \longrightarrow H_2O_2 \quad \varphi^0 = 0.68\ V \tag{2.14.10}$$

酸性水溶液中的 4 电子历程：

$$O_2 + 4e^- + 4H^+ \longrightarrow 2H_2O \quad \varphi^0 = 1.23\ V \tag{2.14.11}$$

可以看出，当按照 4 电子历程进行时，氧还原反应可以给出较高的阴极电势，有利于电池电压的提升，消耗相同的反应物可以给出更多流经外电路的正电荷，有利于提高能量转化效率；而 2 电子历程除了不利于电池性能的提升之外，反应过程中产生的过氧化氢由于具有很强的氧化性，会氧化燃料电池组件，造成电池结构破坏和性能衰减，因此，在燃料电池中通常希望氧还原反应以 4 电子历程进行。

RRDE 测试时，由于 $O_2 \mid H_2O_2$ 的平衡电势为 0.68 V，在 Pt 环电极上施加正于 0.68 V的电势，在热力学上即可使得盘电极上生成的 H_2O_2 发生氧化，为了使扩散至环电极上的 H_2O_2 完全被氧化，通常施加的电势较正(1.2 V vs. RHE)。

对于氧还原反应，盘电流 i_d 可以代表按 4 电子途径和 2 电子途径进行的总反应电流，而环电流 i_r 除以收集系数 N 之后(i_r/N)就可以代表按 2 电子途径进行的反应电流。用转移电子数 n 代表一个氧气分子的平均得电子数，按下列公式计算，即

$$n = \frac{\text{总转移电子数}}{\text{总反应 } O_2 \text{ 分子数}} = \frac{i_d}{i_r/2N + (i_d - i_r/N)/4} = \frac{4i_d}{i_r/N + i_d} \tag{2.14.12}$$

用过氧化氢产率($H_2O_2\%$)代表按 2 电子途径进行还原的氧气占总反应氧气的比例，则

$$H_2O_2\% = \frac{\text{按 2 电子途径反应的 } O_2 \text{ 分子数}}{\text{总反应 } O_2 \text{ 分子数}} \times 100\% = \frac{100 i_r/N}{i_r/2N + (i_d - i_r/N)/4}\% = \frac{200 i_r/N}{i_r/N + i_d}\% \tag{2.14.13}$$

固体电极的结构和性质对气体电极反应起到决定性的作用，而不同固体催化剂上氧还原反应的速率和历程都有所不同。本实验通过环盘电极测试并认识金属铂和玻碳两种材料上氧气还原反应的历程，了解环盘电极在分析多电子转移反应中间产物中的应用。

三、实验仪器、药品及材料

(1) 仪器:电化学工作站(CHI700E 系列)1 台,旋转圆环圆盘电极装置 1 套,计算机 1 台。

(2) 药品:KOH,$K_3Fe(CN)_6$,$HClO_4$,超纯水。

(3) 材料:电解池 3 套,Pt 片电极 3 支(辅助电极),Hg/HgO 参比电极,Ag/AgCl 参比电极,高纯氩气,高纯氧气。

四、实验步骤

1. 配制电解液

用于收集系数测定的电解液 A:(0.1 $mol \cdot L^{-1}$ KOH+4 $mmol \cdot L^{-1}$ $K_3Fe(CN)_6$)及用于氧还原测试的电解液 B:(0.1 $mol \cdot L^{-1}$ $HClO_4$)。

2. Pt 环 Pt 盘电极上收集系数测定

(1) 用超纯水清洗电解池 1 和 2,电解池 1 中加入 50 mL 电解液 A,电解池 2 中加入 50 mL 电解液 B,均通 Ar 15 min 至饱和以除去溶解的氧气。将 Pt 环 Pt 盘电极接入旋转器,将旋转器小心浸入电解池 2 中并固定位置,放入 Ag/AgCl 参比电极,如图 2.14.2 正确放置,并按三电极体系连接 CHI 电化学工作站。

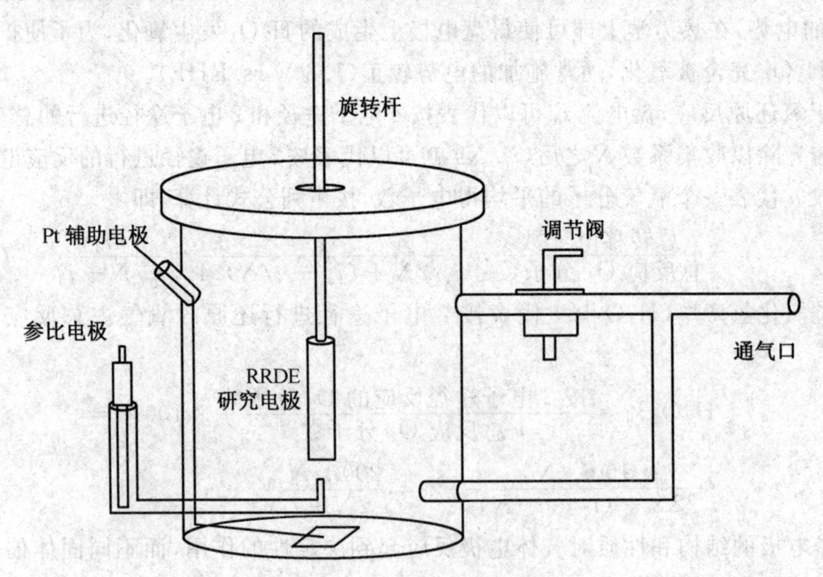

图 2.14.2　电解池示意图

(2) 在电解池 2 中,对盘电极和环电极进行活化,使用循环伏安测试,电位区间 0.05 ~1.2 V vs. RHE,扫描段数为 100 seg,扫描速度为 0.5 $V \cdot s^{-1}$,环电极模式设置为 Scan,

运行测试至盘电极和环电极的扫描曲线均稳定，出现明显 Pt 的特征峰。

(3) 将旋转器小心抬起，用超纯水清洗环盘电极，移至电解池 1 中并固定，放入 Hg/HgO 参比电极，打开旋转开关，调节转速为 900 rpm，使用计时电流测试，环电极模式为 Constant E，将盘电极和环电极的电势分别设置为 0.1 V 和 1.5 V vs. RHE，测试时间为 60 s。首先将盘电极连接线拔下，运行测试，得到环电极的背景电流 I_{r0}，保存数据后再将盘电极连接线接好，运行测试，得到 I_r 和 I_d。

3. Pt 环 Pt 盘电极上氧还原测试

用超纯水清洗电解池 3，加入 50 mL 电解液 B，通 O_2 15 min 至饱和，将旋转器小心抬起，用超纯水清洗环盘电极，移至电解池 3 中并固定，放入 Ag/AgCl 参比电极，打开旋转开关，调节转速为 900 $r \cdot min^{-1}$，进行氧还原测试。使用循环伏安测试，电位区间为 0.05 ～ 1.2 V vs. RHE，扫描段数 10 seg，扫描速度为 0.1 $V \cdot s^{-1}$，环电极模式设置为 Scan，运行测试至盘电极曲线为典型的氧还原曲线。结束后调整扫描速度减慢为 0.01 $V \cdot s^{-1}$，扫描段数为4 seg，环电极模式为 Constant E，施加恒电位设置为 1.2 V vs. RHE，运行测试，得到盘电极上氧还原曲线和环电极上过氧化氢氧化曲线。

4. Pt 环铂碳盘电极测试

测试结束后，将转速归零，关闭旋转开关，小心抬起旋转器，将 Pt 环 Pt 盘电极取下，换上 Pt 环玻碳盘的环盘电极，重复步骤 2 ～ 3。

五、数据处理及分析

(1) 根据电解池 1 中测试收集系数的数据，取最后 10 s 电流值的均值，按式(2.14.5)计算收集系数 N。

(2) 将电解池 3 中测试氧还原的曲线进行 Origin 作图，根据式(2.14.12) 和式(2.14.13) 做出 n－电势及 $H_2O_2\%$－电势的关系曲线，讨论 Pt 盘和玻碳盘上氧还原反应的历程区别。

六、思考题

(1) 比较收集系数 N 和电极厂家给出的理论值 N^0，分析造成差异可能的原因。

(2) 为什么在测试收集系数时需通入氩气进行除氧？若不除氧气将会对数据有什么样的干扰？

第3章　电化学综合实验

实验1　水溶液中氢气析出的测量及分析

一、实验目的

(1) 掌握线性电势扫描法测试氢气阴极析出曲线基本原理和方法。

(2) 测定氢气在不同金属电极上析出的阴极极化曲线。

(3) 了解不同金属对氢气析出行为的影响。

(4) 了解不同金属电极上氢气析出过程的机理。

二、实验原理

氢气的析出是水溶液体系中最常见的反应,是电解水的基本反应,同时也是二次电池充电过程、电镀过程中常常伴有的副反应,因此,是电化学体系中常见且重要的反应。

1. 氢气在金属电极上的析出规律

氢气在金属电极上析出具有以下规律:

(1) 在大多数金属上,H_2 析出反应均须在高 η_C 下进行,即符合 Tafel 方程

$$\eta_C = a + b\lg i \tag{3.1.1}$$

其中,$a = -b\lg i^0$,$b = \dfrac{2.303RT}{\alpha_c F}$。

(2) 不同体系(不同电极或者电解液),a、b 值不同,见表 3.1.1。

表 3.1.1　不同体系 Tafel 公式中的 a、b 值

体　系	a	b
$Pb/0.5\ mol \cdot L^{-1}\ H_2SO_4$	1.56	0.110

续表3.1.1

体　　系	a	b
$Hg/0.5\ mol \cdot L^{-1}\ H_2SO_4$	1.415	0.113
$Hg/1\ mol \cdot L^{-1}\ HCl$	1.406	0.116
$Cd/0.65\ mol \cdot L^{-1}\ H_2SO_4$	1.40	0.12
$Zn/0.5\ mol \cdot L^{-1}\ H_2SO_4$	1.24	0.118
$Sn/1\ mol \cdot L^{-1}\ HCl$	1.24	0.116
$Ag/1\ mol \cdot L^{-1}\ HCl$	0.95	0.116
$Fe/1\ mol \cdot L^{-1}\ HCl$	0.70	0.125
$Cu/2\ mol \cdot L^{-1}\ HCl$	0.80	0.125
$Pt/1\ mol \cdot L^{-1}\ HCl$	0.10	0.13
$Pd/1\ mol \cdot L^{-1}\ H_2SO_4$	0.26	0.12

(3)b 值变化范围较小，为 0.11 ～ 0.13(0.12 附近)。

$$b=\frac{2.303RT}{\alpha_c F}=\frac{0.059}{\alpha_c}$$

当 T 一定时，b 值表现了 η_C 时的活化能影响程度。b 值相近，说明 η_C 对 H_2 析出过程活化能影响程度大致相同。若在所涉及的电势范围内表面状态发生了变化，则 b 值较高($>$ 140 mV)。

(4) 不同电极体系，a 值相差较大，为 0.1 ～ 1.5。

已知 i^0 越大，反应可逆性越好，故也可用 a 值判断或比较可逆性好坏：i^0 越大，a 越小，可逆性越好，也表现了对反应的催化能力很大，则在该电极上 H_2 析出只需较小的过电势；反之，i^0 越小，a 越大，可逆性越差，说明该电极反应的催化能力小，则该电极上 H_2 析出常需较大过电势。因此，可按 a 值大小，将常用的电极材料分为三类：

高 η_{H_2} 金属：($a=1.0\sim1.5$)Pb、Cd、Hg、Zn、Sb、Bi、Sn、Tl。

中 η_{H_2} 金属：($a=0.5\sim0.9$)Fe、Co、Ni、Cu、Ag、Au。

低 η_{H_2} 金属：($a=0.1\sim0.3$)Pt、Pd、Ru。

其中 η_{H_2} 为氢过电势，即指 H_2 析出的还原反应所需的阴极过电势。通常采用线性电势扫描法测试氢过电势。

2. 氢气在不同金属上析出过程可能的反应机理

氢气在金属上的析出虽然具有以上规律，但在不同金属上析出时，其反应的机理并不相同。

氢气析出过程中可能出现的表面步骤主要有三个：

电化学步骤：　$H^+ + M + e^- \rightleftharpoons MH$　(3.1.2)

复合脱附步骤：　$MH + MH \rightleftharpoons H_2 + 2M$　(3.1.3)

电化学脱附步骤：　$MH + H^+ + e^- \rightleftharpoons H_2 + M$　(3.1.4)

在高氢过电势金属上,氢气的析出按迟缓放电机理进行,即电化学步骤为反应的控制步骤。

在中低氢过电势金属上,氢气析出的机理比较复杂,析氢的机理可能为复合脱附机理或电化学脱附机理,甚至同一种金属在不同极化情况下出现不同的氢气析出机理。以 Pt 电极为例,由于 Pt 表面上易于生成吸附氢原子,在低极化区通常是复合脱附控制,而高极化区则通过电化学脱附机理来解释。

三、主要仪器、材料和药品

1. 仪器:CHI 电化学工作站,计算机。

2. 药品:浓硫酸(质量分数为 98%),HCl,蒸馏水,丙酮,无水乙醇。

3. 材料:Pb(10 mm×10 mm),Cu(10 mm×10 mm),Pt(10 mm×10 mm),石蜡,砂纸(2 000 目),容量瓶,量筒,玻璃棒,烧杯,滤纸,H 型电解池,Hg/Hg_2SO_4 参比电极,饱和甘汞电极。

四、实验步骤

1. 电解液配制

分别配制 300 mL 0.5 $mol \cdot L^{-1}$ H_2SO_4 溶液和 300 mL 1 $mol \cdot L^{-1}$ HCl 溶液。

2. 研究电极制备

研究电极为待测金属电极,表面积为 1 cm^2(单面),其一面为待测金属,另一面用石蜡封住。将待测的一面用金相砂纸打磨,除去氧化膜,用丙酮洗涤除油。用脱脂棉沾酒精擦洗,用蒸馏水冲洗干净,再用滤纸吸干。按照此方法制备 Pb、Cu、Pt 研究电极。

3. Pt 在 0.5 $mol \cdot L^{-1}$ H_2SO_4 体系中的阴极极化曲线测量

(1) 研究电极为铂电极,电解池中的辅助电极为铂电极,参比电极选用硫酸亚汞电极,电解池中注入适量 0.5 $mol \cdot L^{-1}$ H_2SO_4 溶液。

(2) 连接好线路,打开工作站,运行 CHI 电化学工作站测试软件。在 Setup 菜单中点击 Technique 选项,在弹出菜单中选择 Open Circuit Potential－Time 测试方法,然后点击 OK 按钮。参数用系统默认值。在 Control 菜单中点击 Run 选项,进行开路电势的测量。当开路电势稳定时,在 Control 菜单中点击 Stop 选项,手动停止测试,记录开路电势值。

(3) 在 Setup 菜单中点击 Technique 选项, 在弹出菜单中选择 Linear SweepVoltammetry 测试方法,然后点击 OK 按钮。在 Setup 菜单中点击 Parameters 选项。在弹出菜单中输入测试条件:Init E 设置为开路电势,Final E 根据体系决定,Scan Rate 为 0.005 $V \cdot s^{-1}$,Sample Interval 为 0.001 V,Quiet Time 为 2 s,Sensitivity 为

1×10^{-6}，选择 Auto Sensitivity。然后点击 OK 按钮。

(4) 在 Control 菜单中点击 Run Experiment 选项，进行极化曲线的测量，测试完毕保存结果。

4. Cu 在 1 mol · L^{-1} HCl 体系中的阴极极化曲线测量

重复步骤 3，将电解液更换为 1 mol · L^{-1} HCl 溶液，参比电极改为甘汞电极。

5. Pb 在 1 mol · L^{-1} HCl 体系中的阴极极化曲线测量

重复步骤 3，将电解液更换为 1 mol · L^{-1} HCl 溶液，参比电极改为甘汞电极。

6. 实验完毕

实验结束后关闭仪器，将研究电极清洗干净待用。

五、数据处理及分析

(1) 对比三个体系的极化曲线，分别指出各自体系的氢析出过电势。
(2) 对比三条极化曲线，分析不同金属电极对氢气阴极析出极化曲线的影响。

六、思考题

(1) 什么是氢脆现象？发生该现象的原因是什么？
(2) 醇类、胺类表面活性剂如何影响汞电极上的氢超电势？

实验 2　铂单晶电极上氢和氧的吸脱附行为

一、实验目的

(1) 了解单晶电极的制备方法。
(2) 了解电极表面原子排列辅助电极过程的影响。
(3) 理解铂电极上氢、氧吸脱附过程。
(4) 掌握利用氢吸附量计算电极真实表面积的方法。
(5) 了解单晶电极研究电催化反应机理的具体应用。

二、实验原理

1. 单晶电极的意义

电催化反应属于表面反应，反应分子与电催化剂表面的相互作用可决定催化反应动力学，因此，电催化剂的表面结构（如几何结构、排布方式和电子结构）是决定其性能的重要参数。理解电催化反应机理（如氧气电还原、氢气电氧化）有助于理性设计、构筑电催化剂，并是电催化领域的重要研究方向。长期以来，对电催化的认识主要是基于多晶电极（如铂电极、金电极）的实验结果。但是，多晶电极是由不同取向的晶面组成，还有表面存在大量缺陷等问题，采用该电极观测到的电化学行为包含以上不同晶面及缺陷的综合行为，不利于解析表面原子环境和电催化性能关系和阐明电催化反应机理。而金属单晶电极具有确定的晶体结构和表面原子排布方式，是一种表面原子定向排列高度有序的电极，适用于定量研究电极表面电化学过程，可以排除其他原子排列的干扰，对于准确地揭示表面微观结构的电催化机制、指导催化剂的设计具有重要意义。

2. 单晶电极制备

将金属单晶引入固 / 液界面电化学研究始于 20 世纪 80 年代，法国科学家 Jean Clavilier 提出用火焰处理法制备铂单晶，该方法解决了单晶电极表面清洁、结构确定和无污染转移等关键问题，利用高纯度(99.99% 以上）的氢气处理铂丝变成单晶球，使其暴露 6 ～ 8 个(111) 晶面，然后沿一定方向切割单晶球，通过研磨得到的切面，并用火焰法处理切面可以得到铂单晶电极。该方法加速了金属单晶电极在电催化领域的应用。单晶电极根据材料可以分为贵金属电极、活泼金属单晶电极、半导体单晶电极，目前已经报道的金属单晶电极已经有十余种，其中铂单晶电极在电催化领域已得到广泛应用。

以下以铂单晶电极为例，介绍单晶电极的 Clavilier 制备方法，制备流程如图 3.2.1 所示，具体步骤如下：

(1) 取一高纯铂丝，将铂丝一端固定在玻璃管上。

(2) 在氧气乙炔焰上熔化铂丝另一端，保持所熔化铂的液珠缓慢增大，一直到合适尺寸，并且不会脱落，然后缓慢冷却，这时可以观察到球表面的对称位置有 6 ～ 8 个小晶面，即自发生成的 Pt(111) 晶面。

(3) 利用激光束法确定晶面。将一激光笔水平固定，然后利用一平面镜将其激光反射到白屏上，再将平面镜换成单晶，调节单晶方向，将单晶上小晶面反射光调节到白屏上同一位置。

(4) 将定向后的单晶用树脂固定。

(5) 将固定好的单晶切割至最大直径处之后，依次用 150 目 ～ 1 500 目的砂纸打磨，最后用金刚石抛光。

(6) 磨好的单晶在 H_2/ 空气火焰中回火 3h 以去除研磨过程中引入的缺陷，达到原子级平整。

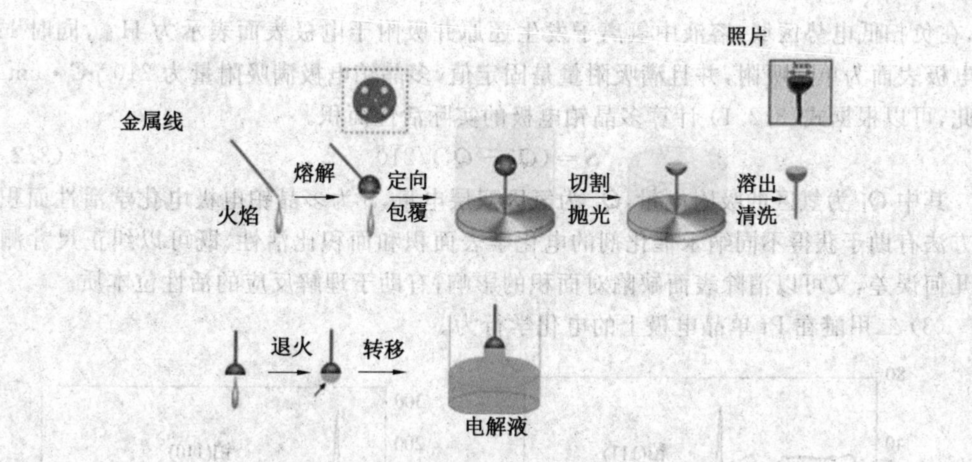

图 3.2.1　铂单晶电极的制备及使用过程示意图

3. Pt 单晶电极的工作原理

三个基础晶面 Pt(100)、Pt(111)、Pt(110) 的铂单晶是研究最多的单晶电极，其各个晶面对于相同溶液体系具有不同的电化学活性。在高氯酸体系中，Pt(111) 晶面的氧气电还原催化活性远高于 Pt(100) 晶面的活性，表明具有(111) 晶面的 Pt 八面体催化剂具有更高的 ORR 催化活性，而甲酸、乙二醇等小分子在不同晶面的氧化电催化活性顺序依次为 Pt(110) $>$ Pt(100) $>$ Pt(111)。通过研究铂单晶电极在酸、碱性电解质中的电化学行为(氢、氧吸脱附过程)，有助于研究铂基多晶电极、纳米催化剂表面铂原子排布及其电化学性质。以二甲醚在 Pt 基础晶面上的电化学活性为例，来说明在 Pt 单晶电极的实际应用。

(1) 不同 Pt 单晶晶面在硫酸溶液中电化学行为。

硫酸溶液通常作为对于酸性体系的空白溶液，而 Pt 单晶电极的各个基础晶面在硫酸溶液中均具有特定的循环伏安曲线，因此，可以用来检测 Pt 单晶电极的质量及电化学体系的清洁度。图 3.2.2 为 Pt 单晶三个基础晶面及 Pt 多晶电极在 0.5 mol·L^{-1} H_2SO_4 中的循环伏安特征曲线。Pt(111) 晶面上，0.3 ～ 0.5 V 之间的蝴蝶峰代表硫酸根的吸脱附，而 0.45 V 对应硫酸根从无序到有序的转变，0.65 V 的一对氧化还原峰代表没有被硫酸根覆盖的羟基的吸脱附。在 Pt(110) 晶面上，仅在 0.14 V 有一对对称的氢吸脱附峰。在 Pt(100) 晶面上，0.3 V 与 0.38 V 的两对峰分别归属于氢的脱附和硫酸根的吸附的混合过程。由此可见，硫酸体系在 Pt 不同晶面上具有不同的电化学行为。Pt 多晶电极在酸性溶液中的循环伏安曲线(图 3.2.2(d)) 由于包含多个晶面及缺陷等表面原子排布的信息而显得更复杂，其共分为 3 个区域：电势位于 0.05 V ～ 0.4 V 为氢区，发生氢原子的吸附与脱附；电位高于 0.6 V 的区域为氧区，发生铂的氧化与还原；而 0.4 V ～ 0.6 V 的区域为双层区域。

(2)Pt 电极电化学活性面积计算。

对不同电极的活性进行对比，首先要确定 Pt 电极的电化学活性面积。电化学活性面积通常通过循环伏安曲线进行分析计算。以 Pt 多晶电极循环伏安曲线(图 3.2.2(d)) 为例，在负扫低电势区域，溶液中氢离子发生还原并吸附于电极表面表示为 H_{ads}，同时 H_{ads} 在电极表面为单层吸附，并且满吸附量是固定值，多晶铂电极满吸附量为 210 $\mu C \cdot cm^{-2}$，因此，可以根据式(3.2.1)计算多晶铂电极的实际活性面积。

$$S=(Q_1-Q_2)/210 \tag{3.2.1}$$

其中 Q_1 为氢区的吸附电量，Q_2 为氢区双层电量，S 为多晶铂电极电化学活性面积。该方法有助于获得不同纳米催化剂的电化学表面积和面积比活性，既可以纠正尺寸测量的几何误差，又可以消除表面缺陷对面积的影响，有助于理解反应的活性位本质。

(3) 二甲醚在 Pt 单晶电极上的电化学行为。

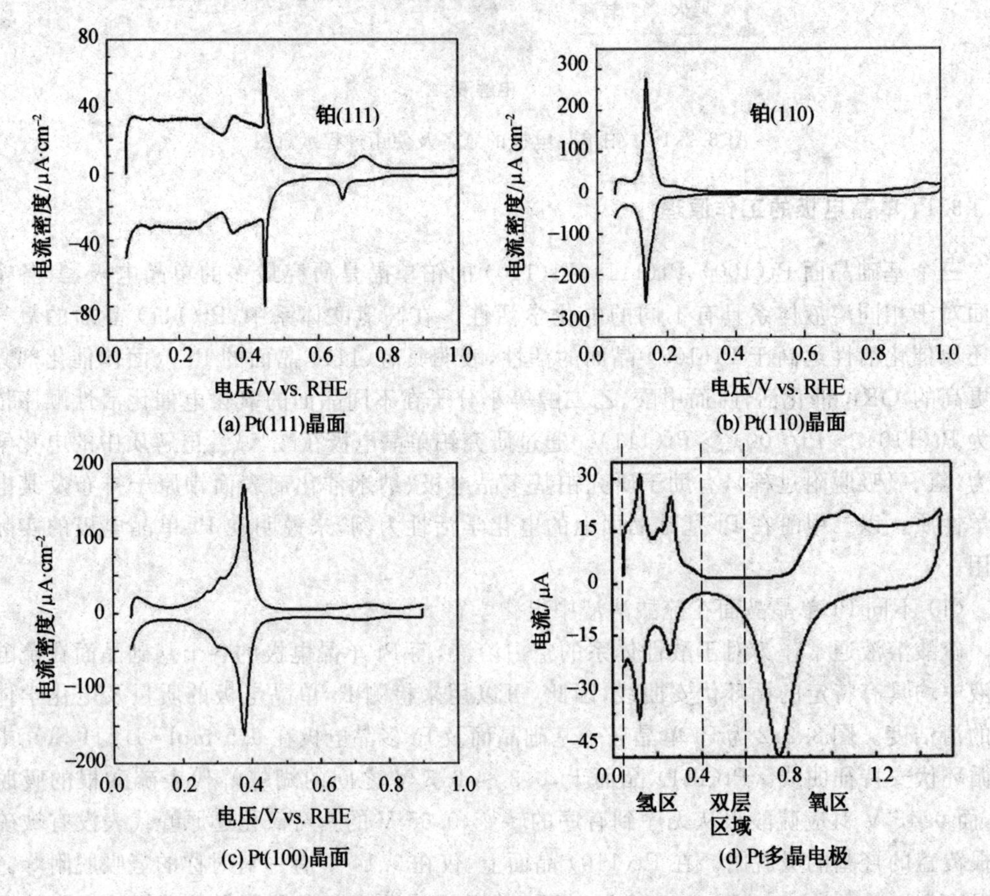

图 3.2.2 Pt 电极在 0.5 mol·L^{-1} H_2SO_4 中的循环伏安曲线

二甲醚在不同 Pt 单晶晶面上的活性差别较大(如图 3.2.3)，尤其是在 Pt(100) 晶面上，高电位下表现出明显的活性，其在三种 Pt 单晶晶面上的活性顺序为 Pt(100) > Pt(111) > Pt(110)。

本实验检测甲醇在不同 Pt 单晶晶面 Pt(111)、Pt(100) 和多晶电极上的循环伏安曲线，分析甲醇在不同 Pt 晶面上的活性。

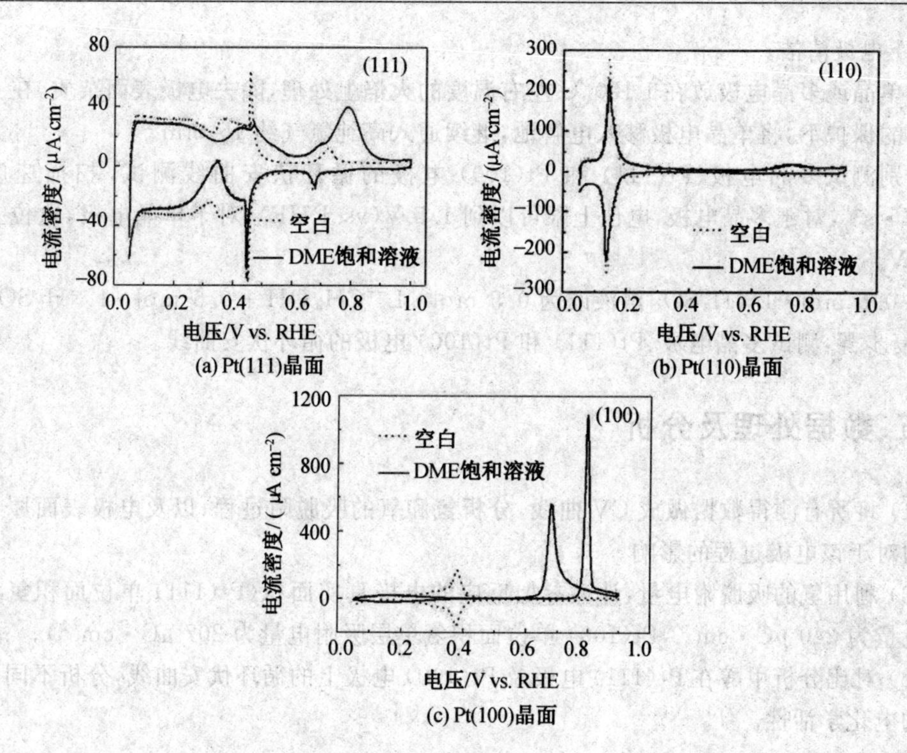

图 3.2.3 Pt(111)(a),Pt(110)(b) 和 Pt(100)(c) 电极在二甲醚饱和的 0.5 $mol \cdot L^{-1} H_2SO_4$ 溶液中的CV曲线(其中点线、虚线和实线分别代表空白曲线及DME饱和溶液中CV曲线)

三、实验仪器、药品及材料

(1) 仪器:电化学工作站,计算机。

(2) 药品:优级纯硫酸,超纯水(18.2 MΩ·cm),甲醇。

(3) 材料:高纯氩气,三电极电解池,Pt电极(多晶电极),Pt(111)单晶电极,Pt(100)单晶电极,Pt辅助电极2根,Hg/Hg_2SO_4参比电极,气焊喷枪及附属部件(提供H_2/空气火焰)。

四、实验步骤

(1) 电解液配制。

H_2SO_4溶液配制:采用超纯水(18.2 MΩ·cm)和优级纯硫酸配制0.5 $mol \cdot L^{-1} H_2SO_4$溶液500 mL。

甲醇溶液配制:0.5 $mol \cdot L^{-1} CH_3OH$ + 0.5 $mol \cdot L^{-1} H_2SO_4$溶液。

(2) 组装电解池。

将0.5 $mol \cdot L^{-1} H_2SO_4$溶液装入三电极体系电解池,并向电解池中通入高纯氩气,去除溶解氧。

(3) 电极清洁。

将单晶或多晶电极放在1 100 ℃左右温度的火焰上处理，除去电极表面杂质，在一滴超纯水的保护下，将单晶电极移入电解池，继续通入高纯氩气约15 min。

分别测试多晶电极、Pt(111) 和 Pt(100) 电极的循环伏安曲线测试，扫描速度为50 $mV \cdot s^{-1}$，对于多晶电极，电位上限可以到1.5 V(vs. RHE)；对于单晶电极，电位上限为1.0 V。

将0.5 $mol \cdot L^{-1}$ H_2SO_4 溶液改为0.5 $mol \cdot L^{-1}$ CH_3OH + 0.5 $mol \cdot L^{-1}$ H_2SO_4 溶液，重复步骤，测试多晶电极、Pt(111) 和 Pt(100) 电极的循环伏安曲线。

五、数据处理及分析

(1) 将所有测得数据做成CV曲线，分析氢和氧的吸脱附过程，以及电极表面原子排列结构对于该电极过程的影响。

(2) 利用氢的吸脱附电量，计算参加反应的电极真实面积(Pt(111) 单位面积氢单层吸附电量为240 $\mu C \cdot cm^{-2}$，Pt(100) 单位面积氢单层吸附电量为207 $\mu C \cdot cm^{-2}$)。

(3) 对比分析甲醇在Pt(111) 电极及Pt(100) 电极上的循环伏安曲线，分析不同单晶晶面的电化学活性。

六、思考题

(1) 研究单晶电极电化学行为对电催化有什么指导意义？

(2) 单晶电极的制备方法有哪些？

(3) 为什么不能直接测量半径计算电极面积，而要通过循环伏安的方法测量Pt电极面积？

实验3　铂电极修饰及其电催化行为研究方法

一、实验目的

(1) 掌握金属欠电势沉积修饰的基本原理和方法。

(2) 了解欠电势沉积表面修饰辅助电极催化性能的影响。

(3) 掌握甲酸等有机小分子催化性能的基本测定体系和测量方法。

二、实验原理

1. 欠电势沉积介绍

欠电势沉积(underpotential deposition，UPD)是指金属阳离子在电极电势高于其热力学平衡电势(Nernst 电位)时，在异种金属表面发生单原子层电沉积的现象。通常是较活泼金属在较不活泼金属基底上发生欠电势沉积。

UPD 的电学行为直观表现可通过 Tl^+ 在多晶 Ag 电极上电沉积的伏安特性曲线进行说明。如图 3.3.1 所示，当电极电势为零时，Tl^+ 在 Ag 电极表面不发生沉积。当电极电势负向扫描至 −0.6 V 时，出现还原电流峰，此时 Tl^+ 发生欠电势沉积。一旦电势正向扫描，Tl 欠电势沉积层在几乎相同的电势下溶出。图中位于 −0.55 V 附近的氧化电流峰是单原子厚度 Tl 沉积层的溶出峰，称为"单层峰"。不过它只代表不完全的单层，峰面积对应的电量通常小于形成完整密堆积单层所需的电量。如果电势扫描至比平衡电势 φ_e 更负的电势区，则发生 Tl 的体相沉积(或称过电势沉积)，体相沉积层也会在电势正向扫描过程中溶出，溶出电势略高于 φ_e，并且与扫描速度有关。

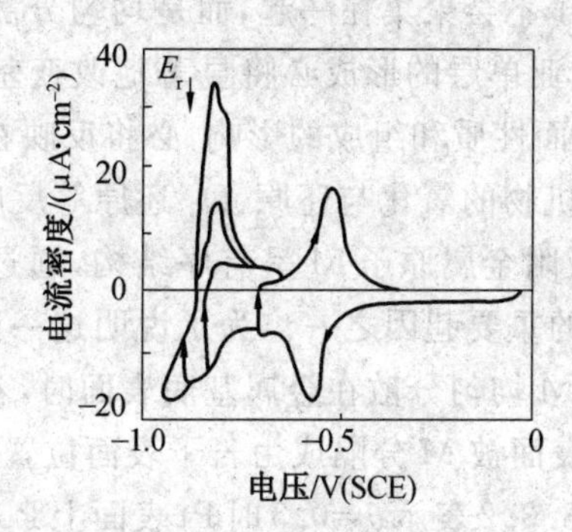

图 3.3.1　$TlNO_3 + Na_2SO_4$ 溶液中 Ag 电极的循环伏安图

体相沉积和 UPD 的反应平衡分别见式(3.3.1)和式(3.3.2)。

体相沉积：
$$M^{z+} + ze \rightleftharpoons M_B \tag{3.3.1}$$

UPD：
$$M^{z+} + ze \rightleftharpoons M_{ML} \tag{3.3.2}$$

式中　M^{z+}—— 金属离子；

M_B—— 本体金属；

M_{ML}—— 表面单层金属。

体相沉积的平衡电势即 Nernst 电位 φ_e 见公式(3.3.3)

$$\varphi_e = \varphi^\circ + \frac{RT}{zF}\ln\frac{a_{M^{z+}}}{a_M(B)} \tag{3.3.3}$$

UPD 的可逆电势称为"欠电势"(underpotential)，它不同于通常的 Nernst 电位，是与覆盖度 θ 有关的物理量，即

$$\varphi(\theta) = \varphi^\circ + \frac{RT}{zF}\ln\frac{a_{M^{z+}}}{a_M(ML)} \tag{3.3.4}$$

式中　$a_M(ML)$—— 单层活度，其值小于1(即小于 $a_M(B)$)，且随 θ 而变化。

值得注意的是，欠电势不是过电势(overpotential)的反义词，过电势是指电极反应发生时实际电势对平衡电势的偏离。

实验上可直接测得的热力学量是单层相的化学势 μ_{ML} 与本体相的化学势 μ_M 之差。若溶液的组成和浓度均不变，则化学势之差与沉积电势之间存在关系式

$$\mu_{ML}(\theta)-\mu_M(B)=ze_0(E(\theta)-\varphi_e)=ze_0\Delta E \tag{3.3.5}$$

为方便地描述UPD效应，可以选用单层溶出峰和本体溶出峰的峰电势之差 $\Delta\varphi_p$ 作为化学势之差的度量。据分析，$\Delta\varphi_p$ 大约为 $\theta=0.2$ 时的 $\Delta\varphi$ 值。$\Delta\varphi_p$ 同UPD原子与基体的健合能直接相关。研究发现，不同UPD体系的 $\Delta\varphi_p$ 同基体与UPD金属的功函数之差 $\Delta\varepsilon$ 呈线性关系，即

$$\Delta\varphi_p=\alpha\Delta\varepsilon=\varphi_B-\varphi_{ML} \tag{3.3.6}$$

上式尚欠严格的理论证明，但它表示发生 UPD 的条件是 $\varphi_B>\varphi_{ML}$。由于 $\Delta\varepsilon$ 与Pauling电负性之差有关，$\Delta\varepsilon$ 可用于衡量UPD原子同基体形成的化学键的离子性。根据上述UPD的条件，UPD金属原子必须携带部分正电荷。

在UPD电势区沉积的金属原子可以在基底金属表面上形成吸附单层或亚单层。UPD的热力学条件是沉积的金属原子与基底金属原子之间的作用能大于沉积金属原子之间的作用能，因此UPD原子不会聚集在一起，而是均匀分散在基体表面上。由于吸附层的性质不同于基底，单层或亚单层的形成必将显著地改变基底金属表面原有的状态与性质。UPD层对基底金属表面性质和组成的影响，必将反映在电极的反应活性上。已经发现，UPD层对 H_2 析出、有机物的氧化与还原、O_2 还原等反应具有明显的催化效应。

在UPD电势下形成的吸附金属原子M呈有序结构，通过吸附原子控制反应活性中心的几何排布是电催化效应的重要起因之一。为了说明这一问题，可以定义 S_b 和 S_R 两个物理量。当吸附金属原子M均匀分散在金属基底表面时，不仅是基底的部分表面位置被M占据，而且未被占据的表面被M分隔成由若干表面位置组成的点位群，S_b 便是点位群所含的表面位置数目。图3.3.2表示 $\theta=0.5$ 时Pt表面上Pb吸附原子的排布，此刻形成了 $S_b=2$ 的点位群。而 S_R 是指1个反应物分子(或两个不同分子)在电极表面上起反应所需的活性中心位置的最小数目。显然，S_b 同吸附原子与基体原子的相对尺寸以及覆盖度等因素有关，而 S_R 同反应本质有关。不难设想，如果 $S_R>S_b$，则该反应不能进行，只有当 $S_R\leqslant S_b$ 时反应才能进行。这种概念对于阐明竞争反应的选择性催化颇为有用。

2. Pt **上的甲酸电氧化**

随着燃料电池技术的发展，甲酸等一些有机小分子的氧化受到越来越多的关注。有机小分子在Pt电极上氧化的共同特点是电极催化活性不断减小，这通常是由于反应过程中生成的强吸附中间物种能使电极表面"中毒"所致。以甲酸氧化为例，在进行目的反应的同时，$(COOH)_{ad}$ 可能与 H_{ad} 反应生成强吸附中间物种 $(COH)_{ad}$，即

$$(COOH)_{ad}+H_{ad}\longrightarrow(COH)_{ad}+H_2O \tag{3.3.7}$$

$(COH)_{ad}$ 的氧化速度很慢，从而阻塞了电极表面。当Pt表面部分被Pb吸附原子覆盖后，不仅反应活性增大，而且一直保持在较高的水平。当 $\theta_{Pb}=0.5$ 时，电极的催化活性

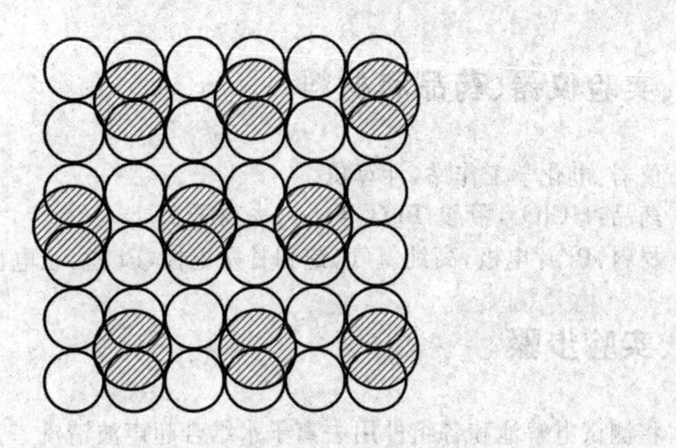

图 3.3.2　测试甲酸催化氧化的电解池

最大，这种现象可以解释为：HCOOH 解离吸附的 $S_b=2$，甲醇氧化反应的 $S_b=1$，而中毒反应的 $S_b=3$。因此当 θ_{Pb} 较小时，如表面形成 $S_h<3$ 的点位群，则中毒反应受到抑制，但目的反应依旧能够顺利进行。若 θ_{Pb} 较大，$S_h<2$，目的反应同时受到抑制。

本实验通过观察 Pb 在贵金属铂上欠电势沉积前后电极对甲酸的电催化氧化能力变化来了解通过欠电势沉积辅助电极进行化学修饰的必要性。欠电势沉积和甲酸电化学氧化性能测试通过三电极体系进行，所采用的三电极电解池和测试系统电路示意图如图3.3.3 和图 3.3.4 所示。其中，研究电极为铂片，辅助电极为铂丝，参比电极为饱和甘汞电极。

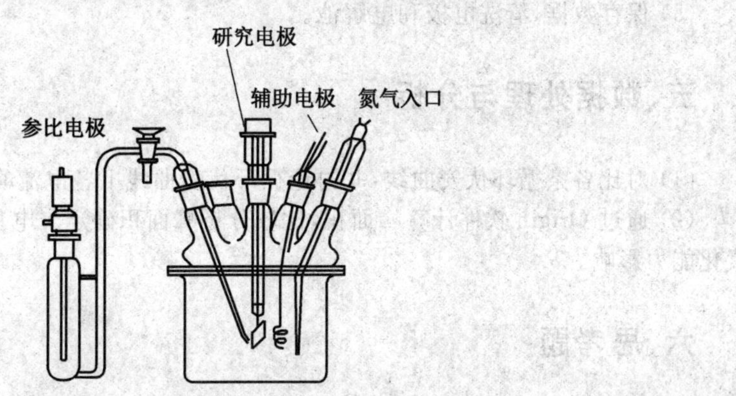

图 3.3.3　测试甲酸催化氧化的电解池

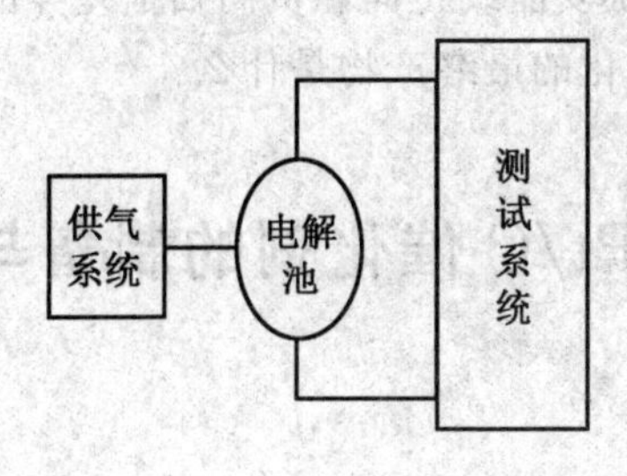

图 3.3.4　电化学性能测试系统

三、实验仪器、药品和材料

(1) 仪器:电化学工作站,计算机。

(2) 药品:$HClO_4$,甲酸,$Pb(ClO_4)_2$,去离子水。

(3) 材料:Pt 片电极,高纯氮气,饱和甘汞电极,Pt 丝,三电极电解池。

四、实验步骤

(1) 将测试电解池和各组件用去离子水结合超声波清洗三遍,并用 $HClO_4$ 溶液清洗一遍。

(2) 在三电极电解池内和参比电极槽内注入一定量 $0.1\ mol \cdot L^{-1}$ $HClO_4$ + $0.1\ mol \cdot L^{-1}$ 的甲酸溶液,安放好研究电极、参比电极和辅助电极,连接好测试系统。持续通入 N_2 30 min 去除溶液中的氧气。

(3) 以 $5\ mV \cdot s^{-1}$ 的扫描速度进行循环伏安扫描,扫描范围为 0－1 V。

(4) 停止扫描,在溶液中加入 $0.1\ mol \cdot L^{-1}$ 的 $Pb(ClO_4)_2$ 溶液,晃动电解池,并通 N_2 10 min;电位从开路阶跃到 0.25 V,并保持 1 min,然后以 $5\ mV \cdot s^{-1}$ 的扫描速度再次进行循环伏安扫描。

(5) 保存数据,清洗电极和电解池。

五、数据处理与分析

(1) 对比各条循环伏安曲线,并讨论循环伏安曲线上各电流峰对应的反应。

(2) 通过 Origin 软件计算峰面积,比较分析峰面积确定欠电势沉积 Pb 对铂电极甲酸氧化能力影响。

六、思考题

(1) 甲酸氧化的过程中欠电势沉积的 Pd 是否会发生氧化溶出?

(2) 引起甲酸氧化的循环伏安曲线正向和负向扫描差异的原因有哪些?

(3) 甲酸在 Pt 电极上电氧化的最终产物是什么?

实验 4　燃料电池 Pt/C 催化剂的制备与电催化性能表征

一、实验目的

(1) 了解燃料电池 Pt/C 催化剂的制备方法。

(2) 了解燃料电池 Pt/C 催化剂的表征方法。

(3) 掌握利用薄膜电极技术测量催化剂电化学活性面积的方法。

二、实验原理

1. 燃料电池 Pt/C 催化剂简介

质子交换膜燃料电池(proton exchange membrane fuel cell)是一种将燃料和氧化剂中的化学能直接转化为电能的高效、环保的电化学发电装置,被形象地称为电化学发电机。其基本原理如图 3.4.1 所示。

燃料电池和其他常规化学电源结构相似,由含有催化剂的阳极、阴极以及夹在两电极间具有离子导电能力的电解质构成。其中 Pt/C 催化剂是燃料电池重要的组成部分,它们的活性和稳定性直接影响燃料电池的性能和寿命。而 Pt/C 催化剂的制备方法和工艺参数的选择对催化剂的活性和稳定性有着十分显著的影响。Pt/C 催化剂的制备方法较多,如浸渍还原法、胶体法、微乳液法、离子交换法等。在这些方法中,常规的浸渍还原法制备的 Pt/C 催化剂颗粒较大、粒径分布不均匀,活性较低,导致催化剂的利用率下降。其他三种方法实验过程复杂,不适合规模化生产。近年来,科研人员提出了一种微波辅助多元醇制备 Pt/C 催化剂的方法,该方法制备的催化剂颗粒细小,粒径分布均匀。

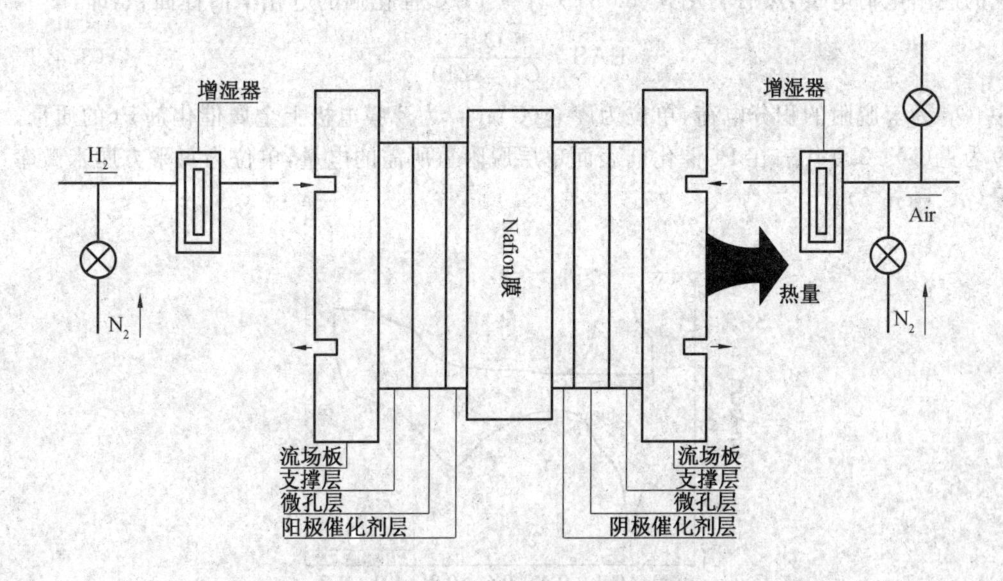

图 3.4.1　质子交换膜燃料电池结构原理图

近几年来,多元醇法合成催化剂越来越受到人们的关注,较为常用的是乙二醇(ethylene glycol,EG),其具备以下优点:还原介质为液相、可以还原多种金属前驱物(如金属盐、氧化物及氢氧化物等),并且可以精确控制合成微米到纳米级的金属粒子的粒径和形貌。该方法操作简单、快捷,损失小、重现性好,无需添加任何保护剂。利用微波加热可以快速达到多元醇还原的反应温度,更适合大规模批量生产催化剂。在微波辅助乙二醇法制备 Pt/C 催化剂的过程中,乙二醇既作还原剂、又做保护剂,将还原生成的 Pt 胶粒保护起来,由于乙醇酸根的保护作用,胶体粒子表面带负电荷,由于静电排斥作用,胶粒可以稳定存在于溶液中,没有明显的胶粒团聚现象,然后通过加入沉淀剂使得铂胶粒沉积到碳载体表面,从而获得高分散粒径均匀的 Pt/C 催化剂。本实验将采用微波辅助多元醇法制备 Pt/C 催化剂。

2. **催化剂活性表征方法**

衡量催化剂的活性高低一般采用测量催化剂的电化学活性表面积(electrochemically active surface area,EAS)的方法。测试催化剂电化学活性表面积对研究催化剂活性和比较不同催化剂性能至关重要。催化剂电化学活性表面积测试方法较多,包括 H 原子吸脱附法(hydrogen adsorption/desorption)、CO 吸附溶出法(CO stripping)、双层电容法和 Cu 欠电势沉积溶出法(Cu UPD),在这些测试方法中,都会使用薄膜电极技术,在硫酸溶液作为支持电解质的体系中测试循环伏安曲线,然后通过积分获得电量,最后利用积分电量计算 Pt/C 催化剂的电化学活性表面积。本实验在制备 Pt/C 催化剂的基础上,采用薄膜电极技术测试催化剂的电化学活性表面积。

在催化剂电化学活性表面积测试时,以 Pt/C 为例,介绍本实验的测试基本原理。在硫酸溶液中,测试循环伏安曲线如图 3.4.2 所示。通过积分图 3.4.2 中图形放大部分得到氢的脱附电荷电量,然后利用式(3.4.1) 计算 Pt/C 催化剂的电化学活性面积,即

$$\mathrm{EAS}=\frac{Q_{\mathrm{H}}}{G_{\mathrm{Pt}}\times 210} \tag{3.4.1}$$

其中,Q_{H} 为氢脱附的积分电荷,单位为库仑(C);G_{Pt} 为薄膜电极上金属催化剂 Pt 的质量,单位为克(g);210 代表在 Pt 催化剂表面单层脱附氢所需的电量,单位为每平方厘米微库仑量($\mu\mathrm{C}\cdot\mathrm{cm}^{-2}$)。

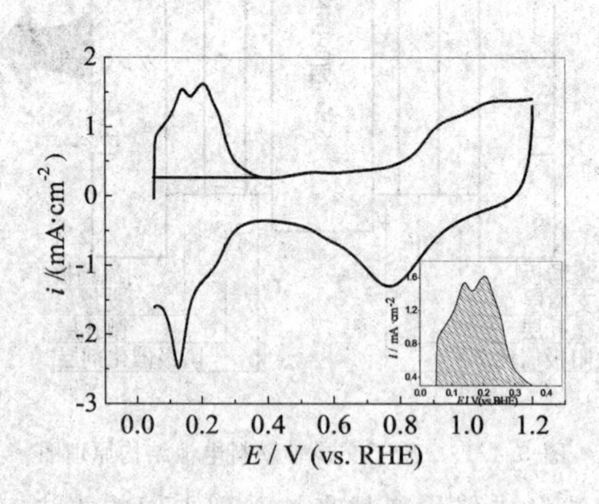

图 3.4.2　Pt/C 催化剂在硫酸溶液中的循环伏安曲线

使用 CO 吸附溶出法(CO stripping) 测试 Pt/C 或 Pt－M/C 合金(M 为合金元素) 催化剂的电化学活性表面积。在硫酸溶液中通入 CO,测试 Pt/C 催化剂表面吸附的 CO 溶

出曲线，如图 3.4.3 所示，利用式(3.4.2)计算其电化学活性表面积，即

$$EAS=\frac{Q_{CO}}{G_{Pt-M}\times 420} \tag{3.4.2}$$

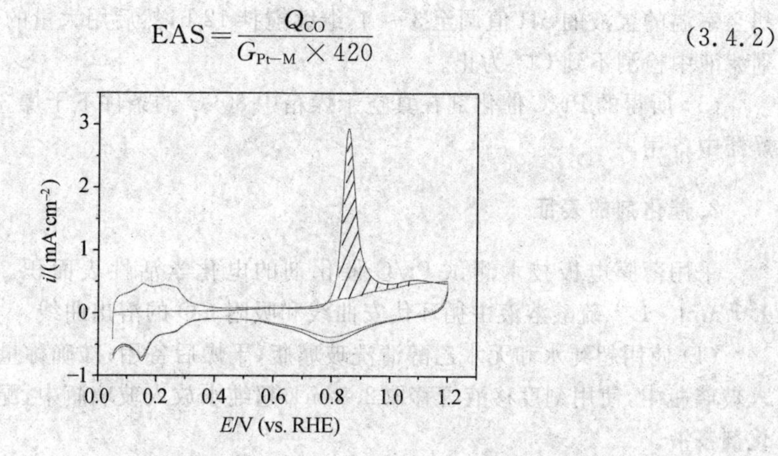

图 3.4.3　硫酸溶液中吸附在 Pt/C 催化剂表面的 CO 溶出曲线

在方程(3.4.2)中，Q_{CO} 为 CO 电氧化的积分电荷，单位为库仑(C)；G_{Pt-M} 为薄膜电极上 Pt 金属催化剂的质量，单位为克(g)；420 代表在 Pt 催化剂表面单层吸附氧化 CO 所需的电量，单位为每平方厘米微库仑量($\mu C\cdot cm^{-2}$)。

三、实验仪器、药品和材料

(1) 仪器：微波炉，pH 计，高精度电子天平，磁力搅拌器，真空干燥箱，超声波清洗器，循环水式真空泵，计算机，电化学工作站，恒温水浴装置，吹风机。

(2) 药品：氯铂酸，乙二醇，氢氧化钠，Vulcan XC－72 碳黑，硝酸溶液，异丙醇，超纯水，5%Nafion 溶液，0.5 $mol\cdot L^{-1}$ 硫酸溶液，无水乙醇。

(3) 材料：烧杯 2 个(150 mL)，玻璃瓶(10 mL)1 支，胶头滴管 2 支，刻度移液管，滤瓶，培养皿 2 套，真空干燥器，三电极电解池，Pt 片电极，$Hg/HgSO_4$ 电极，玻璃碳研究电极，微升进样器，CO 气体，高纯氩气。

四、实验步骤

1. 催化剂的制备

(1) 准确称量 80 mg Vulcan XC－72 碳黑，加入含有 60 mL 乙二醇和异丙醇(体积比为＝4∶1)的 150 mL 的烧杯中，超声波分散 1 h。

(2) 使用移液管移取 2.7 mL 浓度为 38.4 $mmol\cdot L^{-1}$ 的 H_2PtCl_6 乙二醇溶液，加入含碳浆液中，充分搅拌 3 h，使其混合均匀。

(3) 用 1 $mol\cdot L^{-1}$的 NaOH 乙二醇溶液将上述浆液的 pH 值调至 12.0；然后将此烧杯放入微波炉的中央并向烧杯中通入氩气 15 min，以除去溶解在乙二醇溶液中的氧气；然后连续微波加热 50 s。

(4) 在不断的搅拌下，将溶液冷却至室温，随后用 0.1 mol·L^{-1} HNO_3 水溶液将已冷却至室温的浆液的 pH 值调至 3～4，继续搅拌 12 h，然后用大量的去离子水洗涤抽滤，直到滤液中检测不到 Cl^- 为止。

(5) 所得的 Pt/C 催化剂在真空干燥箱中 80 ℃ 的条件下干燥 3 h，之后储存在真空干燥器中备用。

2. 催化剂的表征

采用薄膜电极技术测试 Pt/C 催化剂的电化学活性表面积。测试 Pt/C 催化剂在 0.5 mol·L^{-1} 硫酸溶液中循环伏安曲线和吸附 CO 的溶出曲线。

(1) 使用超纯水和无水乙醇清洗玻璃瓶，干燥后备用；准确称量 Pt/C 催化剂 5 mg，放入玻璃瓶中，使用刻度移液管移取 2.5 mL 超纯水放入玻璃瓶中，配置 2 g·L^{-1} 的 Pt/C 催化剂浆液。

(2) 将装有 Pt/C 催化剂浆液的玻璃瓶放入超声波清洗器中分散 15 min 备用。

(3) 使用微升进样器移取 5 μL 分散好的 Pt/C 催化剂浆液涂覆在玻璃碳电极表面，使用吹风机使其干燥。再使用微升进样器移取 5 μL 5% Nafion 溶液到干燥的 Pt/C 催化剂表面，干燥后备用。

(4) 清洗电解池，装入 0.5 mol·L^{-1} 硫酸溶液。放入参比电极、辅助电极和涂覆有 Pt/C 催化剂和 Nafion 溶液的玻璃碳，然后将电解池放入恒温水浴中。恒温水浴温度设置为 25 ℃。

(5) 按照图 3.4.4 实验装置结构示意图接好线路，打开计算机和电化学工作站开关，在计算机桌面上用鼠标点击 CHI650D 图标，进入分析测试系统。

(6) 选择菜单中的"T"(Technique) 实验技术进入，选择菜单中的 Cyclic Voltammetry，点击"OK" 退出。

(7) 选择菜单中的"Parameters"(实验参数) 进入实验参数设置。设定 Init E (V) (初始电位) 为 −0.66 V、High E(V)(高电位) 为 0.49 V，Low E(V)(低电位) 为 −0.66 V。Initial Scan Polarity(初始扫描极性) 为"Positive"(正向扫描)，Scan Rate (V·s^{-1})(扫描速度) 设置为 0.05，Sweep Segments(扫描段数) 为 2，Sample Interval (V)(取样间隔) 为 0.001，Quiet time (sec)(静止时间) 为 2，Sensitivity(A/V) (灵敏度) 为 1×10^{-5}。其余的参数可以选择自动设置。

(8) 选择菜单中"▶"Run 开始扫描。

(9) 扫描结束，选择菜单中的 File(文件)，选择 Save as(存为)，将图形数据存盘。然后 File(文件) 菜单中选择 Convert to text(文件转化文本文件)，将已经存盘的文件转化为 *.txt 文件。

(10) 将 CO 气体通入电解池研究电极室 15min，使 Pt/C 催化剂表面完全被 CO 所覆盖，接下来通入高纯氩气将硫酸溶液中溶解的 CO 排除到电解池外，然后重复步骤(6) 和(7)，在步骤(7) 中仅将 Sweep Segments (扫描段数) 设置为 4，Scan Rate (V·s^{-1})(扫描速度) 设置为 0.02，其余设置不变。重复步骤(8) 和(9)。

(11) 将所做出的曲线打印。

(12) 关闭电源,取出研究电极,清洗干净,结束实验。

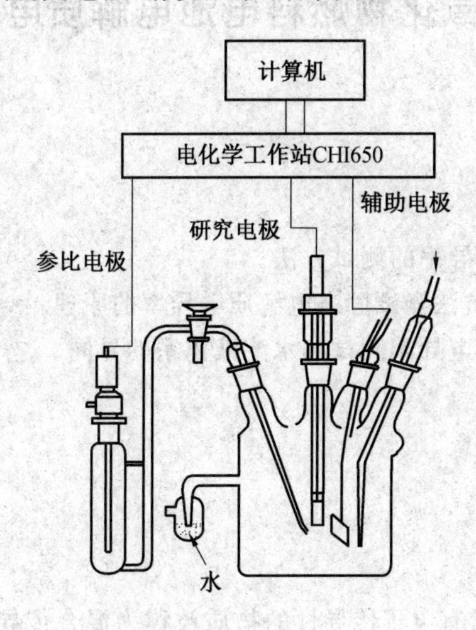

图 3.4.4　催化剂电化学活性表面积测试装置结构示意图

五、数据处理及分析

(1) 利用 Origin 软件做出 Pt/C 催化剂在硫酸溶液中的 CV 曲线,按照图 3.4.2 所示方法对峰面积积分,计算得到的电量 Q_H 带入方程(3.4.1),求出 Pt/C 催化剂电化学活性面积。

(2) 利用 Origin 软件做出 Pt/C 催化剂表面吸附的 CO,在硫酸溶液中给出的 CV 曲线,按照图 3.4.3 及公式(3.4.2) 所示方法,计算 Pt/C 催化剂电化学活性面积。

六、思考题

(1) 采用微波辅助多元醇法制备 Pt/C 催化剂的过程中,哪些工艺参数会影响催化剂的性能?

(2) 两种方法计算的 Pt/C 催化剂电化学活性面积出现差别的主要原因是什么?

(3) 实验过程中哪些因素会影响 Pt/C 催化剂的电化学活性面积?

实验5　固态氧化物燃料电池电解质电导率的测试

一、实验目的

(1) 掌握固态电解质电导率的测试方法。

(2) 理解直流、交流阻抗法测试固态电解质电导率的原理。

(3) 了解固态电解质的电导率测试与水溶液体系的异同。

二、实验原理

1. Wagner 理论

既具有离子传导性又具有电子传导性的物质被称为混合传导体，其中某种离子的迁移数大于 99% 的固态传导体，被称为固态电解质。Wagner 对混合传导体进行了全面研究，建立了 Wagner 理论。固体氧化物燃料电池(SOFC)所用的固体电解质材料及一些阴极材料等同时具有 O^{2-} 离子传导和电子传导特性，都可以看成混合传导体，可依据 Wagner 理论研究其传导性能。T. Kudo 和 K. Fueki 对固态混合传导体进行了深入细致的研究。接下来本实验将立足于电化学、固体电化学的基本原理，对固态电解质电导率的测试原理进行介绍。

固体混合传导体中，在电场的作用下，浓度梯度为零的多种荷电粒子移动单位体积时，假设荷电粒子 i 的个数为 n_i，电荷为 Z_i，淌度为 μ_i($m^2 \cdot V^{-1} \cdot s^{-1}$)，电场强度为 $\partial\varphi/\partial x$($V \cdot m^{-1}$)，则电荷的迁移量 j_i($m^{-2} \cdot s^{-1}$) 为

$$j_i = -n_i u_i \frac{\partial \varphi}{\partial x} \tag{3.5.1}$$

因此，电流密度为

$$J_i = Z_i e \cdot j_i = -Z_i e n_i u_i \frac{\partial \varphi}{\partial x} \tag{3.5.2}$$

即电导率为

$$\sigma_i = Z_i e n_i u_i \tag{3.5.3}$$

因有多种类电荷存在，则总电导率为

$$\sigma_t = \Sigma_i \sigma_i \tag{3.5.4}$$

就 O^{2-} 离子、电子混合传导体而言，其总电导率为 O^{2-} 离子电导率 $\sigma_{O^{2-}}$ 与电子电导率 σ_e 之和。电导率可通过电化学方法测得，为了便于理解电导率的测量方法，这里简单地介绍其电化学原理。

固体内荷电粒子的移动包括浓度梯度引起的扩散过程和电场作用引起的迁移过程。

对于浓度梯度引起的扩散过程,依据 Fick 第一定律,荷电粒子的流量

$$j=-D\frac{\partial C}{\partial x} \tag{3.5.5}$$

对此,Einstein 和 Hartley 依据浓度与化学电位的关系,提出扩散的驱动力是化学电位。荷电粒子的流量

$$j_i=-C_iB_i\left(\frac{1}{N}\frac{\partial\mu_i}{\partial x}\right) \tag{3.5.6}$$

其中

$$\frac{\partial\mu_i}{\partial x}=RT\left(\frac{\partial\ln r_i+\ln C_i}{\partial x}\right)=RT\left(1+\frac{\partial\ln r_i}{\partial\ln C_i}\right)\left(\frac{\partial\ln C_i}{\partial x}\right)=RT\left(1+\frac{\partial\ln r_i}{\partial\ln C_i}\right)\cdot\left(\frac{1}{C_i}\frac{\partial C_i}{\partial x}\right)$$

则

$$\begin{aligned}j_i&=-C_iB_i\left(\frac{1}{N}\frac{\partial\mu_i}{\partial x}\right)=-C_iB_i\frac{1}{N}\left\{RT\left(1+\frac{\partial\ln r_i}{\partial\ln C_i}\right)\cdot\left(\frac{1}{C_i}\frac{\partial C_i}{\partial x}\right)\right\}\\&=-B_i\frac{R}{N}T\left(1+\frac{\partial\ln r_i}{\partial\ln C_i}\right)\cdot\frac{\partial C_i}{\partial x}=-B_ikT\left(1+\frac{\partial\ln r_i}{\partial\ln C_i}\right)\cdot\frac{\partial C_i}{\partial x}\end{aligned}$$

由此可得

$$D_i=B_ikT\left(1+\frac{\partial\ln r_i}{\partial\ln C_i}\right) \tag{3.5.7}$$

$$D_i=B_ikT \tag{3.5.8}$$

式中,r_i 为常数,对于理想溶液 $r_i=1$;B_i 为绝对淌度。

对于电场作用引起的迁移过程,由于产生的能量梯度为 $Z_ie\left(\frac{\partial\varphi}{\partial x}\right)$,则迁移量 j_i ($mol\cdot cm^{-2}\cdot s^{-1}$)为

$$j_i=-C_iB_i\left(Z_ie\frac{\partial\varphi}{\partial x}\right) \tag{3.5.9}$$

电流为

$$J_i=Z_ieN\cdot j_i=Z_iF\cdot j_i \tag{3.5.10}$$

$$J_i=-C_iB_iZ_i^2\mathrm{Fe}\frac{\partial\varphi}{\partial x}=-\sigma_i\frac{\partial\varphi}{\partial x} \tag{3.5.11}$$

由于

$$\sigma_i=C_iB_iZ_i^2\mathrm{Fe}\text{ 且 }B_i=\frac{D_i}{kT} \tag{3.5.12}$$

则

$$B_i=\frac{D_i}{kT}=\frac{\sigma_i}{C_iZ_i^2\mathrm{Fe}} \tag{3.5.13}$$

即得到了电导率与扩散系数的重要关系。

荷电粒子或因扩散、或因电场的作用发生流动,其总体上是能量梯度的驱动。荷电粒子迁移流动的一般式为

$$\begin{aligned}j_i&=-C_iB_i\left(\frac{1}{N}\frac{\partial\mu_i}{\partial x}\right)-C_iB_i\left(Z_ie\frac{\partial\varphi}{\partial x}\right)\\&=-\frac{C_iB_i}{N}\frac{\partial}{\partial x}(\mu_i+Z_iNe\varphi)\\&=-\frac{C_iB_i}{N}\frac{\partial}{\partial x}(\mu_i+Z_iF\varphi)\\&=-\frac{C_iB_i}{N}\left(\frac{\partial\eta_i}{\partial x}\right)\end{aligned} \tag{3.5.14}$$

由此，电流密度为

$$J_i = Z_i F \cdot j_i = -C_i B_i Z_i e\left(\frac{\partial \eta_i}{\partial x}\right) = -\frac{\sigma_i}{Z_i F}\left(\frac{\partial \eta_i}{\partial x}\right) \tag{3.5.15}$$

由此可知，为求得电导率必须测量该荷电粒子的电化学电位梯度及电流。

依据 $J_i = -\frac{\sigma_i}{Z_i F}\left(\frac{\partial \eta_i}{\partial x}\right)$ 的关系，可采用电化学直流测量方法测量材料的电导率。

2. **直流法测量总电导率**

对于固体材料，可采用如图 3.5.1 所示的直流法测量电导率。依据电导率与荷电粒子电化学电位梯度及电流的关系可以得出电导率与测试电流、电压的关系为

$$\sigma = \left(\frac{L}{S}\right)\left(\frac{I}{V}\right) \tag{3.5.16}$$

式中　S—— 面积；

　　　L—— 厚度。

如果测量的是具有 O^{2-} 离子电子混合传导性的固体氧化物材料，则测得的电导率为包括 O^{2-} 离子电导率和电子电导率两个部分的总电导率。这时电极一般为 Pt 多孔电极(Pt 网为集流体，Pt 丝为导线)。根据测量的温度，也可使用 Ag、Au 多孔电极。Pt 多孔电极是由 Pt 膏涂布后经 800 ～ 1 000 ℃ 烧制而得的。Pt 膏涂布的厚度及 Pt 膏的添加成分等会影响电极的多孔性，由此影响电导率的测试。为此，制备良好的 Pt 多孔电极，保证平面方向的电子传导，并防止电极以及电极与材料界面的氧传输受阻至关重要。而在氧分压很低的环境下，氧的传输成为控制步骤时，电导率就难以被准确测量。当然，对于单纯的电子传导体，由于电极与材料界面不存在物质传输，所以采用 Pt 致密电极是可以准确测量其电导率的。为了准确地测量离子电子混合导体的总电导率，可以采用交流阻抗方法。

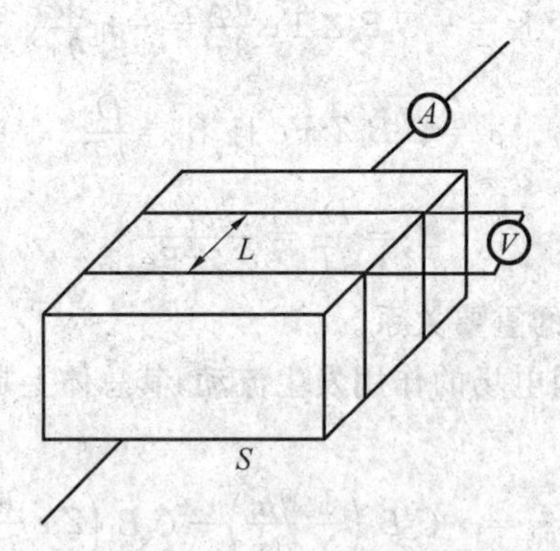

图 3.5.1　电导率的直流测量方法

3. **交流阻抗法测量总电导率**

交流阻抗法是指通过控制电化学系统的电流(或系统的电势)在小幅度的条件下随时间按正弦规律变化，同时测量相应的系统电势(或电流)的变化，或直接测量系统的交

流阻抗(或导纳)。电化学阻抗谱(electrochemical impedance spectrum,EIS)是在某一直流极化条件下,特别是在平衡电势的条件下,研究电化学系统的交流阻抗随频率的变化关系。从获得的交流阻抗数据,可以根据电极的模拟等效电路,计算相应的电极反应参数。若将不同频率交流阻抗的虚数部分对其实数部分作图,可得虚、实阻抗(分别对应于电极的电容和电阻)随频率变化的曲线。图 3.5.2 为固体电解质 YSZ(Y_2O_3 稳定 ZrO_2)在温度490 ℃,氧分压 10^{-2} atm(1 atm=1.013 25×10^5 Pa)时的电化学阻抗谱,其中 R_1 为电解质的晶粒电阻,R_2 为电解质的晶界电阻,R_3 为电极 / 电解质界面间的电阻。电解质的总电阻 $R=R_1+R_2$,其总电导率见下式,是 O^{2-} 离子电导率与电子电导率的总和。

$$\sigma=\left(\frac{L}{S}\right)\left(\frac{1}{R}\right) \tag{3.5.17}$$

式中　S—— 面积;

　　　L—— 厚度

采用交流阻抗法测量具有 O^{2-} 离子电子混合传导性的固体氧化物材料的电导率时,同样可以使用Pt多孔电极。T. Kawada等人研究表明,对于离子电子混合传导性材料,即便使用极化电极,交流阻抗法也能准确测量其电导率。为此总传导率的测量推荐采用交流阻抗法。

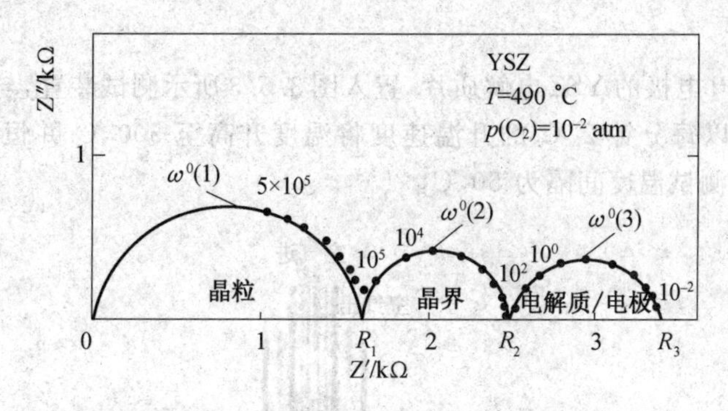

图 3.5.2　固体电解质 YSZ 电化学阻抗谱

4. **实验内容**

将带有Pt电极的YSZ电解质片放置在高温测试炉中进行测试,并且用铂网作为集流体。利用电化学工作站CHI650D测电解质的交流阻抗值。测试在开路电位下进行,测量频率为 0.01 Hz～1 MHz,扰动信号幅值为10 mV,测试温度为 500～1 000 ℃,测试温度间隔为 50 ℃。根据测得的交流阻抗谱图读取欧姆阻抗值,代入已知的电解质片厚度及电极面积,根据公式计算出电导率值。

三、实验仪器、药品及材料

(1) 仪器:计算机 1 台,电化学工作站台,高温测试炉及测试装置(示意图如图 3.5.3 所示),千分尺,打孔器。

(2) 药品:二乙醇丁醚,铂膏。

(3) 材料:固态电解质 YSZ 片 3 个,金刚砂纸,600 目、800 目砂纸各 1 张,胶带,刮板。

四、实验步骤

1. 电极的制备

将 3 个直径约为 20 mm 的 YSZ 电解质片两面抛光。先用金刚砂纸将电解质片磨平,再用 600 目的砂纸打磨,最后用 800 目的砂纸打磨进行抛光。另一面采用相同步骤处理,制得厚度约为 1 mm 的电解质片。用千分尺准确测量厚度。

用打孔器将 3M 公司生产的 Scotch 胶带打制出直径为 10 mm 的圆形孔洞。将这个带有孔洞的胶带粘贴在光滑的 YSZ 电解质片两侧,使胶带的孔洞与电解质圆片呈现一个同心圆,将二乙醇丁醚分散的铂膏涂在电解质中心处,用刮板刮平。待涂覆上的浆料略干时,揭去胶带,在 1 000 ℃ 条件下煅烧 1 h,便可得到直径为 10 mm,即电极面积为 0.785 4 cm^2 的 Pt 电极。

2. 测试过程

(1) 将带有 Pt 电极的 YSZ 电解质片,置入图 3.5.3 所示测试装置,与上下两侧铂网集流体接触。电炉以每分钟 2 ℃ 的升温速度将温度升高至 500 ℃ 并恒温。测试温度为 500 ～ 1 000 ℃,测试温度间隔为 50 ℃。

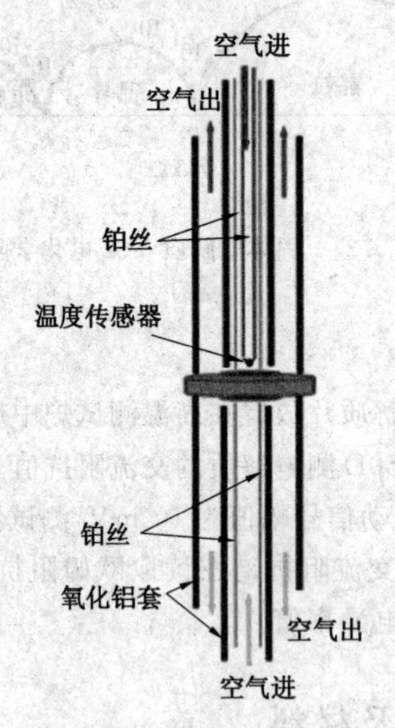

图 3.5.3　测量装置示意图

(2) 直流法测量,使用电化学工作站,电压 −100 mV ～ +100 mV、间隔 20 mV,恒电压测试,记录电流。

(3) 利用电化学工作站测电解质的交流阻抗。测试在开路电位下进行，测量频率为 0.01 Hz～1 MHz，扰动信号幅值为 10 mV。测试温度为 500～1 000 ℃，测试温度间隔为 50 ℃。根据测得的交流阻抗谱图读取电阻值，代入已知电解质片的厚度及电极面积，根据公式计算出电导率值。

五、数据处理及分析

(1) 根据得出的数据计算不同温度下的总电导率。

(2) 依据阿伦尼乌斯公式，计算电解质的传导活化能。

(3) 分析直流、交流测试的差异。

六、思考题

(1) 影响固体电解质电导率的内在因素或本质因素都有哪些？

(2) 测试过程中可能引起误差的因素都有哪些？如何有效避免这些影响因素？

(3) 交流阻抗法相对于直流法测电导率的优势有哪些？

实验 6　电极材料的赝电容储锂行为测试及半定量计算方法

一、实验目的

(1) 了解循环伏安法在测试电极材料的赝电容储锂行为中的应用。

(2) 掌握循环伏安曲线的测试方法和实验技术。

(3) 掌握赝电容电流贡献比例的半定量计算方法。

(4) 了解电势扫描速率对循环伏安曲线和赝电容电流贡献比例的影响。

二、实验原理

由于循环伏安法具有实验简单、信息丰富、可进行理论分析等特点，在电化学研究中得到了比较广泛的应用。例如，利用峰值电流可进行定量分析，也可利用峰值电势差进行定性分析，判断电极过程的可逆性，对未知的电化学体系进行电化学行为的探讨，以及在各应用电化学领域的运用等。

本实验基于 Nb_2O_5/Li 半电池的循环伏安曲线测试，分析电极材料赝电容储锂行为。

1. 赝电容效应简介

赝电容效应是在材料表面或近表面发生的可逆的法拉第电荷转移反应，是一种快速的界面储锂行为。在循环伏安测试中，此类材料的循环伏安曲线呈类似电容器的长方形状，即便是有氧化还原峰出现，也是宽的馒头峰，并且峰值电势差较小，可逆性非常好；在恒流充放电过程中，此类材料的充放电曲线是倾斜的直线，在直线任何一点 $\Delta Q/\Delta E$ 几乎相等，电压滞后非常小，具有典型的电化学电容器特性，故称此类快速的界面储能反应为赝电容（假电容）效应。

基于赝电容效应的电化学储能机制对于理解电池、电容器等器件的高效电荷存储过程具有重要意义。赝电容效应的电化学储能可以大幅度提升电池等器件的倍率充放电性能。此外，赝电容效应的储能机制决定了电极材料的内部结构能够保持较好的稳定性和可逆性，实现储能器件的长循环稳定性。锂离子电池中，传统正极电极材料 $LiCoO_2$ 等的锂离子迁移通常被认为是扩散过程，然而，近年来对具有高倍率充放电特性的氧化物的研究表明，锂离子的迁移过程不再局限于扩散过程，同时还有电容特性。因此，通过电化学方法量化赝电容储锂机制在全部电化学储锂容量中的比例，对于长循环、高倍率新型电极材料的设计、构筑和开发具有积极的指导作用。

2. 赝电容效应的量化分析方法

在电化学反应中，基于半无限边界条件，电化学反应电流的大小取决于完全的扩散控制过程，可以用方程 $i = nFAC * D^{1/2} v^{1/2} (\alpha n F/RT)^{1/2} \pi^{1/2} x(bt)$ 来表示，并将其简化为 $i \propto v^{1/2}$；同样的，若在一个理想的电容器体系下，反应电流大小为 $i = vC_d A$，可以将其简化为 $i \propto v$。所以，扩散控制过程与电容控制过程的区别在于反应电流与扫速的幂次关系。

加州大学洛杉矶分校的 Bruce Dunn 教授近年来提出了赝电容效应量化分析方法。对于不同扫速下循环伏安曲线的峰电流和扫速之间的关系，可以用幂次定律来进行定性的分析和研究，见式(3.6.1)。

$$i = av^{b} \tag{3.6.1}$$

i 为不同扫速下的氧化 / 还原反应的峰电流(A)，v 为对应的扫描速度($mV \cdot s^{-1}$)。

将以上方程的等号两边同时取对数即可得到式(3.6.2)，即

$$\log (i) = b\log (v) + \log(a) \tag{3.6.2}$$

因此，取不同扫速下的峰电流对数和扫速的对数拟合，得到的直线斜率即为目标的 b 值。

基于扩散控制和电容控制的分析，当 $b=1$ 时，反应过程代表完全的电容过程控制；当 $b=0.5$ 时，则代表完全的扩散过程控制；当 b 值介于两者之间时，则代表该反应为电容和扩散混合控制的过程。

接下来需要量化电容控制和扩散控制对总容量的贡献，基于式(3.6.1)，可以用 $k_1 v$（代表电容过程控制的电流贡献）和 $k_2 v^{1/2}$（代表扩散过程控制的电流贡献）来量化各自的电流响应，如式(3.6.3)。

$$i_V = k_1 v + k_2 v^{1/2} \tag{3.6.3}$$

其中 i_V 为某一个特定电位下的电流值。

为了方便数据的进一步处理，将该方程的等号两边同时除以 $v^{1/2}$，可以将式(3.6.3)转化为式(3.6.4)，即

$$i_V / v^{1/2} = k_1 v^{1/2} + k_2 \tag{3.6.4}$$

通过拟合某特定电位下不同扫速下的 $i_V / v^{1/2}$ 对 $v^{1/2}$ 的曲线，得到的斜率和截距分别为k_1 值和k_2 值，然后将k_1 和k_2 分别代入$k_1 v$ 和$k_2 v^{1/2}$ 中，即可得到电容贡献的电流和扩散贡献的电流，以此类推，分别计算出不同电位下的 k_1 和 k_2 值，即可得到该电位下电容控制的电流贡献和扩散控制的电流贡献。

3. **赝电容效应的典型应用**

(1) 超级电容器。

传统的电容器大多基于高比表面积的正负极材料，电化学反应过程是典型的吸脱附机制，活性炭等高比表面积的电极材料作为正负极材料，能够提供足够的离子吸脱附位置。基于赝电容机制的电化学储能，将离子反应的位置转移至材料的表面或者近表面，大大提升了电极材料的储锂容量。因此，基于赝电容储能机制的赝电容器逐渐取代了传统的双电层电容器，成为下一代功率型储能器件的选择。

(2) 锂 / 钠离子电池。

离子扩散是锂离子或者钠离子电池电化学反应过程的控制步骤，因此，电池的倍率性能不能满足大功率的应用需要，基于赝电容效应的电极材料具有快速的离子传输速度，快速充放电时具有较小的浓差极化。因此，赝电容效应在电池中的应用有助于提升电池的功率密度。

三、实验仪器、药品和材料

(1) 仪器：电化学工作站 1 台，计算机 1 台。

(2) 材料：装配好的 Nb_2O_5/Li 扣式电池 1 个，电池夹 1 个。

四、实验步骤

(1) 打开 CHI 电化学工作站的电源开关。打开计算机的电源开关，双击 CHI 程序图标，启动程序。

(2) 将 CHI 电化学工作站的绿色夹头和黑色夹头通过电池夹与研究电极(Nb_2O_5 电极) 相接；白色夹头接线端(参比电极) 和红色夹头接线端(辅助电极) 同时通过电池夹与辅助电极(Li 电极) 相接。

(3) 点击在CHI程序工具栏上的“Technique”按钮，选择“Cyclic Voltam metry”测试方法后，点击“OK”。在 Control 菜单中点击 Open circuit potenial 选项，查看体系的开路电势。点击工具栏上的“Parameters” 按钮，在弹出菜单中输入测试条件：在“Initial

E(V)”框中输入开路电势，在“High E(V)”框中输入“3”，在“Low E(V)”框中输入“1”，在“Initial Scan”框中输入“Negetive”，在“Scan Rate(V/s)”框中输入“0.001”，在“Sweep Segments”框中输入“4”，在“Sample Interval(V)”输入“0.001”，在“Quiet Time(sec)”框中输入“2”，在“Sensitivity(A/V)”中选择“1×10^{-6}”，选择“Autosensitivity”，然后点击“OK”按钮。

(4) 鼠标点击工具栏上的“Run”按钮，开始循环伏安曲线的测试。测试完毕后，点击工具栏的“Save as”按钮，将曲线保存为文件。

(5) 电极体系和测试条件保持不变，改变“Scan rate(V/s)”为“0.002”和“0.005”，分别测量 0.002 V·s^{-1} 和 0.005 V·s^{-1} 扫描速度下的循环伏安曲线，即重复步骤(3)和(4)。

(6) 实验完毕，关闭仪器，取下扣式电池和电池夹。

五、数据处理及分析

(1) 根据循环伏安曲线得到不同扫速下的氧化还原峰值电流和峰值电位，并求出氧化还原峰值电流比 Ipa/Ipc 和峰值电势差 $\Delta\varphi_p$，并列表比较。

(2) 作出 $\log(i)-\log(v)$ 线性拟合曲线，求出 b 值。

(3) 作出不同扫速下的模拟电容 CV 曲线，求出不同扫速下赝电容电流的储锂贡献占比。具体的数据处理方法如下：

以 Nb_2O_5 电极的处理过程为例，为了计算出某扫速下赝电容 CV 曲线，可以每隔 0.1 V 取一个点(截取 1.1 V、1.2 V、1.3 V……3.0 V)，正向扫描和负向扫描各取 20 个点，取点数越多，赝电容 CV 曲线越光滑。将截取的电势－电流列入表格 3.6.1 中。

表 3.6.1　循环伏安曲线截取电势－电流表

电势(vs. Li^+/Li)	1.1 V	1.2 V	…			
电流	0.036 mA	0.039 mA	…			

逐个电位计算赝电容电流，然后串联所有的点即可得到赝电容 CV 曲线。

具体赝电容电流的计算以 1.1 V 为例，选取不同扫速下的 i 和 v，按照公式 $i_V/v^{1/2}=k_1v^{1/2}+k_2$(一元一次方程)做线性拟合(以 $v^{1/2}$ 为自变量)，得到的斜率即为 k_1，截距为 k_2，如图 3.6.1 所示。

其中，斜率 k_1 与扫速 v 的乘积 k_1v，即为该扫速下在 1.1 V 电势时的赝电容电流，同理可以得到 1.2 V、1.3 V…… 的赝电容电流 k_1v，连接每个点下的电流值，即可得到模拟赝电容电流 CV 曲线，如图 3.6.2 所示。计算赝电容 CV 曲线与实测 CV 曲线面积之比即可得到该扫速下赝电容贡献的储锂量占比。

六、思考题

(1) 讨论扫描速度对循环伏安曲线有什么影响？

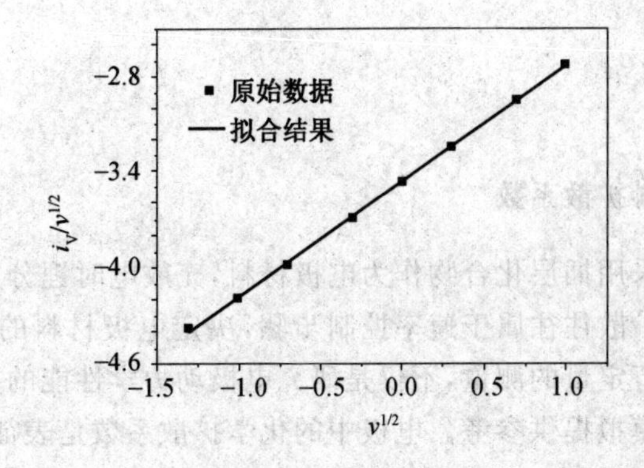

图 3.6.1　在 1.1 V 电势下的 $i_V/v^{1/2}-v^{1/2}$ 线性拟合结果

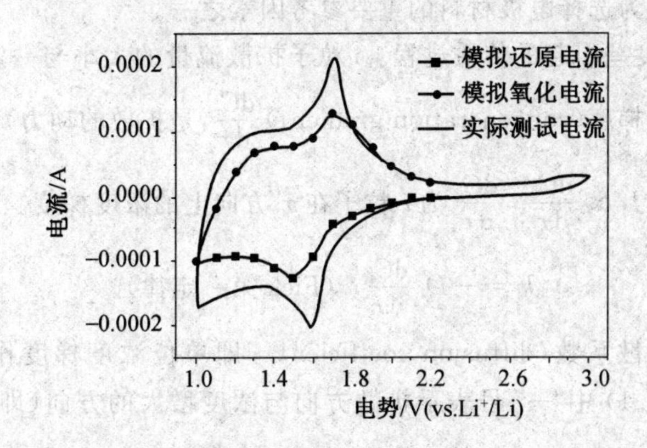

图 3.6.2　模拟赝电容电流贡献的 CV 曲线

(2) 根据求得的 b 值，分析 Nb_2O_5 的电化学反应的主要受哪个步骤控制？

(3) 循环伏安测试中的扫描速度对 Nb_2O_5 储锂机制有什么影响？

(4) 赝电容效应与电极材料快速的嵌脱锂特性间有什么关系？

实验 7　锂离子电池电极材料扩散系数的测量与解析

一、实验目的

(1) 掌握锂离子电池材料中扩散的过程。

(2) 了解几种求解锂离子扩散系数的方法。

(3) 掌握利用 EIS 方法测量扩散系数的原理和数据解析方法。

二、实验原理

1. 锂离子电池材料扩散系数

锂离子电池通常采用插层化合物作为电极材料，充放电时锂分别在正负极脱出嵌入，而锂在电极中的固相扩散往往属于速率控制步骤，决定电极材料的性能。因此对粒子在固相中的扩散过程进行定量的测量，不仅是研究电极动力学性能的重要手段，还可以为电池的设计以及动力学模拟提供参考。电极中的化学扩散系数是表征材料动力学行为的重要参数，表现在扩散系数越大，电池的大电流放电能力越好，材料的功率密度越高。扩散系数的测量，已经成为选择电极材料的重要参考因素之一。

扩散是指由浓度差引起的传质过程。i 粒子扩散流量的大小与一定距离内浓度差的大小有关(称作浓度梯度(concentration gradient) $\frac{\mathrm{d}C_i}{\mathrm{d}x}$，是扩散的动力)，梯度越大，扩散越快，即有式(3.7.1)：$J_i \propto \frac{\mathrm{d}C_i}{\mathrm{d}x}$。$\frac{\mathrm{d}C_i}{\mathrm{d}x}$ 为 i 粒子在 x 方向上的浓度梯度。

$$J_i = -D_i \frac{\mathrm{d}C_i}{\mathrm{d}x} \quad \text{(Fick 第一定律)} \tag{3.7.1}$$

其中 D_i—— 扩散系数(diffusion coefficient)，即单位浓度梯度作用下的扩散速率[$cm^2 \cdot s^{-1}$]，式(3.7.1) 中“—”号表示扩散方向与浓度增大的方向(即浓度梯度的符号)相反。

对于伴随着固相反应的扩散过程，此时扩散系数具有反应速率常数的含义，称为化学扩散系数(例如：O 在 Fe_3O_4 中的扩散、Li 在 TiS_2 中的扩散等)。锂在固相中的扩散过程(嵌入 / 脱嵌、合金化 / 去合金化)是很复杂的，既有离子晶体中“换位机制”的扩散，也有浓度梯度影响的扩散，还包括化学势影响的扩散。“化学扩散系数”是一个包含以上扩散过程的宏观概念，目前被广为使用。

2. 锂离子电池材料扩散系数测量方法及原理

锂的扩散系数测量方法主要有：循环伏安法(cyclic voltammetry，CV)、电化学阻抗法(electrochemical impedance spectroscopy，EIS)、恒电位间歇滴定法(potentiostatic intermittent titration technique，PITT)、电位弛豫法(potential relax technique，PRT)、恒电流间歇滴定法(galvanostatic intermittent titration technique，GITT) 等。

利用电化学阻抗谱法测定锂离子电池材料中锂的扩散系数的原理如下：

在半无限扩散和有限扩散条件下，Warburg 阻抗由式(3.7.2) 确定：

$$W = \sigma\omega^{-1/2} - \mathrm{j}\sigma\omega^{-1/2} \tag{3.7.2}$$

式中 ω—— 频率；

σ——Warburg 系数(指前因子)，与 Z_{Re} 的关系见式(3.7.3)(公式推导见附录 I)：

$$Z_{Re} = R_{\Omega} + R_{ct} + \sigma\omega^{-1/2} \tag{3.7.3}$$

式中　R_Ω—— 溶液电阻；

R_{ct}—— 电荷转移电阻。

若电极为平板电极，在电极上施加小交流电压，电极中锂离子的扩散是电极厚度范围内的一维扩散，满足 Fick 第二定律，经数学推导 Warburg 系数表达式为

$$\sigma=\left[\frac{V_m(dE/dx)}{\sqrt{2}nFSD_{Li}^{1/2}}\right]\quad \omega\gg\frac{2D_{Li}}{L^2} \tag{3.7.4}$$

式中　V_m—— 摩尔体积($cm^3\cdot mol^{-1}$)；

dE/dx—— 电压－组成曲线上某点的斜率(V)；

n—— 电荷转移数；

F—— 法拉第常数($c\cdot mol^{-1}$)；

S—— 电解液与电极之间的接触面积(cm^2)；

D_{Li}—— 锂离子扩散系数($cm^2\cdot s^{-1}$)；

L—— 电极厚度(cm)。

根据交流阻抗谱图得到的 Warburg 系数，由放电电压(E)－材料中锂含量(x)曲线上某点的斜率及电极的活性面积即可求出锂离子扩散系数 D_{Li}。但由于放电曲线上出现电压平台，因此 dE/dx 值难以确定。对式(3.7.4)进行变换(推导过程见附录 Ⅱ)处理得到

$$\sigma=\left[\frac{RT}{\sqrt{2}n^2F^2SC_{Li}}\right]\frac{1}{\sqrt{D_{Li}}}\quad \omega\gg\frac{2D_{Li}}{L^2} \tag{3.7.5}$$

式(3.7.5)可变换为：

$$D_{Li}=\frac{R^2T^2}{2n^4F^4S^2\sigma^2C_{Li}^2} \tag{3.7.6}$$

式中　R—— 气体常数($J\cdot(mol\cdot k)^{-1}$)；

T—— 绝对温度(K)；

C_{Li}—— 电极中锂的浓度($mol\cdot cm^{-3}$)；处理后的 Warburg 系数公式避免使用 dE/dx 值，能够迅速、方便地计算锂离子在电极材料中的扩散系数。

三、实验仪器、药品和材料

(1) 仪器：充放电测试仪 1 台，电化学工作站 1 台，计算机 2 台。

(2) 材料：石墨 /Li 模拟电池 1 只。

四、实验步骤

(1) 对模拟电池进行 3 次充放电循环，使电池的充放电行为达到相对稳定的状态。然后以恒电流方式放电(充电)至某一电压(如 1 V、0.8 V、0.3 V、0.01 V)，开路静置 4 h 以上使其达到平衡后，进行交流阻抗实验。(本实验以 $0.1\ A\cdot g^{-1}$ 的电流充放电 3 个循环，之后放电至初始容量的 50%，此时的嵌锂 / 放电深度约为 0.5)。

(2) 阻抗设置:电化学阻抗谱测试使用CHI电化学工作站,使用ZsimpWin软件进行数据拟合和解析。电极在完成预设充放电测试后静止4 h以上至电位不再变化后,先测开路电压,在此电位下施加振幅为5 mV(vs. Li/Li^{+})的交流信号并记录其阻抗的变化,频率范围为0.01 Hz～0.1 MHz。

五、数据处理及分析

(1) 求解Warburg系数σ。由阻抗图的低频区的斜线段测得的阻抗的虚部或实部值与$w^{-1/2}$作图,其斜率可求得Warburg阻抗系数。

(2) 计算电极的反应面积S(活性面积),用$S=4\pi r^2 m/(\rho \cdot 4\pi r^3/3)=3m/(\rho r)$近似计算,其中$r$为材料的平均粒径,$\rho$为石墨的真密度(本实验材料的真密度为2.20 $g \cdot cm^{-3}$)。

(3) 计算C_{Li},C_{Li}为Li的固相浓度,利用$C_{Li}=x\rho/72$来计算,ρ采用石墨的真密度;x为嵌锂深度,计算公式为$x=C/372$,其中,C为电极嵌入锂离子的比容量。

(4) 最后根据式(3.7.6)计算扩散系数D_{Li}。

(5) 本实验用到的参数如下:

$R=8.314$;

$T=298.15$ K;

$\rho=2.2$ $g \cdot cm^{-3}$(石墨颗粒的真密度);

$r=19.36$ μm(石墨颗粒的平均粒径);

$m=2$ mg(电极上的活性物质质量);

$x=0.5$(嵌锂深度)。

注意:上述参数可根据实际情况修正数值,计算时注意单位要统一。

六、思考题

(1) 分析电极材料中锂扩散系数的影响因素。

(2) 电极材料锂扩散系数影响锂离子电池的哪些电化学性能?

实验8　电化学在线红外光谱在锂离子电池中的应用

一、实验目的

(1) 了解电化学原位透射红外技术的原理。

(2) 了解原位透射红外技术检测锂离子电池充放电过程中产生气体的原理和方法。

(3) 应用红外谱图分析锂离子电池的析气行为。

二、实验原理

1. 红外光谱技术

当一束具有连续波长的红外光通过物质，物质分子中某个基团的振动频率或转动频率和红外光的频率一样时，分子就吸收能量由原来的基态振（转）动能级跃迁到能量较高的振（转）动能级，分子吸收红外辐射后发生振动和转动能级的跃迁，该处波长的光就被物质吸收。所以，红外光谱法实质上是一种根据分子内部原子间的相对振动和分子转动等信息来确定物质分子结构和鉴别化合物的分析方法。将分子吸收红外光的情况用仪器记录下来，就得到红外光谱图。红外光谱图通常用波长（λ）或波数（$1/\lambda$）为横坐标，表示吸收峰的位置，用透光率（$T\%$）或者吸光度（A）为纵坐标，表示吸收强度。

傅里叶变换红外光谱法（fourier transform infrared spectroscopy，FTIR）是通过测量干涉图和对干涉图进行傅里叶变换的方法来测定红外光谱，其具有检测灵敏度高、测量精度高、测量速度快、散光低及波段宽等特点。

2. 锂离子电池充放电过程中的产气行为

锂离子电池在首次充放电过程中，伴随着负极表面固态电解质膜（SEI）的形成会有气体产生，正极表面电解液的分解及正极表面电解质膜的形成也会有气体产生。此外，电池在长期循环过程中电解液的不断消耗也会有气体生成，尤其是高电压型锂离子电池在储存和使用过程中，电池内部易产生气体而引起电池鼓胀的现象，即"气胀现象"，使锂离子电池具有较大的安全隐患。传统的非原位表征方法通常是抽取循环后电池中的气体进行检测，这种方法很难确定气体的析出电位，同时难以确定析出气体的来源。而原位透射红外技术可以检测气体的种类与发生反应的电极电位的关系，有利于深入分析锂离子电池"气胀现象"的机理。

电解池的设计是确保红外光能够检测到电极在不同电位下析出气体的关键。图 3.8.1 为原位透射红外测试用电解池示意图。该电解池包括电池壳体、红外窗口片、正极极片、隔膜、负极极片，电解池的所有组件都在中间位置处开孔，壳体的上下端开孔处粘贴 CaF_2 红外窗口片，以确保红外光能够透过整个电解池。

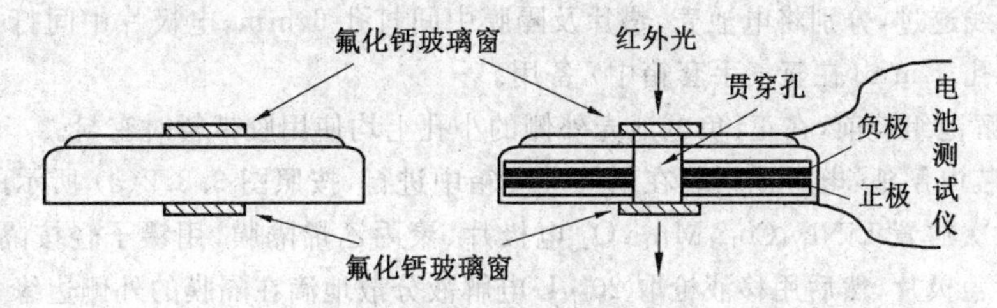

图 3.8.1　原位透射红外测试用电解池示意图

本实验中的红外谱图可由式（3.8.1）定义。

$$\frac{\Delta R}{R}(E_S)=\frac{R(E_S)-R(E_R)}{R(E_R)} \tag{3.8.1}$$

式中：$R(E_S)$ 和 $R(E_R)$ 分别为样品电压 E_S 和参比电压 E_R 下的红外谱，本实验所有的参比谱图 E_R 均为电池在恒流充电前所采集的红外谱图。

红外谱图中常见官能团对应的波数如下：3 720 cm^{-1} 左右的吸收峰对应于 CO_2 弯曲振动和不对称伸缩振动的结合；3 000 cm^{-1} 左右的吸收峰对应于 —CH 的伸缩振动；2 360、2 340 cm^{-1} 左右的吸收峰对应于 CO_2 气体；1 762 cm^{-1}、1 607 cm^{-1} 左右的吸收峰对应于C ═ C 伸缩振动；1 470 cm^{-1} ～ 1 360 cm^{-1} 左右的吸收峰对应于 $—CH_2$、—CH 的对称弯曲振动及 $—CH_3$ 的不对称弯曲振动。

为了能够实时监测电解液在充电过程中的、析气行为，本实验采用一种便于检测电池析出气体的原位透射红外电解池，采用正极材料 $LiNi_{1/3}Co_{1/3}Mn_{1/3}O_2$ 制备的电极为研究电极，研究 1 mol · $L^{-1}LiPF_6$/EC＋DMC(体积比 1：1) 电解液体系在首次充电过程中不同电压下的气体产生情况。

本实验中的 FTIR 测试采用透射红外装置，利用设计的透射电解池对 EC＋DMC 电解液体系的锂离子电池在首次充电过程中不同电位下的气体析出情况进行检测。

三、实验仪器、药品及材料

(1) 仪器：傅里叶红外光谱仪，计算机，充放电测试仪，手套箱，封口机。

(2) 药品：优级纯硫酸，超纯水(18.2 MΩ · cm)，甲醇。

(3) 材料：打孔器 1 套，AB 胶，CaF_2 窗片，$LiNi_{1/3}Co_{1/3}Mn_{1/3}O_2$ 电极，锂片，隔膜，1 mol · $L^{-1}LiPF_6$/EC＋DMC(体积比 1：1) 电解液，胶带，移液枪，电池壳套件(正极壳、负极壳、弹片、垫片)。

四、实验步骤

1. 电解池组装

(1) 用于原位红外光谱测试的电解池(扣式打孔电池) 较为特殊，各部件中间需要一个小孔供光线透过，分别将电池壳、垫片及隔膜中间打孔 6 mm，电极片中间打孔 8 mm，锂片中间打孔 9 mm(在氩气手套箱中) 备用。

(2) 电解池组装前，在正、负电池壳外侧的小孔上均使用胶带暂时密封。

(3) 组装电解池：电解池组装在氩气手套箱中进行，按照图 3.8.2(a) 所示的顺序，在负极壳上依次放置 $LiNi_{1/3}Co_{1/3}Mn_{1/3}O_2$ 电极片、聚丙乙烯隔膜，用镊子轻按隔膜使其平整并完全覆盖极片，然后用移液枪取 20 μL 电解液分散地滴在隔膜的外侧边缘位置，再依次放置锂片、垫片、弹簧片和正极壳，组装时要注意尽量使各个组件的小孔中心重合。

(4) 将电池用封口机封口。

(5) 用镊子撕去正极壳上的胶带，混合 AB 胶，用牙签将 AB 胶涂在正极壳小孔边缘，

然后将 CaF_2 窗口片粘到小孔上，负极壳做同样处理。注意：胶水不要污染到窗口片中间位置，窗口片要完全覆盖电池壳上的小孔保证电池密封性。

(6) 放置 8 h，待 AB 胶完全固化后方可移出手套箱准备用于测试。

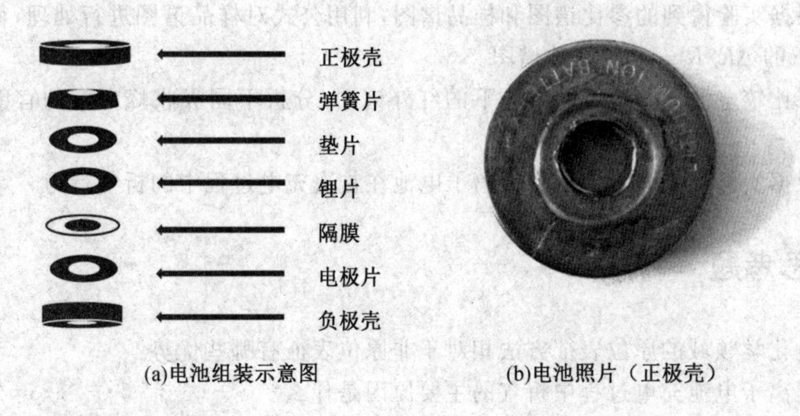

图 3.8.2　用于红外光谱测试的扣式电池示意图

2.原位透射红外检测

(1) 用绝缘胶带将新威电池测试系统的正、负接线头分别固定在电池的负极壳和正极壳上，注意胶带不要挡住窗口片。

(2) 将接好线的电池固定在红外光谱仪的载样台上，调整电池在载样台上的位置，使光线能够从窗口片中心穿过。

(3) 红外光谱采集参比谱图。

① 打开红外光谱仪电源预热 20 min；

② 打开 OMNIC 软件，点击实验设置，在“采集”选项卡中设置扫描次数 32 次，最终格式为“% 透过率”，背景处理选择“采集样品前采集背景”，点击“确定”；

③ 弹出的两次窗口都点击“确定”，仪器开始采集背景(空气)，背景采集完毕后将弹出窗口提示“请准备样品采集”(先不要点确定)；

④ 将固定有电池的载样台放入红外光谱仪测试仓的卡槽中，盖好盖子，在“请准备样品采集”的窗口中点击“确定”，仪器开始采集样品；

⑤ 数据采集完成后将弹出窗口，点击“是”；

⑥ 点击“文件 → 另存为”，分别保存“. SPA”和“. CSV”两种格式；

⑦ 测试完毕后，将吸潮袋放回测试仓中，关闭测试仪。

(4) 打开充放电测试仪的 BTSDA 软件，设置工步使电池开始恒流充电，基于正极活性物质质量的电流密度为 20 mA · g^{-1}，充电截止电压设为 4.5 V。

(5) 当电池充电电压达到 4.5 V 时，停止充电，重复步骤(3)，采集样品红外谱图，保存并打印。

(6) 继续充电，当电池电压达到 4.7 V 和 5.0 V 时，分别重复步骤(3) 和(5)，采集样品红外谱图，保存并打印。

(7) 测试完毕，关闭充放电测试仪、红外光谱仪和电脑。

五、数据处理及分析

(1) 根据实验得到的参比谱图和样品谱图，利用公式对样品谱图进行处理，得到不同充电电压下的 $\Delta R/R$ －波数红外谱图。

(2) 试比较电池充电至不同电压下的红外谱图，分析不同吸收峰对应的官能团及振动方式。

(3) 根据实验结果分析该体系锂离子电池在首次充电过程中的析气行为。

六、思考题

(1) 电化学领域的原位表征方法相对于非原位表征有哪些优势？

(2) 锂离子电池充电过程中析气的主要原因是什么？

实验 9　赫尔槽实验及其应用

一、实验目的

(1) 测定赫尔槽阴极上的电流分布与阴极上各点至近端距离的关系。

(2) 应用赫尔槽实验验证碱性镀锌溶液中锌碱浓度比对光亮区的影响。

(3) 掌握用赫尔槽确定电镀工作电流密度范围的方法和镀层质量评价的方法。

二、实验原理

1. 赫尔槽

利用电流密度在远近阴极上分布不同的特点，Hull 于 1935 年设计了一种平面阴极和平面阳极构成一定斜度的小型电镀试验槽，此槽称为赫尔槽。由于赫尔槽结构简单，使用方便，目前国内外已广泛地应用于电镀试验和工厂生产的质量管理，成为电镀工作者不可缺少的工具。

赫尔槽可以用来观察不同电流密度的镀层外观，确定和研究电解液的各种成分对镀层质量的影响，选择合理的工艺条件(如 i_c、T、pH 值等)，分析电镀故障产生的原因等。此外，还可用赫尔槽测定电镀液的分散能力、覆盖能力、整平能力和镀层的其他性能(如脆性、内应力等)。赫尔槽试验是电镀工艺综合指标的反映，是单项化学分析所不能代替的。

赫尔槽是一种平面阴极和平面阳极构成的具有一定斜度的小型电镀试验槽，形状如

图3.9.1 所示。

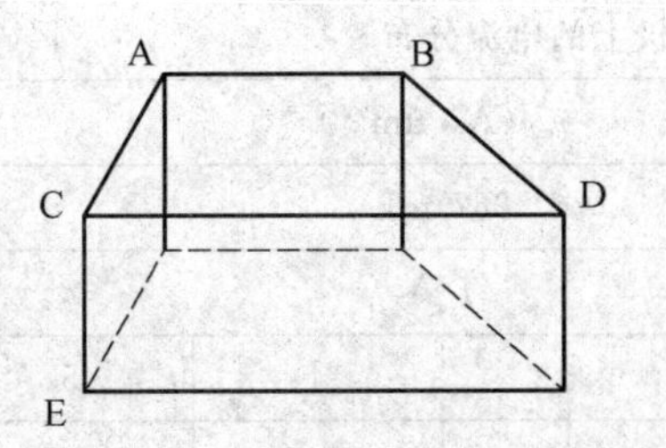

图 3.9.1　赫尔槽的结构

由于赫尔槽的结构简单、使用方便，目前在国内外已广泛应用于电镀工艺实验和现场生产技术管理。

从赫尔槽的结构可以看出，阴极试片上各部位与阳极的距离是不等的，因而阴极上各部位的电流密度也不同，离阳极距离最近的为近端，它的电流密度最大，随着阴极上的部位与阳极的距离逐渐增大，电流密度逐渐减小，直至离阴极最远的一端，称为远端，它的电流密度最小。根据大量的实验测定了阴极上各点离近端的距离与电流密度之间具有对数关系（如图 3.9.2 所示）。

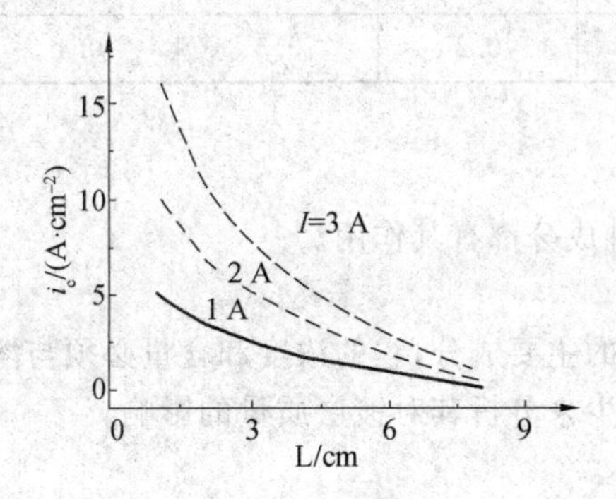

图 3.9.2　阴极上各点离近端的距离与电流密度的关系

其关系式为式(3.9.1)：

$$i_c = I(C_1 - C_2 \log L) \tag{3.9.1}$$

本实验中所使用的为 267 mL 的赫尔槽，实际按刻度线装入电解液体积为 250 mL。对 267 mL 赫尔槽用式(3.9.2)：

$$i_c = I(5.10 - 5.24\log L) \tag{3.9.2}$$

若以 267 mL 槽装 250 mL 溶液用式(3.9.3)：

$$i_c = \frac{267}{250} I(5.10 - 5.24\log L) = 1.068I(5.10 - 5.24\log L) \tag{3.9.3}$$

可以看出，一次赫尔槽试验就可以得到从远端到近端电流密度相差约 50 倍范围内的外观质量。如 $I = 1$ A，远端 9 cm 处的 $i_c = 0.1\ \text{A}\cdot\text{dm}^{-2}$，近端 1 cm 处的 $i_c = 5.45\ \text{A}\cdot\text{dm}^{-2}$，因此赫尔槽实验是简单而高效的实验方法。

为了方便计算，将常用的电流强度和阴极各点的电流密度置于表 3.9.1 中。

表 3.9.1　赫尔槽常用电流强度和阴极各点电流密度

至阴极近端的距离 /cm	赫尔槽阴极上的电流分布 $i_c/(A \cdot dm^{-2})$ 267 mL I/A					
	1	2	3	4	5	K_2
1	5.1	10.2	15.3	20.4	25.5	5.1
2	3.5	7	10.5	14	17.5	3.5
3	2.6	5.2	7.8	10.4	13	2.6
4	1.95	3.9	5.85	7.8	9.75	1.95
5	1.44	2.88	4.32	5.76	7.2	1.44
6	1.02	2.04	3.06	4.08	5.1	1.02
7	0.67	1.34	2.01	2.68	3.35	0.67
8	0.37	0.74	1.11	1.48	1.85	0.37
9	0.1	0.2	0.3	0.4	0.5	0.1

2. 碱性镀锌液

在碱性镀锌液中，每种成分都有其作用。

(1) 氧化锌。

氧化锌是碱性镀锌液的主要成分，它的浓度和含量必须与溶液中其他成分相适应，不能单纯从氧化锌含量的多少来分析其对镀层质量的影响。

(2) 氢氧化钠。

在碱性镀锌液中，氢氧化钠是主要配位剂。一般希望氢氧化钠含量稍高些，这有利于配离子的稳定，提高阴极极化和获得细致的结晶。氢氧根导电性好，有利于提高溶液的导电性。若含量过高，会使阳极溶解太快，造成电解液不稳定，镀层结晶粗糙。

(3) 添加剂。

在电镀过程中，添加剂能吸附在阴极表面，抑制锌配离子放电，提高阴极极化，使镀层结晶细致。

(4) 光亮剂。

光亮剂可改善镀层的光亮性，为了改善碱性无氰镀锌的光亮性，常加入少量香草醛、香豆素等光亮剂。

三、实验仪器、药品及材料

(1) 仪器：直流稳压电源，(0～30)V，5 A，带鼓风装置的 267 mL 赫尔槽 1 个，数字万用表 5 个。

(2) 药品：ZnO，NaOH，Na_2CO_3，$Na_3PO_4 \cdot 12H_2O$，Na_2SiO_3，HCl 碱性镀锌添加剂 JW－500，蒸馏水。

(3) 材料：锌阳极 1 块，0.5 mm×63 mm×65 mm，阴极试片 9 块(可用单面覆铜板，尺寸为 2 mm×100 mm×70 mm，其中有 1 块腐蚀成 20 mm×5 格，测电流密度分布时使用，如图 3.9.3 所示。)

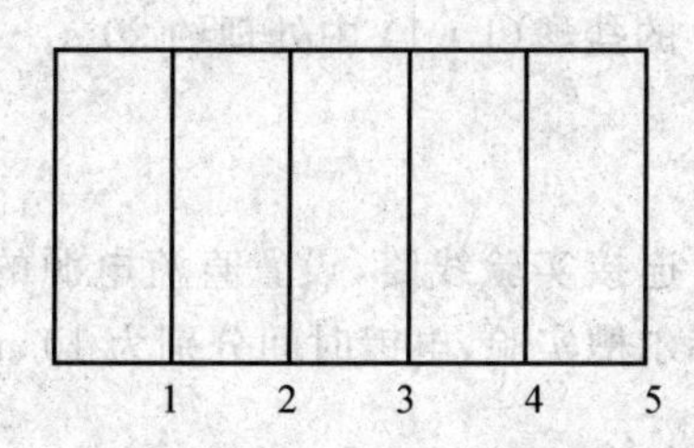

图 3.9.3　测电流分布的阴极试片

四、实验步骤

1. 碱性镀锌液的配制

(1) 配制方法：先将氢氧化钠用两倍的水溶解，必须加以搅拌，防止氢氧化钠在底部结块。氢氧化钠的溶解过程是放热反应，注意不要使溶液溅出。待氢氧化钠全部溶解后，将事先用冷水调成糊状的氧化锌加到氢氧化钠溶液中，搅拌，直到溶液由乳白色变成浅黄色透明溶液，此时氧化锌完全与氢氧化钠配合，形成锌酸钠配合物。加水至规定体积，最后加添加剂。

(2) 按照表 3.9.2 中所示的成分配制三种镀锌液。

表 3.9.2　三种碱性镀锌液的成分

成分	电镀液(1)	电镀液(2)	电镀液(3)
NaOH	$120\ g \cdot L^{-1}$	$60\ g \cdot L^{-1}$	$180\ g \cdot L^{-1}$
ZnO	$12\ g \cdot L^{-1}$	$12\ g \cdot L^{-1}$	$12\ g \cdot L^{-1}$
JW－500	$10\ mL \cdot L^{-1}$	$10\ mL \cdot L^{-1}$	$10\ mL \cdot L^{-1}$

2. 阴极试片前处理

阴极试片使用前，必须按照以下方法进行化学除油，并进行盐酸活化、水洗、滤纸擦拭试片表面后用冷风吹干。

(1) 化学除油

溶液组成：

氢氧化钠(NaOH)　　　　$80\ g \cdot L^{-1}$

碳酸钠(Na_2CO_3)　　　　$40\ g \cdot L^{-1}$

磷酸三钠($Na_3PO_4 \cdot 12H_2O$)　　$20\ g \cdot L^{-1}$

硅酸钠(Na_2SiO_3)　　　　　　　　8 g·L^{-1}

工艺条件：

温度　　　　　　　　　　　　　　80～90 ℃

时间　　　　　　　　　　　　　　油除净为止

(2) 盐酸活化

室温条件下，在 250 mL 的盐酸(1∶1)中处理约 20 s。

3. 连接电路

按照图 3.9.4、图 3.9.5 连接实验线路，设置直流电源的输出电流强度为 1 A、2 A、3 A 时，分别做三种溶液的赫尔槽实验，电镀时间分别为 10 min，5 min 和 3 min。

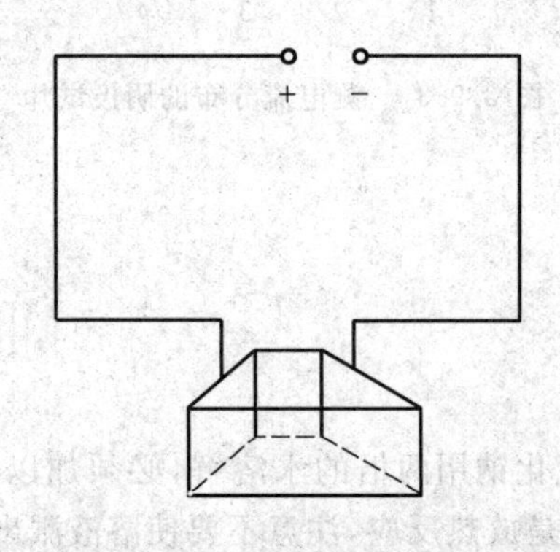

图 3.9.4　赫尔槽实验线路图

图 3.9.5　赫尔槽实验实物图

4. 测定并记录数据

按图 3.9.6 接好线路，电流强度为 1 A，分别测定各点电流，记录数据。

5. 实验完毕

做完各实验后清理实验台。

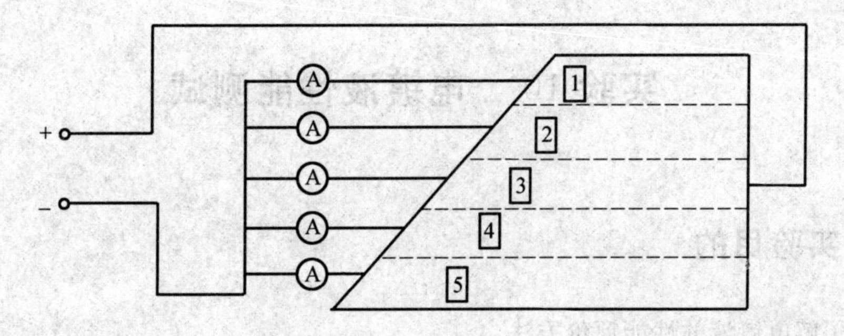

图 3.9.6　测定赫尔槽阴极电流二次分布接线示意图

五、数据处理及分析

(1) 观察电沉积后的阴极试片外观，并用绘图符号记录相应部位，如图 3.9.7 所示。

(2) 根据记录绘出不同锌碱比的赫尔槽试片的比较图。

(3) 根据记录绘出 i_c-L 的关系曲线。

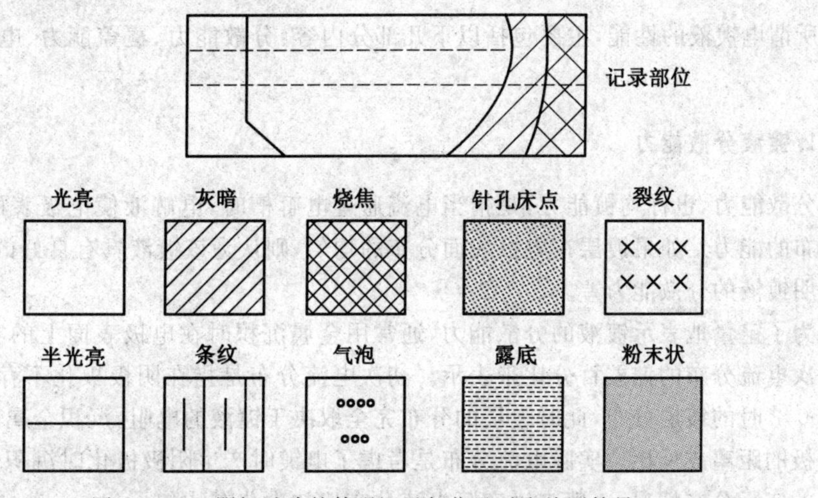

图 3.9.7　阴极试片的外观记录部位及对应绘图符号

六、思考题

(1) 赫尔槽如何测试镀液的分散能力？

(2) 影响碱性镀锌溶液的光亮区的影响因素都有什么？

实验10 电镀液性能测试

一、实验目的

(1) 了解电镀液的性能评价方法。

(2) 掌握采用库仑计测定电流效率的方法，了解电镀液电流效率与电流密度之间的关系。

(3) 掌握远近阴极法测定分散能力的方法。

(4) 掌握内孔法测试覆盖能力的方法。

二、实验原理

所谓电镀液的性能，主要包括以下几部分内容：分散能力、覆盖能力、电流效率、整平能力。

1. 镀液分散能力

分散能力，也称均镀能力，是指当电流通过电解槽时，电解液使电极表面镀层厚度均匀分布的能力。如果镀层在电极表面分布的均匀，则认为该镀液具有良好的分散能力，反之说明镀液的分散能力差。

为了定量地表示镀液的分散能力，通常用金属沉积时在电极表面上的实际电流分布与初次电流分布的偏差百分比来表示。初次电流分布是指在阴极极化不存在、电流效率为100%时的镀层分布，此时镀层的分布完全取决于镀液的电阻，沉积金属的质量与该点距阳极的距离成反比。实际电流分布是考虑了电镀时产生阴极极化时沉积金属在电极表面上的实际分布情况，一般来说实际电流分布比初次分布均匀。

测定分散能力的方法有远近阴极法、弯曲阴极法和赫尔槽法。远近阴极法由Haring和Blum首先提出，可以直接研究电流或还原金属在电极表面上的分布，设备简单，操作方便，数据重现性好，目前应用最广泛。本实验采用远近阴极法测定碱性镀锌液的分散能力，装置示意图如图3.10.1所示。该测试方法是在矩形槽中放入两个尺寸相同的金属平板做阴极，在两阴极之间放入与阴极尺寸相同的带孔阳极，并使两个阴极距离不同，两个阴极距离阳极的距离比值可为2∶1或5∶1。电镀完毕后以两阴极的增重来判断金属分布的情况。

该方法测定分散能力的计算公式见式(3.10.1)：

$$T=\frac{K-\frac{\Delta M_{近}}{\Delta M_{远}}}{K-1}\times 100\% \tag{3.10.1}$$

式中　T—— 分散能力(%)；

$\Delta M_{近}$ —— 近阴极电镀后的增重(g)；

$\Delta M_{远}$ —— 远阴极电镀后的增重(g)；

K—— 远阴极与阳极距离和近阴极与阳极距离之比，相当于初次电流分布。

影响分散能力的因素很多，由于实际电流分布是受溶液电导率和电极极化两种因素控制，因此一切影响镀液电导率和极化的因素，都会影响分散能力。如电流密度、镀液成分、各成分的浓度、镀液的 pH 值、温度等。除此之外，几何因素也严重影响分散能力，如镀槽的形状、电极的形状及尺寸、电极之间的相对位置等。因此，分散能力虽然是镀液的特殊性质，但必须在几何因素完全相同的情况下，进行比较才具有意义。当分散能力表示镀液性质时，必须注意实验条件和所选用的计算公式。

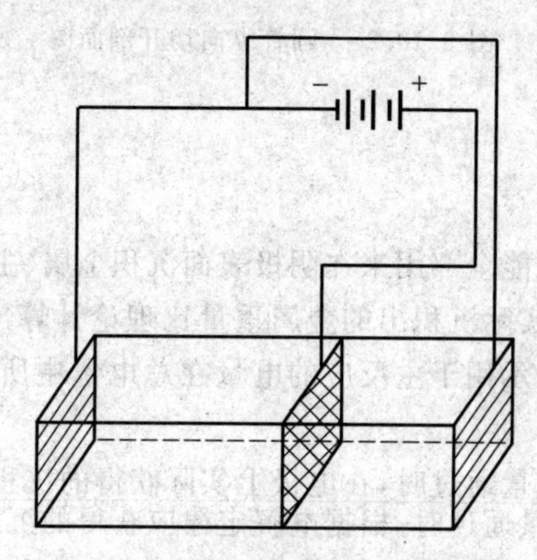

图 3.10.1　分散能力测定接线图

2. 镀液覆盖能力

覆盖能力，也称为深镀能力，是指镀液所具有的使镀件深凹处沉积上镀层的能力。镀液的分散能力重在说明镀层均匀分布程度，而覆盖能力则强调深凹处有无镀层的问题。只要零件各处都有镀层，就认为覆盖能力好。实际生产中，镀液分散能力和覆盖能力具有平行关系，镀液分散能力好，其覆盖能力也好；而覆盖能力好的镀液一般分散能力也好。

镀液覆盖能力的测定方法有内孔法、直角阴极法和凹穴法。其中，最常用的是内孔法，采用该方法测试覆盖能力步骤如下：

采用内径为Φ10 mm×50 mm 或Φ10 mm×100 mm 的圆管(一般用铁、铜、黄铜管)作为阴极。开始试验时，将圆管水平放入槽中，其两端垂直于阳极，端口与阳极距离为 50 mm。通常电镀时间为 10 ～ 15 min。电镀完成后，将圆管取出并纵向切开，如图 3.10.2 所示，观察内孔镀上的镀层的长度，即可评定覆盖能力 C，见式(3.10.2)。

$$C=\frac{h}{d} \tag{3.10.2}$$

式中　h—— 镀入深度；

d—— 圆管直径。

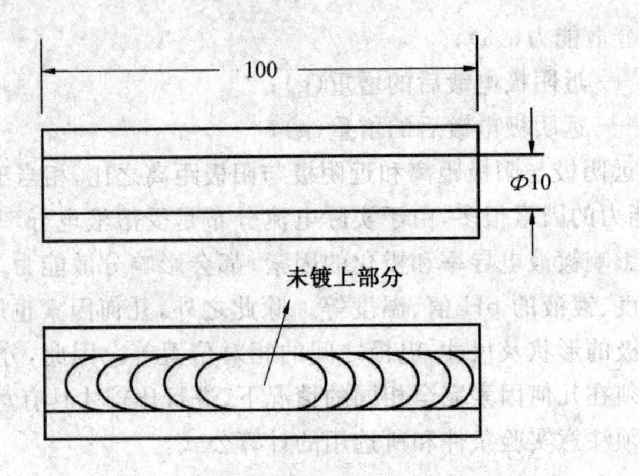

图 3.10.2　圆管纵向切开剖面图

3. **电流效率**

(1) 电流效率定义。

电镀时，由于电流不可能全部用来在阴极表面沉积金属(主反应)，总伴有副反应的发生(如氢气的析出)。所以实际沉积出的金属重量比理论计算出的重量要低一些，于是提出了电流效率的概念，以表示用于主反应的电量在总电量中所占的百分数。通常可将电流效率定义如下：

$$电流效率=\frac{一定电量通过时，在电极上实际获得的沉积金属质量}{同一电量通过时，根据电解定律应获得的沉积金属质量}\times 100\%$$

其中，电极上沉积金属的实际重量可直接由通电前后增加的重量来确定，而通过电极的总电量则可以通过串联一个库仑计来测定。提高电极的电流效率能节约大量电能和提高劳动生产率，有很大的实际意义。

(2) 库仑计。

在法拉第定律的基础上，可以根据电解过程中电极上析出产物的量(质量或体积) 来计量电路中所通过的电量，这种测量电量的仪器称为电量计或库仑计。为了提高测量的准确性，要求库仑计具备以下条件：① 电极反应中没有副反应，电流效率为 100%；② 电解槽中没有漏电现象；③ 电极上析出的物质能全部收集起来而无任何损失。

库仑计有多种类型，如碘库仑计、气体库仑计和重量库仑计。在实验室中常用的是重量库仑计，即根据电极上析出金属的重量来计算电量，如银库仑计和铜库仑计。精密的银库仑计的精确度可达 0.005%；铜库仑计的精确度可达 0.1% ～ 0.05%。虽然铜库仑计不十分精确，但使用比较方便，故它仍然得到了最广泛的应用。

影响铜库仑计精确度的主要原因是在阴极上析出的 Cu 较活泼，易与电解液中的 Cu^{2+} 反应生成为 Cu^{+}，即 $Cu+Cu^{2+}\longrightarrow Cu^{+}$，这样就减少了阴极上实际析出金属 Cu 的质量，而根据 Cu 的质量换算出来的电量自然比实际通过的电量少，如果在电解液中加入乙醇，则可以大大减弱这种副反应。

铜库仑计就是根据电解槽中阴极上沉积出来的金属铜的质量，来计算通过电解槽的电量。它通常采用玻璃仪器，其中放有三个极片，靠边的两个为阳极(纯铜片)，中间的一个为阴极，材料为铜片或预先镀上一层铜的铝片。铜库仑计的阴极应放在两个阳极之间的等距离处，并尽可能与阳极平行。

铜库仑计所用的电解液成分为每100 g水中溶有15 g $CuSO_4 \cdot 5H_2O$、5 g H_2SO_4 和5 g乙醇。工作时，电流密度维持在0.2～2 $A \cdot dm^{-2}$。

三、实验仪器、药品及材料

(1) 仪器：直流电源，精密电子天平，冷风机。

(2) 药品：$CuSO_4$，H_2SO_4，乙醇，ZnO，NaOH，镀锌添加剂JW－500，蒸馏水。

(3) 材料：矩形槽1个(有机玻璃制成，内腔尺寸150 mm×50 mm×70 mm)，铜阳极2片，锌阳极2片，铜阴极1片，不锈钢阴极1片，孔状锌阳极1块(如图3.10.2所示：宽52 mm，高80 mm以上)，单面覆铜板阴极2片(50 mm×80 mm×0.5 mm)，导线若干，Φ10 mm×100 mm的铜管，烧杯2个(1 000 mL)。

四、实验步骤

1. 镀液分散能力测试

(1) 按照实验9所示碱性镀锌液的配制方法准备1 L镀液。

(2) 将阴极试片按照赫尔槽实验试片前处理方法进行处理，最后用电子天平精确称重。分别记录两试片的重量，注意不可将两试片弄混淆。

(3) 用直尺量出试片的尺寸，计算工作面积，确定出电流密度分别为1 $A \cdot dm^{-2}$、2 $A \cdot dm^{-2}$、4 $A \cdot dm^{-2}$时的电流值。

(4) 将多孔锌阳极洗净后放入槽中相应位置，本实验分别取 $K=2$ 和 $K=5$。

(5) 将两阴极试片放入镀槽的两端，加入配好的碱性镀锌溶液。

(6) 按图3.10.1接好线路，电流密度为1 $A \cdot dm^{-2}$条件下电镀15 min。将两阴极试片取出，冲洗干净，用滤纸吸干水分，再用冷风彻底吹干，在电子天平上称重，记录数据。

(7) 重复以上实验，再分别做出电流密度2 $A \cdot dm^{-2}$、4 $A \cdot dm^{-2}$的试验数据。

(8) 实验结束后，清理实验台。将阳极冲洗干净后泡在蒸馏水中保存。

2. 镀液覆盖能力测试

(1) 按照实验9所示碱性镀锌液的配制方法准备1 L镀液。

(2) 将铜管的内外表面打磨光滑，进行除油、盐酸活化，水平挂入电解池内，与锌阳极垂直(图3.10.3)，加入配好的碱性镀锌溶液。电流密度为2 $A \cdot dm^{-2}$条件下电镀15 min。注意：内外表面积均需要计算在内。

(3) 将铜管取出，冲洗干净，用滤纸吸干水分，再用冷风彻底吹干。纵向切开，观察内孔镀上的镀层的长度，并记录。

(4) 实验结束后，清理实验台。将阳极冲洗干净后泡在蒸馏水中保存。

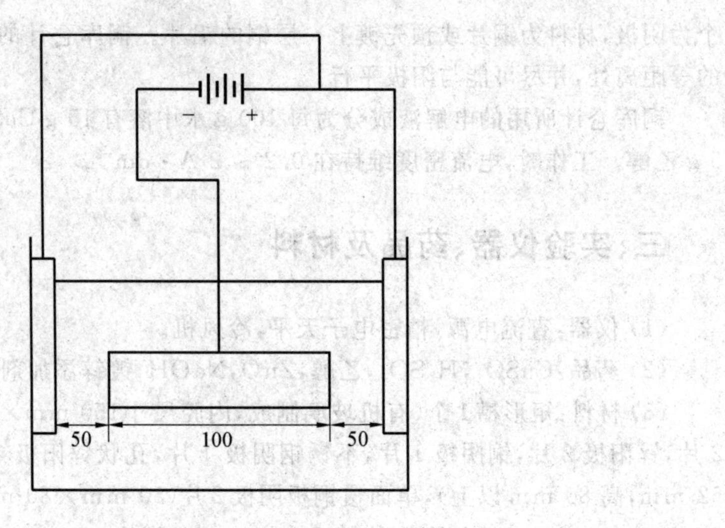

图 3.10.3　覆盖能力测定接线图

3. **镀液电流效率测试**

(1) 按照赫尔槽实验所示方法配制 1 500 mL 碱性镀锌液。

(2) 按照图 3.10.4 连接好线路及装置。

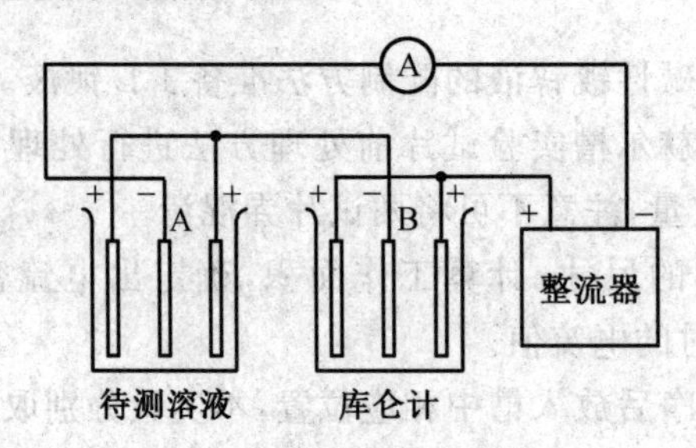

图 3.10.4　电流效率测试装置

(3) 测量前将库仑计的铜阴极试片 B 和待测溶液槽中不锈钢阴极试片 A 进行前处理,方法参见赫尔槽试片前处理,冷至室温并准确称重,将数据记录在实验表格中。

(4) 将两个阴极分别放在库仑计和待测镀槽的中部,使其与阳极平行。将电流密度分别调整为 1 $A \cdot dm^{-2}$、2 $A \cdot dm^{-2}$ 和 4 $A \cdot dm^{-2}$,通电电镀。电镀时间分别为 40 min、20 min 和 10 min。

(5) 停止电镀,取出试片 A、B,洗净、烘干,冷至室温再准确称重,将数据记录在表格中。

(6) 实验完毕,打扫实验台。

五、数据处理及分析

1. 电流效率

(1) 实验数据记录见表 3.10.1。

表 3.10.1　实验数据记录表

电流密度 /(A·dm^{-2})	库仑计中电极质量 /g			待测镀槽中电极质量 /g			电流效率 /%
	镀前	镀后	增重	镀前	镀后	增重	
1							
2							
4							

(2) 电流效率的计算。

阴极电流效率可按式(3.10.3)计算

$$\eta_k = \frac{a \times 1.186}{b \times k} \times 100\% \tag{3.10.3}$$

式中　η_k—— 阴极电流效率(%)；

a—— 待测溶液中阴极试片 A 实际增重(g)；

b—— 铜库仑计上阴极试片 B 的实际增重(g)；

k—— 待测溶液槽中阴极上析出物质的电化学当量(g·A^{-1}·h^{-1})；

1.186—— 铜的电化当量(g·A^{-1}·h^{-1})。

注:本实验待测溶液为碱性镀锌液,锌的电化当量为 1.22 g·A^{-1}·h^{-1}。

2. 覆盖能力

根据铜管按照式(3.10.2)计算镀液覆盖能力。

3. 分散能力

(1) 将所测得的实验结果记录在表 3.10.2 中。

(2) 根据所测数据计算 K 值及不同电流密度下的分散能力。

(3) 绘出分散能力与电流密度的关系曲线,分析实验结果。

表 3.10.2　电镀溶液分散能力测定记录表

镀液编号	试片编号		远近阴极比 K	电流 /A	电镀时间 /min	镀前试片 /g		镀后试片 /g		试片增重 /g		分散能力 /%
	远阴极	近阴极				远阴极	近阴极	远阴极	近阴极	远阴极	近阴极	

六、思考题

(1) 结合电镀课程所学知识,分析影响镀液分散能力的因素有哪些。
(2) 结合实验结果分析镀液电流效率与电流密度之间的关系。
(3) 碱性镀锌体系中有哪些可能导致电流效率下降的副反应?
(4) 结合电镀课程所学知识,分析影响镀液覆盖能力的因素有哪些。

实验 11　电镀锌的设计及工艺

一、实验目的

(1) 了解电镀工艺的工程设计中应有哪些主要工序。
(2) 了解锌酸盐镀锌层的影响因素。
(3) 掌握锌酸盐镀锌的工艺流程。
(4) 掌握在低碳钢基体上实施锌酸盐镀锌的工艺。

二、实验原理

1. 镀锌简介

锌是一种银白色的两性金属,即可与酸反应,又可与碱反应。锌的密度为 7.17 $g \cdot cm^{-3}$,原子量为 65.38,熔点为 420 ℃,电化学当量为 1.22 $g \cdot (Ah)^{-1}$,标准电极电势为 −0.76 V。金属锌较脆,只有加热到 100 ～ 150 ℃ 时才有一定的延展性。

电镀锌作为一种防护性镀层,主要应用于钢铁件的电镀,据统计,电镀锌在电镀总量中占据的份额达到 60% 以上,是所有金属镀种中用量最大的金属。这是因为在地壳中锌资源丰富,价格低廉,并且锌的电极电势比铁负,对钢铁基体而言,它是阳极性镀层,能起到电化学保护作用。镀锌层的防护能力与镀层的厚度有直接关系,镀层越厚,防护性能越强。此外,镀锌层经过铬酸盐的钝化处理,能形成彩虹色、蓝白色、蓝绿色、银白色、军绿色、黑色和金黄色等多种铬酸盐转化膜(钝化膜),不但外表美观,而且大大地提高了防腐蚀性能。镀锌层经过钝化处理后,其防护性能相比于同样厚度的镀层可以提高 5 ～ 8 倍。因此,镀锌层在工业领域得到了广泛应用。

电镀锌溶液种类较多,比较常用的是碱性氰化物镀液、碱性锌酸盐镀液、酸性硫酸盐镀液等,其中氰化物镀液具有结晶细致、镀液分散能力好等优点,但是其镀液毒性大、易分解;酸性硫酸盐镀液电流效率高、沉积速度快,适合于高速电镀;碱性锌酸盐镀锌溶液结晶细致、耐蚀性好、废水处理简单、不腐蚀设备。本实验采用碱性锌酸盐体系镀锌,实现对镀锌工艺流程的设计并进行电镀。

2. 碱性锌酸盐镀锌

氧化锌在氢氧化钠中溶解，生成锌酸钠，反应式见式(3.11.1)。

$$ZnO + 2NaOH \longrightarrow Na_2ZnO_2 + H_2O \tag{3.11.1}$$

锌酸盐电离并水化：

$$Na_2ZnO_2 \rightleftharpoons Na^+ + ZnO_2^{2-} \tag{3.11.2}$$

$$ZnO_2^{2-} + H_2O \rightleftharpoons [Zn(OH)_4]^{2-} \tag{3.11.3}$$

锌酸盐镀锌的阴极反应包含前置转化步骤和放电步骤，反应式见式(3.11.4)～(3.11.7)：

$$[Zn(OH)_4]^{2-} \rightleftharpoons Zn(OH)_3^- + OH^- \tag{3.11.4}$$

$$Zn(OH)_3^- \rightleftharpoons Zn(OH)_2 + OH^- \tag{3.11.5}$$

$$Zn(OH)_2 \rightleftharpoons Zn + 2OH^- \tag{3.11.6}$$

$$2H_2O + 2e^- \rightleftharpoons H_2 + 2OH^- \tag{3.11.7}$$

另外，反应过程中，阴极上还会放出氢气。

阳极的反应主要是锌阳极的电化学溶解，见式(3.11.8)：

$$Zn + 4OH^- - 2e^- = Zn(OH)_4^{2-} \tag{3.11.8}$$

$$4OH^- - 4e^- \rightleftharpoons O_2 + 2H_2O \tag{3.11.9}$$

如果阳极电势变正，还会有氧气的析出。

氧化锌在镀液中起到主盐的作用，氢氧化钠是主要配位剂，氢氧化钠的含量略高有利于配离子的稳定，提高阴极极化，使金属结晶细致。但是如果含量过高，锌阳极溶解太快，造成溶液不稳定，镀层粗糙。实践证明，锌碱比为1∶10时，镀层的性能最好。

添加剂在电镀过程中起到重要作用，以DE添加剂为例，电镀过程中，通常是先定向吸附在阴极表面，对金属离子或配离子放电起到阻碍作用，提高阴极极化，使镀层结晶细致。当阴极电势足够负时，添加剂会产生脱附，防止夹杂在镀层中，使镀层发脆。

3. 实验设计中可参考的工艺

表3.11.1为部分锌酸盐电镀锌工艺的溶液组成及工艺条件，表3.11.2为低铬钝化工艺的溶液组成及工艺条件，同学可在实验时参考和使用。

表3.11.1　部分锌酸盐电镀锌工艺的溶液组成及工艺条件

成分及工艺条件	1	2	3	4
氧化锌(ZnO)/($g \cdot L^{-1}$)	8～12	8～12	8～12	8～12
氢氧化钠($NaOH$)/($g \cdot L^{-1}$)	100～120	100～120	100～120	100～120
酒石酸钾钠($KNaC_4H_4O_6 \cdot 4H_2O$)/($g \cdot L^{-1}$)	—	—	—	2～4
EDTA·2Na/($g \cdot L^{-1}$)	—	4～6	—	—
DPE－Ⅲ/mL	—	—	6～8	6～8

续表3.11.1

成分及工艺条件	1	2	3	4
906 光亮剂 /mL	—	—	6 ~ 8	6 ~ 8
DE 添加剂 /mL	6 ~ 8	6 ~ 8	—	—
香草醛 /($g \cdot L^{-1}$)	0.05 ~ 0.1	0.05 ~ 0.1	—	—
温度 /℃	20 ~ 30	20 ~ 30	20 ~ 30	20 ~ 30
电流密度 /($A \cdot dm^{-2}$)	1 ~ 4	1 ~ 4	1 ~ 4	1 ~ 4

表 3.11.2　低铬钝化工艺的溶液组成及工艺条件

成分及工艺条件	1	2	3
铬酐 /($g \cdot L^{-1}$)	4 ~ 6	4 ~ 6	4 ~ 6
硫酸(H_2SO_4)/mL	0.3 ~ 0.5	0.2 ~ 0.4	0.3 ~ 0.5
硝酸(HNO_3)/mL	2 ~ 4	2 ~ 4	2 ~ 4
冰醋酸(CH_3COOH)/mL	—	4 ~ 6	—
高锰酸钾($KMnO_4$)/mL	—	—	0.1 ~ 0.2
pH	0.8 ~ 1.3	0.8 ~ 1.3	0.8 ~ 1.3
温度	室温	室温	室温
时间 /s	5 ~ 10	5 ~ 10	5 ~ 10

其他各工序的实施方案

(1) 化学除油。

溶液组成：

氢氧化钠(NaOH)	80 $g \cdot L^{-1}$
碳酸钠(Na_2CO_3)	40 $g \cdot L^{-1}$
磷酸三钠($Na_3PO_4 \cdot 12H_2O$)	20 $g \cdot L^{-1}$
硅酸钠(Na_2SiO_3)	8 $g \cdot L^{-1}$

工艺条件：

温度	80 ~ 90 ℃
时间	油除净为止

(2) 热水洗工艺条件。

温度	80 ~ 90 ℃
时间	1 min

三、实验仪器、药品和材料

(1) 仪器：直流电源，水浴锅，电子天平，磁性测厚仪，赫尔槽等。

(2) 药品：氧化锌(ZnO)，氢氧化钠(NaOH)，碳酸钠(Na_2CO_3)，磷酸三钠

($Na_3PO_4 \cdot 12H_2O$),硅酸钠(Na_2SiO_3),酒石酸钾钠($KNaC_4H_4O_6 \cdot 4H_2O$),铬酐,硫酸(H_2SO_4),硝酸(HNO_3),冰醋酸(CH_3COOH),高锰酸钾($KMnO_4$),其他药品根据自行设计情况而定。

(3) 材料:低碳钢试片(2 cm×5 cm),锌板,去离子水,烧杯,导线,称量纸,钥匙,玻璃棒等。

四、实验步骤

(1) 根据表3.11.1提供的镀液组成及工艺条件,在考虑实验室的试剂和设备情况后,确定各自的工序流程、镀液体系、各种溶液的配制方法和工艺条件,并以框图形式画出锌酸盐镀锌的工艺流程图,按工艺流程框图写出各个工序的实施方案(如:溶液组成、工艺条件等)。

(2) 根据方案,配制各工序所需的溶液。一般每组的镀液按 1 L 配制,其他溶液按 500 mL 配制。镀锌液配置方法:先将氢氧化钠用两倍的水溶解,必须加搅拌,防止氢氧化钠在底部结块。氢氧化钠的溶解过程是放热反应,注意不要使溶液溅出。待氢氧化钠全部溶解后,将事先用冷水调成糊状的氧化锌加到氢氧化钠溶液中,搅拌,直到溶液由乳白色变成浅黄色透明溶液,此时氧化锌完全与氢氧化钠配合,形成锌酸钠配合物。加水至规定体积,最后加添加剂。

(3) 按自己设计工序方案进行实验,要求如下:

① 镀液配好后,温度降至使用温度时,先作赫尔槽实验,确定阴极电流密度,并记录赫尔槽试片的情况。

② 试件必须进行前处理。

③ 根据试件面积计算需要设定的电流强度值,进行试件的电镀。电镀时间为 30 min,一次镀一个低碳钢试件,采用双阳极两面电镀。电镀时一定要保持电流恒定,电镀时间准确,以便计算电流效率和沉积速度。

④ 按工序要求完成整个工艺流程。

⑤ 取做好的试件,用磁性测厚仪测镀层的平均厚度(忽略出光和钝化对镀层的损失)。

五、数据处理及分析

(1) 按照要求绘制工艺流程图,包括从试件的前处理到彩色钝化后得到成品件的所有工序环节。检查设计的工艺流程和各工序是否合理。

(2) 列表写出所有工序的溶液组成及工艺条件。

(3) 记录和分析赫尔槽试片的状态。

(4) 分析电镀后和钝化后试件的外观质量。

(5) 记录镀层厚度值。

(6) 计算电流效率。

应用安－时法计算电流效率，采用式(3.11.10)。

$$\eta_k = \frac{m_1}{m} = \frac{\rho \cdot S \cdot d}{k \cdot I \cdot t} \times 100\% \tag{3.11.10}$$

式中　m_1—— 试件上实际沉积金属的质量(g)；

m—— 电流效率100%时，沉积金属的理论值(g)；

ρ—— 析出金属的密度($g \cdot cm^{-3}$)；

S—— 镀层面积(m^2)；

d—— 镀层厚度(μm)；

k—— 金属的电化学当量($g \cdot c^{-1}$)；

I—— 通过的电流(A)；

t—— 通过电流的时间(s)。

注意：计算时一定要统一各参数的量纲。

(7) 计算沉积速率。

采用式(3.11.11)计算沉积速率。

$$沉积速率 = d/t \tag{3.11.11}$$

式中　d—— 镀层厚度(μm)；

t—— 电镀时间(h)。

(8) 对实验过程出现的问题进行分析和讨论。

六、思考题

(1) 在碱性锌酸盐镀锌过程中，锌离子的浓度过高或者过低将对镀锌层造成怎样的影响？

(2) 温度和电流密度对碱性锌酸盐镀锌过程有什么影响？

实验12　化学镀镍工艺的设计及实验

一、实验目的

(1) 了解化学镀工艺工程设计的主要工序。

(2) 了解影响化学镀镀层的因素。

(3) 掌握化学镀镍的工艺流程。

(4) 实施化学镀镍的工艺实验。

二、实验原理

1. 化学镀与电镀的区别

化学镀也叫无电解电镀(electroless plating),在施镀的过程中,无需通电,是利用镀液中的还原剂来还原金属离子使之在电极表面沉积的镀种。化学镀反应的最大特点是在同一个电极表面进行两个反应过程,这两个过程的共存会引起热力学上的不稳定,为了防止金属在镀液中立即析出,需要添加适当的稳定剂,稳定剂可以优先吸附在杂质微粒上,防止镀液的自然分解。为了防止氢脆或孔隙,需要加入表面活性剂以促进氢复合成氢气析出。因此,相对于电镀,化学镀的镀液成分相当复杂。由于化学镀的过程是自催化的化学反应过程,镀层的厚度与反应的时间成正比,还原剂在催化活性表面上被氧化,产生游离电子可以在催化表面还原溶液中的金属离子,只要沉积出的金属层对还原剂具有催化活性就可以不断沉积出金属,因此可以从时间上调控镀层厚度。化学镀相比于电镀的最大优点是镀层厚度均匀、孔隙率低,不存在电镀过程中电流密度的不均匀而引起的镀层厚度差异。表 3.12.1 为电镀与化学镀镀液、镀层性能的比较。

表 3.12.1　电镀与化学镀镀液、镀层性能的比较

镀液与镀层的性能	电镀	化学镀
镀层沉积驱动力	电能(电压)	化学能(还原剂)
镀液的组成	比较单纯	相当复杂
溶液组成的变化	小(可溶性阳极)	大
受 pH 值影响的程度	比较小	大
受温度影响的程度	比较小	大
沉积速度	采用阴极电流密度调节,沉积速度大	受温度、pH 值的影响,沉积速度小
镀液寿命	长	短
镀层结晶	细	微小,非晶态
膜层厚度分布	不均匀	非常均匀
溶液管理	容易	严格
基体	导体	导体、非导体
成本	低	高

2. 化学镀镍原理

化学镀在表面处理领域占有很重要的位置。尤其是化学镀镍近年来发展很快,应用领域越来越广泛。通常化学镀镍用次磷酸钠作还原剂,得到的镀层是镍－磷合金镀层,根据镀层中磷含量的多少,可分为低磷、中磷和高磷化学镀镍。高磷镍－磷合金镀层是非晶态镀层,它除具备化学镀无需电镀电源、设备简单、对于各种形状的零件均可得到厚度均匀镀层的优点外，还具有镀层硬度高、耐磨性好和良好耐蚀性能的优异特性。

化学法沉积镍－磷(Ni－P)合金，是用次磷酸盐做还原剂，使金属镍离子在具有催化活性的表面沉积出Ni－P合金层。化学沉积Ni－P合金过程常用VamdemMeerakker的还原脱氢机理来解释，见式(3.12.1)～(3.12.7)。

脱氢 $$H_2PO_2^- \longrightarrow \cdot HPO_2^- + H \tag{3.12.1}$$

氧化 $$\cdot HPO_2^- + OH^- \longrightarrow H_2PO_3^- + e^- \tag{3.12.2}$$

再结合 $$H + H \longrightarrow H_2 \tag{3.12.3}$$

氧化 $$H + OH^- \longrightarrow H_2O + e^- \tag{3.12.4}$$

金属析出 $$Ni^{2+} + 2e^- \longrightarrow Ni \tag{3.12.5}$$

析氢 $$2H_2O + 2e^- \longrightarrow H_2 + 2OH^- \tag{3.12.6}$$

磷析出 $$mNiL_2^{2+} + H_2PO_2^- + 2(m+1)e^- \longrightarrow Ni_mP + 2mL + 2OH^- \tag{3.12.7}$$

式(3.12.7)中，L表示配合物，该反应过程中金属的析出以及析氢为竞争反应，由反应的金属与还原剂的特性决定。因此，在反应过程中，除了Ni－P合金沉积，还有H_2析出。

3. **酸性化学镀镍的镀液组成**

(1) 镍盐：由于硫酸镍的价格低廉且纯度较高，因此被认为是酸性化学镀镍的最佳选择。镍离子的浓度直接影响镀速和镀层中的磷含量，如图3.12.1所示。镍离子浓度太低，反应速度较低，磷含量不稳定；镍离子浓度太高，会降低镀液的稳定性，容易形成粗糙的镀层，甚至诱发镀液的瞬间分解，析出海绵状镍。

(2) 还原剂：提供还原镍离子所需的电子，是镀液的主要成分。酸性化学镀镍的还原剂主要为次磷酸盐。在一定范围内沉积速度与次磷酸根的浓度成正比(图3.12.2)，Ni^{2+}与$H_2PO_2^-$的摩尔比低(<0.25)，镀层呈现褐色；摩尔比高(>0.6)，镀速慢，镀层磷含量下降。

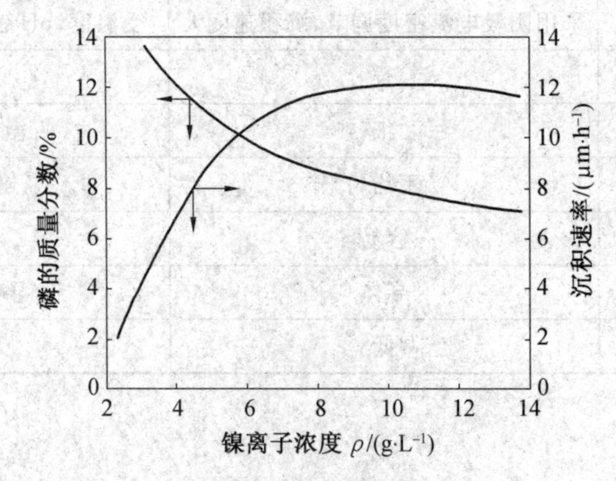

图 3.12.1　镍离子对镀速及磷含量影响

(3) 缓冲剂：由于化学镀伴随着氢气的析出，缓冲剂主要用于维持镀液的pH值，防止大量析氢导致pH值下降过快。

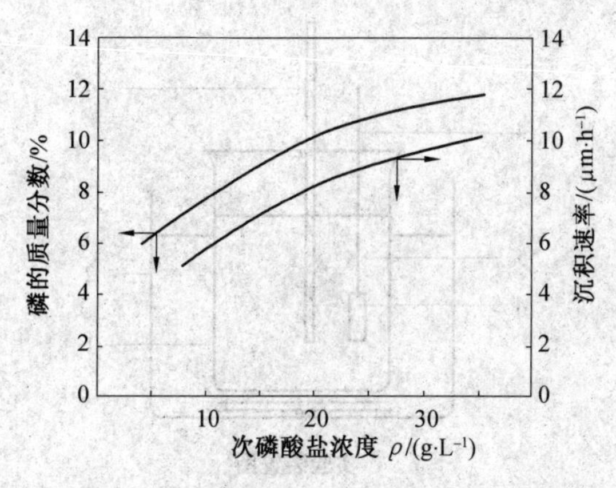

图 3.12.2　次磷酸盐对镀速及磷含量影响

(4) 配位剂：主要与镍离子进行配合，降低游离镍离子浓度，提高镀液的稳定性。例如：镀液中没有配位剂的情况下，镍离子会在高 pH 环境（$pH > 6$）发生水解反应生成氢氧化镍沉淀。

(5) 稳定剂：在镀液受到污染、pH 值升高等异常状况下，镀液会自发分解生成金属镍颗粒，使镀液失效。稳定剂可以推迟或者阻止镀液的自发分解。

(6) 促进剂：镀液中配位剂和稳定剂往往使沉积速度下降，促进剂可以使次磷酸盐分子中的氢和磷之间的键变弱，促进氢在催化表面的移动和吸附，起到增加镀速的作用。

化学镀镍的镀层根据磷含量的多少可以分为低磷镀层（磷含量1% ～ 4%）、中磷镀层（5% ～ 8%）和高磷镀层（9% ～ 12%）。目前最常用的是中磷化学镀镍，本实验以中磷化学镀镍为例，通过对化学镀镍工艺的工程设计和操作，达到实验目的。化学镀镍的影响因素较多，本实验重点研究 pH 值、温度对镀速的影响，以及施镀时间对镀层质量的影响。

三、实验仪器、药品及材料

(1) 仪器：恒温水浴锅，电子天平，pH 计。

(2) 药品：盐酸，硫酸镍，次磷酸钠，蒸馏水，清洗剂 YB－5（$100\ g \cdot L^{-1}$），铁氰化钾，亚铁氰化钾，氯化钠，醋酸钠，乳酸，硫酸，氨水，其他药品根据自行设计情况而定。

(3) 材料：50 mm×20 mm×0.5 mm 低碳钢试片或镀锌铁片（数量根据设计确定），烧杯，量筒，温度计，钥匙，吸管，滤纸，称量纸，挂具。

四、实验步骤

1. 工艺设计

化学除油（清洗剂 YB－5 $100\ g \cdot L^{-1}$，配 250 mL，40 ～ 50 ℃，油除净为止）→ 自来水洗 → 盐酸活化 → 自来水洗 → 蒸馏水洗 → 化学镀镍 → 自来水洗 → 吹干。

前处理过程要求除油、除锈彻底，以保证镀层具有良好的结合力。

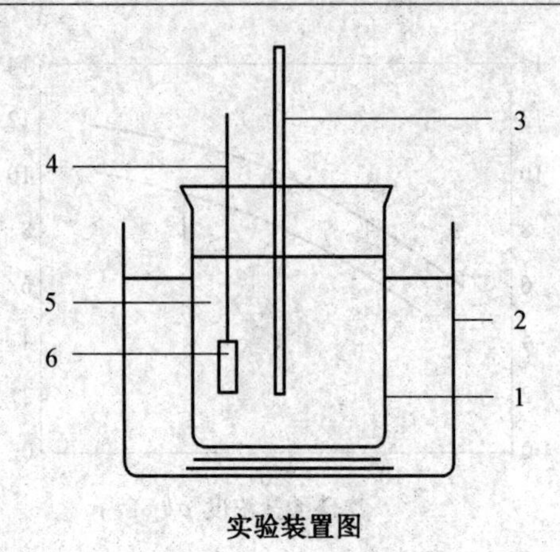

图 3.12.3　实验装置图

1— 玻璃杯；2— 恒温水浴锅；3— 温度计；4— 塑料挂具；5— 镀液；6— 镀件

学生自己确定各工序溶液的配方、溶液的配置方法和工艺条件（主要工序从实验讲义提供的参考工艺中选取，其他工序查阅资料确定），并按工艺流程图写出工序的实施方案（如：溶液组成、工艺条件等）。化学镀镍工艺的溶液组成及工艺条件见表 3.12.2。检查设计的工艺流程和各工序是否合理。

表 3.12.2　化学镀镍工艺的溶液组成及工艺条件

成分 /($g \cdot L^{-1}$) 及工艺条件	1	2	3
硫酸镍 /($g \cdot L^{-1}$)	28 ～ 32	25 ～ 30	…
次磷酸钠 /($g \cdot L^{-1}$)	25 ～ 30	25 ～ 32	…
醋酸钠 /($g \cdot L^{-1}$)	20	20	…
乳酸 /($mL \cdot L^{-1}$)	20	20	…
添加剂 /($mL \cdot L^{-1}$)		10	…
pH 值	4.2 ～ 4.8	4.2 ～ 4.8	…
温度 /℃	80 ～ 90	80 ～ 90	…

2. 溶液的配置

在烧杯中加入所需总体积的 2/3 的蒸馏水，加入计算量的硫酸镍、pH 缓冲剂（如醋酸钠）、络合剂（如乳酸等），搅拌使其溶解；在搅拌下加入次亚磷酸钠，全部溶解后加入其余成分，调节 pH 值（用氨水或稀硫酸），并加蒸馏水至所需体积，搅拌均匀，按照装置图（图 3.12.3）所示开展实验。

3. 温度、pH 值对沉积速度的影响

(1) 温度对镀速的影响。

配制 0.5 L 镀液，调 pH 至 4.8，在 2 只 250 mL 烧杯中各置入 250 mL 配好的镀液，分别在恒温水浴锅中加热到 80 ℃、90 ℃，控制温度 ±2 ℃，各挂入经过前处理并称重过的试片1片，计时，0.5 h后取出，洗净、吹干、称重，计算沉积速度($g\cdot m^{-2}\cdot h^{-1}$)。

(2)pH对镀速的影响。

配制0.5 L镀液，在2只250 mL烧杯中各置入250 mL配好的镀液，分别将pH值调整为4.2和4.8，在恒温水浴锅中加热到90 ℃，控制温度±2 ℃，各挂入经过前处理并称重过的试片1片，0.5 h后取出，洗净、吹干、称重，计算沉积速度($g\cdot m^{-2}\cdot h^{-1}$)。

4.施镀时间对镀层孔隙率的影响

(1)配制0.5 L镀液，调pH至4.8。在恒温水浴锅中加热到90 ℃，控制温度±2 ℃，挂入经过前处理的试片2片，每隔30 min取出一片，洗净、吹干后，测孔隙率。

(2)镀层孔隙率测定采用GB 5935—86贴滤纸法：按铁氰化钾10 $g\cdot L^{-1}$，亚铁氰化钾10 $g\cdot L^{-1}$，氯化钠10 $g\cdot L^{-1}$配制100 mL检测溶液。室温下将浸有检测液的滤纸贴于干净的试样表面5 min，检测液通过孔隙与基体金属发生化学反应，生成有明显色差的化合物，渗透到滤纸上，呈现出有色斑点(钢铁基体为蓝色点)，根据斑点数确定孔隙率(斑点数/cm^2)。

五、数据处理及分析

(1)记录试片施镀前后的质量变化，并计算镀层沉积速度。分析pH值、温度对镀层沉积速度的影响规律，并讨论原因。镀层沉积速度的计算方法见式(3.12.8)。

$$v=\frac{m_2-m_1}{St} \tag{3.12.8}$$

式中 v——镀层沉积速率($g\cdot m^{-2}\cdot h^{-1}$)；

m_1——镀前试片质量(g)；

m_2——镀后试片质量(g)；

S——镀层面积(m^2)；

t——电镀时间(h)。

(2)分析化学镀层的外观质量以及施镀时间对镀层孔隙率的影响。镀层孔隙率计算方法见式(3.12.9)。

$$\text{孔隙率}=n/S \tag{3.12.9}$$

式中 n——孔隙斑点数(个)；

S——被测表面积(cm^2)。

在计算孔隙率时，对斑点直径的大小作如下规定：斑点直径在1 mm以下，一个点按一个孔隙计，斑点直径在1～3 mm以内，一个点按3个孔隙计；斑点直径在3～5 mm以内，一个点按10个孔隙计。

(3)对实验过程出现的问题进行分析和讨论。

六、思考题

(1)在化学镀过程中，影响金属催化活性的因素有哪些？

(2) 除了酸性化学镀镍外，还有哪些类型化学镀镍，各自优缺点是什么？

(3) 电镀过程中镀层表面析出氢气会导致镀液 pH 值升高，而化学镀镍过程中镀层表面也析出氢气，但却导致镀液的 pH 值降低，为什么？

实验 13　电镀 Ni/Al_2O_3 纳米复合材料层的制备及其性能表征

一、实验目的

(1) 掌握纳米复合镀层 Ni/Al_2O_3 的制备方法。

(2) 掌握 Ni/Al_2O_3 复合镀层的显微硬度测试方法。

(3) 了解 Ni/Al_2O_3 纳米复合镀层中 Al_2O_3 纳米颗粒对镀层硬度的影响规律。

二、实验原理

1. 复合镀定义

复合镀技术是 20 世纪 70 年代发展起来的一种新的电镀技术，是将一种或数种不溶性固体颗粒加入到镀液中，经过搅拌使之均匀地悬浮于镀液中，使固体颗粒与金属离子共沉积而形成复合镀层的一种沉积技术。由基质金属和第二相颗粒构成的复合镀层兼有基质金属和复合微粒的双重优点。

2. 固体颗粒尺寸对复合镀的影响

近年来，随着纳米技术和纳米材料的发展，复合颗粒尺寸对复合镀层的影响越来越引起研究者的重视。纳米微粒的粒径一般在 1 ～ 100 nm 之间。当粒子尺寸进入纳米量级时，由于小尺寸效应、表面效应、量子尺寸效应和宏观量子隧道效应使纳米颗粒表现出与大块材料显著不同的特殊的力学、热学、光学、磁学和电学性质。研究表明，随着复合颗粒尺寸的减小，尤其是达到纳米级，形成纳米复合镀层时，镀层的各种性能大大提高。但由于纳米颗粒的高表面能，使其极易在镀液中发生团聚，并最终导致复合镀层中颗粒以团聚状态存在，而团聚态的纳米颗粒也将失去其特有的物理化学性能。因此，使纳米颗粒在镀液中以及镀层中以均匀分散状态存在是纳米复合镀技术的关键之一。

3. 纳米颗粒的分散

目前，解决纳米粉体在镀液中的团聚问题常用的分散方法有机械搅拌、空气搅拌、超声分散等物理分散方式和添加分散剂的化学分散方式。

机械搅拌和空气搅拌是借助外界剪切力或撞击力等机械能使纳米粒子在介质中充分

分散，并保持悬浮状态的一种方法。这也是复合镀中最广泛使用的一种方法。超声分散是将需要处理的颗粒悬浮液置于超声场中，用适当功率和频率的超声波加以处理。超声波产生的机械扰动效应和空化效应可以抑制镀液中纳米粒子的团聚，提高镀液扩散传质效率，加速纳米粒子与基质金属离子共沉积，使纳米粒子均匀分散在镀层中。虽然物理方法可以实现纳米颗粒在镀液中的均匀分散，然而一旦机械作用停止，纳米颗粒又会相互聚集团聚。

化学分散方式是在含有纳米颗粒的悬浮液中加入分散剂，使其在颗粒表面吸附，改变颗粒表面的性质，从而改变颗粒与液相介质、颗粒与颗粒间的相互作用，与物理分散方式相比，这种抑制纳米颗粒团聚的作用更为持久。

目前常用的分散剂主要有小分子表面活性剂（十二烷基苯磺酸钠、十六烷基三甲基溴化铵等）、高分子聚合物表面活性剂（阿拉伯胶、聚乙二醇、聚丙烯酰胺、聚乙烯吡咯烷酮等）和超分散剂等。当镀液中加入阳离子表面活性剂时，阳离子表面活性剂在纳米颗粒表面吸附，使纳米颗粒表面带有正电荷。一方面，纳米颗粒间的静电斥力增大，抑制了纳米颗粒间的团聚，另一方面，带正电荷的纳米颗粒有利于加快其在电场作用下向阴极运动，使镀层中纳米颗粒的复合量增多。高分子聚合物表面活性剂一般能够吸附在纳米颗粒的表面，增大纳米颗粒的体积，从而阻碍纳米颗粒的团聚。超分散剂是一种特殊的表面活性剂，分子结构由锚固基团和溶剂化链两部分组成，它们可通过离子键、共价键、氢键及范德华力等相互作用紧紧地吸附在固体颗粒表面，防止超分散剂脱附。溶剂化链在极性匹配的分散介质中具有良好的相容性，在分散介质中采取比较伸展的构象，在固体颗粒表面形成具有足够厚度的保护层。已有商品化超分散剂出售。

在纳米复合镀工艺中常将物理分散与化学分散结合起来，配制镀液时，使用各种物理方法分散纳米颗粒，防止纳米颗粒在镀液中絮凝和沉降；在镀液中加入各种分散剂促进纳米颗粒在镀液中的分散，主要利用静电排斥作用、空间位阻作用或静电－空间位阻作用，克服纳米颗粒的团聚实现纳米复合镀液的稳定化，从而达到较好的分散效果。

电镀镍是电镀工业应用最广泛的镀种之一，镀镍层具有硬度高、耐蚀、耐磨、耐热等优点。如果将 Al_2O_3 纳米颗粒复合到镀镍层中，能够大大提高镀层的硬度和耐磨性。因此，本实验采用电沉积方法制备 Ni/Al_2O_3 复合镀层，并对其性能进行表征。

三、实验仪器、药品及材料

（1）仪器：电源，水浴锅，电子天平，冷风机，硬度计。

（2）药品：硫酸镍，氯化镍，硼酸，糖精，1,4－丁炔二醇，十二烷基硫酸钠，纳米 Al_2O_3（平均粒径为 50 nm），阿拉伯胶，十六烷基三甲基溴化铵（CTAB），盐酸，氢氧化钠，碳酸钠，磷酸三钠，硅酸钠，蒸馏水。

（3）材料：2 片低碳钢试片（50 mm×30 mm×0.5 mm），镍板，烧杯，导线，称量纸，钥匙，玻璃棒。

四、实验步骤

1. 工艺流程

准备 2 片 50 mm×30 mm×0.5 mm 低碳钢试片，按照复合镀工艺流程图(图 3.13.1)进行实验。

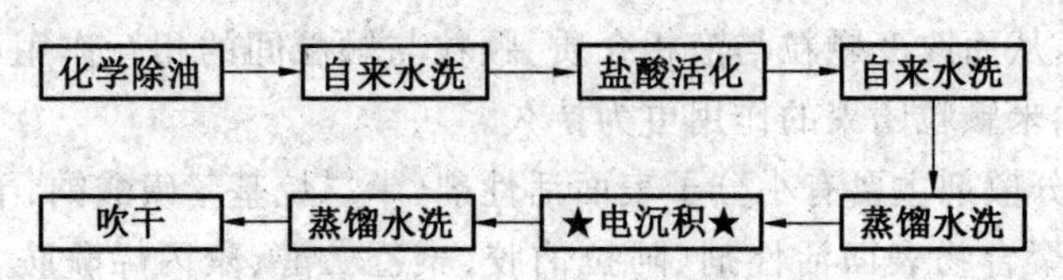

图 3.13.1　复合镀工艺流程图

前处理过程要求除油、除锈彻底，以保证镀层具有良好的结合力。

2. 化学除油

溶液组成：

氢氧化钠(NaOH)	80 g·L^{-1}
碳酸钠(Na_2CO_3)	40 g·L^{-1}
磷酸三钠($Na_3PO_4\cdot 12H_2O$)	20 g·L^{-1}
硅酸钠(Na_2SiO_3)	8 g·L^{-1}

工艺条件：

温度	80～90 ℃
时间	油除净为止

3. 盐酸活化

室温条件下，在 250 mL 的盐酸(1∶1) 中处理约 20 s。

4. 电沉积

(1) 电沉积纯 Ni 镀层。

配制 100 mL 电镀镍溶液，阴极为低碳钢试片，阳极为纯镍板。镀镍液组成及工艺条件：

$NiSO_4\cdot 6H_2O$	280 g·L^{-1}
$NiCl_2\cdot 6H_2O$	50 g·L^{-1}
H_3BO_3	45 g·L^{-1}
糖精	0.8 g·L^{-1}
1,4－丁炔二醇	0.4 g·L^{-1}
十二烷基硫酸钠	0.12 g·L^{-1}
电流密度	3 A·dm^{-2}

温度　　50 ℃
电镀时间　　40 min

(2) 电沉积 Ni/Al_2O_3 复合镀层。

另取 100 mL 的镀镍液，在其中加入 10 g · L^{-1} 的纳米 Al_2O_3(平均粒径为 50 nm)、1 g · L^{-1} 阿拉伯胶和 0.5 g · L^{-1} 阳离子表面活性剂十六烷基三甲基溴化铵(CTAB)，磁力搅拌 5 h，然后在与电镀镍相同的工艺条件下电镀 Ni/Al_2O_3 复合镀层。

5. **镀层硬度测试**(GB 5934－86)

使用显微硬度计分别测试纯镍镀层和 Ni/Al_2O_3 复合镀层的硬度。以 100 g 的压力将一锥形金刚石压头压入镀层，根据菱形压痕的对角线长度确定显微硬度值。为了保证测定镀层硬度时消除基体影响，镀层厚度应不小于 20 μm，每个试样测量 3 次，取平均值。

五、数据处理与分析

(1) 记录两种镀层的宏观形貌，并进行分析讨论。

(2) 记录两种镀层的显微硬度值，并填写入表 3.13.1，分析讨论纳米 Al_2O_3 颗粒对镀镍层硬度的影响。

表 3.13.1　镀层显微硬度测试记录表

镀层显微硬度 /HV	Ni 镀层	Ni/Al_2O_3 复合镀层
1		
2		
3		
平均值		

六、思考题

(1) 什么是镀层的显微硬度？硬度测量时需注意哪些问题？

(2) 电镀 Ni/Al_2O_3 复合镀层时，镀液中加入阿拉伯胶和十六烷基三甲基溴化铵的作用是什么？

(3) 对实验过程出现的问题进行分析和讨论。

实验 14　铝合金阳极氧化与着色

一、实验目的

(1) 掌握铝合金阳极氧化膜的生长特征。

(2) 掌握一种铝合金阳极氧化方法及着色方法。

(3) 掌握点滴实验测定耐腐蚀性的方法。

(4) 了解铝合金及其氧化膜的应用。

二、实验原理

1. 铝合金阳极氧化简介

铝合金密度小、易加工，并且可以制造成形状十分复杂的零件，因此铝合金目前已经成为工业中应用最广泛的一类有色金属结构材料，在航空、航天、汽车、机械制造、船舶及化学工业中已被大量应用。但是铝合金易产生晶间腐蚀、表面硬度低、不耐磨损。国内外都在采取各种方法对铝及其合金表面进行改性处理，以获得更加优良的性能，拓宽其应用范围。在铝的表面处理方法中，阳极氧化称得上是一种“万能”的方法。铝的阳极氧化是用铝或铝合金作阳极，用铅、碳或不锈钢作阴极，在草酸、硫酸、铬酸等溶液中电解，用该方法可得到厚而致密的氧化膜，大大提高合金的耐腐蚀性。

铝合金阳极氧化膜在工业上的应用有以下几个方面：防护性涂层；防护－装饰性；绝缘层；涂装底层；电镀、搪瓷的底层等。

2. 铝合金阳极氧化机理

氧化膜的生成是两种不同反应同时进行的结果。一种是电化学反应，析出氧与 Al^{3+} 结合，生成氧化膜，反应式见式(3.14.1)和式(3.14.2)：

$$4OH^- - 4e^- \longrightarrow 2[O] + 2H_2O \qquad (3.14.1)$$

$$2Al^{3+} + 3[O] + 4e^- \longrightarrow Al_2O_3 \qquad (3.14.2)$$

另一种是化学反应，在氧化膜/溶液界面上发生氧化膜的溶解，反应见式(3.14.3)和式(3.14.4)。

$$2Al + 6H^+ \longrightarrow 2Al^{3+} + 3H_2\uparrow \qquad (3.14.3)$$

$$Al_2O_3 + 3H_2SO_4 \longrightarrow Al_2(SO_4)_3 + 3H_2O \qquad (3.14.4)$$

只有当电化学反应速度大于化学反应速度时，氧化膜才能顺利生长并保持一定厚度。当采用恒电压阳极氧化时，铝合金氧化时的 $I-t$ 曲线如图 3.14.1 所示。

该曲线明显分为三段，曲线 ab 段为阻挡层的生成过程，曲线 bc 段为微孔萌生过程，曲线 cd 段为多孔层稳定增长阶段。各段曲线具体的生长过程如下：

(1) 曲线 ab 段：通电后在铝合金表面生成一层致密无孔的氧化膜(阻挡层)，随着致密的阻挡层生成，氧化膜的电阻增大，膜内电场逐渐减小，由于离子电流与膜内电场呈指数关系，因此氧化电流急剧下降。

(2) 曲线 bc 段：由于阻挡层膨胀，阻挡层表面变得凸凹不平，凹处的电场强度较大，电化学溶解速度快，在电场以及酸性电解液腐蚀的共同作用下，凹处的氧化膜溶解速度要比凸出的溶解速度快，这样就逐渐形成了孔穴。氧离子通过孔穴扩散，与 Al^{3+} 结合生成新的阻挡层。电化学反应又继续进行，氧化膜就能继续生长。

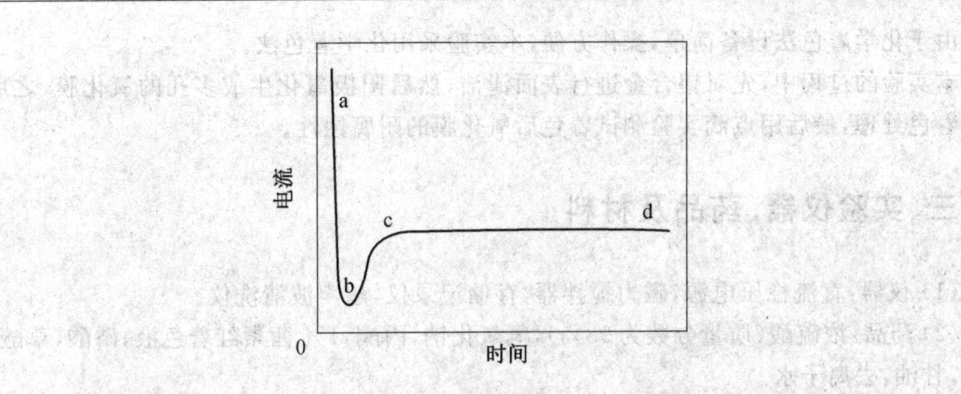

图 3.14.1　铝阳极氧化时的 $I-t$ 曲线

(3) 曲线 cd 段：在这个阶段电流趋于一个恒定值，但阳极氧化反应并没有停止，反应在 Al/ 阻挡层界面处发生。该过程中阻挡层厚度不再增加，只是多孔层稳定增厚。

3. 铝合金阳极氧化影响因素

影响铝合金阳极氧化的因素较多，主要有溶液体系、电流密度、温度、是否搅拌、氧化时间等。

(1) 溶液体系：酸的选择及酸的浓度会对氧化膜有明显的影响，常用的酸有硫酸、草酸、铬酸，酸的浓度增大会导致氧化膜的生长速度过慢，浓度太小会导致孔隙率较低。铝离子的浓度会影响电流密度、电压、膜层的耐蚀性和耐磨性。添加剂也会对膜的均匀度有很大影响。

(2) 电流密度：电流密度过高，膜的溶解加快，会造成电流分布不均匀，电流密度过低会导致膜层质量下降。

(3) 温度：温度升高，会使电解液对膜的溶解加剧，造成膜的生成率、厚度和硬度下降，耐蚀和耐磨性下降，温度过高，也会对膜的透明度有很大的影响，使着色不均匀。温度过低，氧化膜的脆性增大。

(4) 搅拌：在氧化过程中会产生较多的热量，造成电极附近溶液温度的迅速升高，将导致氧化膜的质量下降。搅拌可以一定程度上缓解温度的上升。

4. 氧化膜着色处理

铝合金阳极氧化后还可以进行着色处理，着色不仅可以美化氧化膜的外观，还能进一步提高膜的抗腐蚀性能。在工业上应用的铝及其合金阳极氧化膜着色技术主要有化学着色法和电解着色法。化学着色法是将阳极氧化后的铝制品浸渍在含有染料的溶液中，多孔层的外表面能吸附各种染料而呈现出染料的色彩。因此，配置不同的染色液，可以染成不同的色彩，具有良好的装饰效果。电解着色法是把经过阳极氧化的制件浸入含有重金属盐的电解液中，通过交流电作用，发生电化学反应，使浸入氧化膜微孔中的重金属离子被还原成为金属原子，沉积于孔底的阻挡层上而着色。由于各种电解着色液中含有的重金属离子种类不同，在氧化膜孔底阻挡层上沉积的金属种类不同，粒子大小和分布均匀度也不同，因此氧化膜会对各种不同波长的光发生选择性地吸收和反射，从而显出不同的颜色。由于化学着色法设备简单，操作方便，本实验采用化学着色法。

本实验的过程中，先对铝合金进行表面清洁，然后阳极氧化生成多孔的氧化膜，之后进行着色处理，最后用点滴实验测试着色后氧化膜的耐腐蚀性。

三、实验仪器、药品及材料

(1) 仪器：直流稳压电源，磁力搅拌器，存储记录仪，超声波清洗仪。

(2) 药品：浓硫酸(质量分数为98%)，氢氧化钠，丙酮，1%茜素红着色液，磷酸，草酸，硼酸，甘油，去离子水。

(3) 材料：铝合金或纯铝试片，石墨电极，不锈钢片，电解槽。

四、实验步骤

(1) 铝合金的表面清洁：铝合金片先浸泡在丙酮中超声除油10 min，再将试样放入质量分数为10%的NaOH中除去氧化层(5～10 min)。

(2) 阳极氧化。配制质量分数为10%～20%的硫酸溶液，将准备的材料及仪器如图3.14.2所示接好线路。在硫酸溶液中，以铝合金或纯铝试片为研究电极，石墨电极为辅助电极，打开搅拌器，工作电压设置在20 V，温度控制在18～22 ℃，阳极氧化时间为30 min，记录 $I-t$ 曲线。

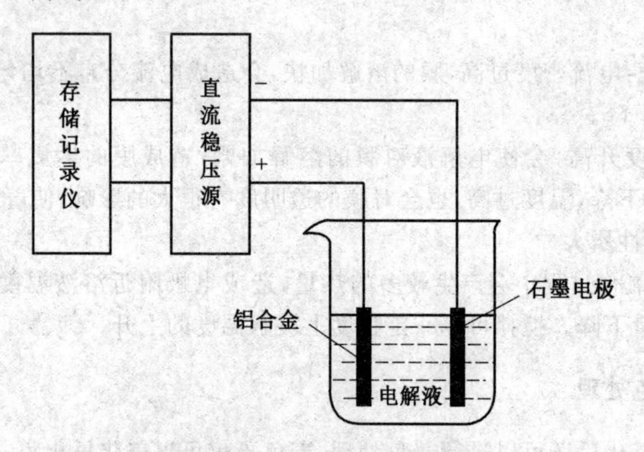

图 3.14.2　阳极氧化线路图

(3) 将阳极氧化后的铝合金用去离子水冲洗干净，放入着色液中，着色时间为5 min，水洗干燥。

(4) 重复步骤(2)，改变工作电压为10 V，阳极氧化时间均为30 min，记录 $I-t$ 曲线。同样将电镀好的铝合金用去离子水冲洗干净，放入着色液中，着色时间为5 min，水洗干燥。

(5) 耐腐蚀实验：首先配制点滴试剂100 g·L^{-1} 的NaOH溶液。用滴管在未阳极氧化及阳极氧化后的试片上滴加上述溶液，观察试片变色的时间，用秒表记录数值。重复三次，取平均值。

(6) 电解抛光。

① 配制抛光溶液：磷酸 250 mL·L^{-1}，草酸 20 g·L^{-1}，硼酸 100 g·L^{-1}，适量甘油作为缓蚀剂。

② 以铝合金作为阳极，不锈钢片为阴极，在电解槽中将溶液加热至 80 ～ 85 ℃，电压 10 ～ 15 V，施加 10 ～ 15 A·dm^{-2} 的电流密度，电解抛光 6 ～ 8 min。取出试片，水洗干燥。

(6) 实验完毕，清理实验台面。

五、数据处理及分析

(1) 根据记录数据绘制 $I-t$ 曲线。
(2) 分析电压不同对铝合金阳极氧化膜生成过程的影响。
(3) 分析阳极氧化膜对铝合金耐腐蚀性的影响。

六、思考题

(1) 铝合金阳极氧化的原理是什么？
(2) 影响氧化膜的因素有哪些？
(3) 如何对氧化膜的性质进行评价？

实验 15　超疏水表面制备及表征

一、实验目的

(1) 了解超疏水表面特性的原理。
(2) 掌握构建超疏水表面的方法。
(3) 掌握测量表面水接触角的方法。
(4) 掌握用油水分离实验评价材料超疏水表面特性的方法。

二、实验原理

超疏水表面是材料、生物、物理以及化学等多学科交叉的新兴研究领域之一。因超疏水表面具有优异的防水、防污、防腐、减阻等特性，使其在油水分离、高效液体收集及驱动、表面图案化处理、微流体芯片等领域具有重要的应用价值，因此受到研究工作者的广泛关注。

1. **接触角**

接触角是衡量固体表面浸润性的常规标准之一。所谓的接触角，是指在气、液、固三相的交点处作一条气－液界面的切线，该切线与固－液交界线所形成的夹角，接触角通常用θ来表示(图3.15.1)。当液滴与固体表面的接触角小于90°时，该表面被称为亲液表面；当液滴与固体表面的接触角大于90°时，该表面被称为疏液表面；而当接触角接近0°或大于150°时，则表面被称为超亲液或超疏液表面。

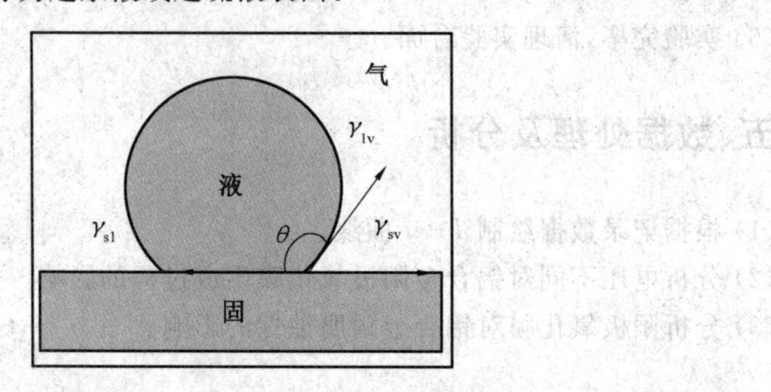

图 3.15.1　平衡状态下液滴在光滑平面上接触角与界面张力的关系图

根据杨氏热力学方程，气、液、固三相界面上液体对固体的本征静态接触角和三相间表面张力的关系见式3.15.1：

$$\cos\theta=\frac{\gamma_{sv}-\gamma_{sl}}{\gamma_{lv}} \tag{3.15.1}$$

式中　γ_{sv}—— 代表固体与气体之间的界面张力；

γ_{sl}—— 代表固体与液体之间的界面张力；

γ_{lv}—— 代表液体与气体之间的界面张力；

θ—— 代表液体在固体表面的平衡接触角。

2. **影响接触角的因素**

固体表面的化学成分和几何结构共同决定了其对液滴的接触角大小。

(1) 化学组成。

对于水滴在固体表面的接触，从杨氏方程可以看出，水和空气的表面张力是确定的，那么其接触角主要取决于固液界面张力和气固界面张力(固体表面自由能)。所以，水接触角和固体表面自由能有直接关系，若要具有较高的水接触角，则需要固体具有较低的表面能。

(2) 表面微结构。

杨氏方程描述的过程是发生在组成均匀、光滑的固体表面。但固体表面通常会存在一些凹凸不平的结构，因此在实际应用时，粗糙度对表面接触角的影响必须要考虑进来。固体表面的粗糙结构对接触角大小起到至关重要的作用。

Wenzel 首先提出，当液体与粗糙的固体表面接触时，由于液体会填充进粗糙结构的凹槽内，因此，液滴与固体的真实接触面积会大于其表观接触面积，如图3.15.2(a)所示。而Cassie和Baxter认为，液滴在粗糙固体表面的接触是一种复合结构，当液滴与表面接触时，表面微纳孔隙内通常会存在一层不被液体挤占的稳定气膜，液滴通常不会进入凹槽内部而是被凹槽内的气膜排斥在外，由此形成的是固/液/气三相的接触，如图3.15.2(b)所示。除了上述的Wenzel态和Cassie－Baxter态以外，另外还有Wenzel与Cassie-Baxter的过渡态，它说明即便是在亲液的表面，由于表面的微结构隔离了基底与液滴的接触，也可以使液滴悬浮在材料表面而不完全浸润，因此可使原本亲水的表面变得疏水，而原本疏水的表面变得超疏水，如图3.15.2(c)所示。

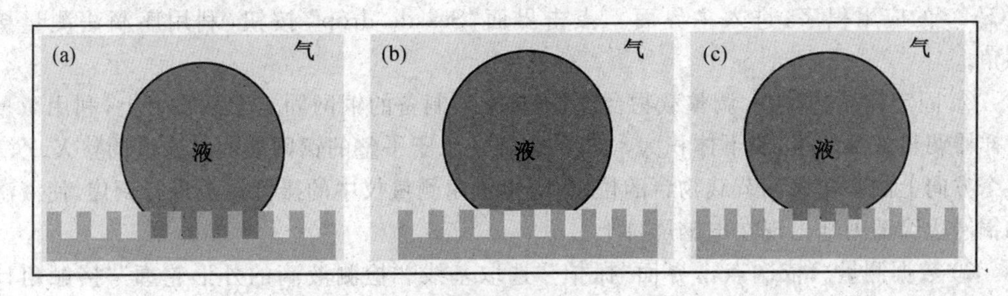

图3.15.2　液滴在不同类型的粗糙表面接触角示意图

(a)Wenzel态；(b)Cassie－Baxter态；(c)Wenzel与Cassie－Baxter过渡态

通过上述分析可知，制备超疏水表面的两个关键因素是构建微/纳米复合粗糙结构和降低表面能。本实验以金属电化学沉积与化学还原两步法，在铜网表面原位生长粗糙的微纳结构，再将表面修饰氟硅烷类、长链脂肪酸类或硫醇类等低表面能物质，得到具有超疏水特性的金属铜网。

三、实验仪器、材料和药品

(1) 仪器：电热恒温水浴锅，直流电源，紫外灯，磁力搅拌器，数控超声波清洗器，光学视频接触角仪(OCA20)，恒温鼓风干燥烘箱。

(2) 药品：丙酮，硫酸铜，浓硫酸，硝酸银，乙醇，正十二硫醇，正十二烷，超纯水。

(3) 材料：铜网，铜片，润滑油。

四、实验内容及步骤

(1) 铜网清洗：裁剪尺寸为3 cm×3 cm的铜网，将其分别置于丙酮和超纯水中超声清洗20 min，常温干燥。

(2) 电解液配制：称量2.3 g硫酸铜于100 mL烧杯中，加入60 mL水，用磁力搅拌器搅拌至完全溶解，取0.6 mL浓硫酸加入到溶液中。

(3) 电化学沉积：调整直流电源电压为3.0 V(电压可调节)，正极接铜片，负极接铜网，置于配制好的电解液中，采用恒压法对铜网进行电化学沉积，15 min后取出铜网，蒸馏水清洗、氮气吹干。

(4) 化学还原:将电化学沉积后的铜网置于2 mg·mL^{-1}的硝酸银水溶液,用320 nm波长的紫外灯照射30 min后(时间可调节),将铜网取出,蒸馏水冲洗、烘箱40 ℃干燥30 min。

(5) 低表面能修饰:乙醇作为溶剂,配制浓度为5 mmol·L^{-1}的正十二硫醇或正十二烷修饰液。将电沉积/化学还原后的铜网放入修饰液30 min后,取出铜网,乙醇清洗、烘箱40 ℃干燥30 min。

(6) 接触角测量:

① 开启程序。将光学视频接触角仪(OCA20)插上电源,打开电脑,双击桌面上OCA20的应用程序,进入主界面。点击界面"Sessile drop"按钮,利用座滴法测量接触角。

② 固定样品、调焦。调整载物台水平,将上述制备的铜网固定于载物台上,利用微量进样器调整液滴的量,滴下体积为3 μL的去离子水于平整的铜网表面。通过调整X、Y、Z三个方向上的手轮来调节载物台的位置,对接触角测量仪中的摄像镜头进行调焦,使液滴和铜网边缘清晰地出现在电脑屏幕上。

③ 数据测量。依次点击界面"抓拍""选取基线""检测液滴的外形轮廓""接触角计算"按钮,读取接触角数值。

每个样品平行测量3～5个不同地方,接触角为其平均值。

(7) 油水分离:将体积比1∶1的润滑油与水混合,超疏水铜网固定在两个玻璃管之间,油水混合物倒入玻璃管内,由于超疏水铜网的疏水亲油性质,使水留在铜网上而润滑油被过滤下去,以此达到油水分离的目的。肉眼观察分离后水表面是否有漂浮的润滑油。

五、数据处理及分析

(1) 测试不同沉积电压(1.0 V、2.0 V和3.0 V)下铜网表面的水接触角,分析沉积电压对材料表面疏水性的影响。

(2) 测试不同化学还原时间(5 min、30 min和60 min)下铜网表面的水接触角,分析还原时间对材料表面疏水性的影响。

(3) 根据用正十二硫醇、正十二烷修饰后铜网表面的水接触角大小,分析两种试剂对材料表面疏水性的影响。

六、思考题

(1) 超疏水表面的构建方法有哪些?

(2) 本实验方法所构建的超疏水表面存在的问题?

(3) 分析本实验中化学还原步骤的作用。

(4) 影响铜网表面超疏水特性的因素有哪些?

实验 16　钢铁的防腐处理及其耐蚀性测试

一、实验目的

(1) 了解铁腐蚀的类型和成因,掌握铁防腐的原理和方法。

(2) 明确金属表面涂(镀)层和缓蚀剂对金属材料防腐蚀的作用。

(3) 掌握使用金相显微镜观察金属表面腐蚀状况的方法。

(4) 掌握应用线性极化技术测量金属腐蚀速度的方法。

二、实验原理

1. 钢铁腐蚀的成因和类型

钢铁的腐蚀受环境影响较大,在潮湿的大气和其他潮湿气体下的腐蚀,是最普遍的腐蚀现象。此外,由于钢铁是工业设备制造中最常用的金属,工业电解质和气体的腐蚀环境更加恶劣。通常情况下,由于受到不同因素的影响,金属腐蚀过程的形式并不是一成不变的。外部因素包括温度、压力、pH 值、介质组成等;内部因素包括金属材料的化学组成、金属表面的结构状态、金属的晶型等。不同的影响因素会导致不同的腐蚀,根据腐蚀反应历程可以分为化学腐蚀和电化学腐蚀。化学腐蚀是金属与环境介质发生化学反应而产生的腐蚀现象。电化学腐蚀是金属在导电的溶液介质中发生电化学反应而产生的腐蚀现象。根据腐蚀的形态,可进一步划分为均匀的全面腐蚀和不均匀的全面腐蚀,以及点腐蚀、晶间腐蚀、电偶腐蚀、缝隙腐蚀等局部腐蚀。对于钢铁的防护可以通过涂覆涂层和镀层、施加电化学保护、添加缓蚀剂等方面进行。

2. 电镀 Zn－Ni 合金

在钢铁件表面电镀耐蚀性的 Zn 基金属镀层并进行钝化处理是防腐蚀的有效手段之一。电镀 Zn－Ni(Ni 的质量分数为 13%) 合金镀层是防护性镀层中的典型代表,具有优异的耐蚀性能,其耐蚀性是镀锌层的 6 倍,可用于高防护性部件或者代镉镀层,且氢脆小、可成型性好,镀层与基体结合牢固,是钢铁材料理想的防护性镀层。目前常用的 Zn－Ni 合金镀液主要有:硫酸盐、弱酸性氯化物及碱性锌酸盐镀液。其中,酸性镀液电镀 Zn－Ni 合金的阴极电流效率高(≥95%),沉积速度快,氢脆小,容易得到镍含量多(11%～15%)的镀层。碱性锌酸盐镀液分散能力高,适用于复杂工件电镀,但是阴极电流效率低(50%～80%),所得镀层镍含量一般较低(6%～9%)。以高镍含量酸性氯化物镀液为例,其镀液组成及工艺条件为:

氯化锌	$70 \sim 80\ g \cdot L^{-1}$
氯化镍	$100 \sim 120\ g \cdot L^{-1}$
氯化铵	$30 \sim 40\ g \cdot L^{-1}$
氯化钾	$190 \sim 220\ g \cdot L^{-1}$
硼酸	$20 \sim 30\ g \cdot L^{-1}$
乙酸钠	$20 \sim 35\ g \cdot L^{-1}$
添加剂 721－3	$1 \sim 2\ mL \cdot L^{-1}$
pH	$4.5 \sim 5$
温度	25 ～ 40 ℃
阴极电流密度	$1 \sim 4\ A \cdot dm^{-2}$
阳极	锌、镍分控

由于电镀合金镀层元素比单一镀种多,因此镀液成分相对复杂。镀液的组成对镀层的质量影响较大,工艺条件也对镀层质量有较大影响。温度对合金成分影响较大,一方面影响阴极极化,另一方面影响阴极扩散层中的离子浓度。pH 值对镀层中镍含量影响较大,pH 值增加,镀层中的镍含量有所下降。电流密度增大,阴极电势降低,合金中电势较低的金属含量增加。合金电镀中的阳极除了导电和保持阴极电力线均匀分布外,还有补充金属离子、维持镀液稳定的重要作用,对于Zn－Ni合金电镀,锌、镍分挂、分控的阳极方式是目前普遍采用的方法。

3. Zn－Ni 合金的钝化处理

Zn－Ni合金镀层和镀锌层一样,对钢铁基体来说都是阳极镀层,具有良好的耐蚀性,经过钝化处理可以进一步提高耐蚀性。例如,Zn－Ni合金镀层经过络酸盐钝化处理得到不同彩色钝化膜,其耐蚀性比镀锌层的彩色钝化膜要高出5倍以上。但是Zn－Ni合金上的钝化比镀锌层钝化要困难,尤其是当镀层镍含量增高时,钝化更加困难,当镍含量超过16%时,Zn－Ni镀层很难钝化。Zn－Ni合金镀层钝化分为彩色、黑色和白色钝化等。

以彩色钝化为例,主要成分是铬酐或铬酸盐,其组分及工艺条件如下:

铬酐	$3 \sim 15\ g \cdot L^{-1}$
促进剂	$5 \sim 20\ g \cdot L^{-1}$
pH 值	$0.8 \sim 1.8$
温度	30 ～ 70 ℃
浸液时间	10 ～ 50 s

4. 缓蚀剂

缓蚀剂是以适当的浓度和形式存在环境(介质)中,可以防止或者减缓材料腐蚀的化学物质或复合物,缓蚀剂也称腐蚀抑制剂,是一种常用的防腐蚀措施。通常在腐蚀环境中加入少量缓蚀剂(百分之几 ～ 千分之几),其在金属表面发生物理化学作用,能够显著降低金属材料的腐蚀速度。缓蚀剂的种类较多,按照化学组成可以分为无机缓蚀剂和有机缓蚀剂;按电化学作用机制分为阴极型缓蚀剂、阳极型缓蚀剂和混合型缓蚀剂;按照金属表面层结构分类可以分为氧化膜型缓蚀剂、沉淀膜型缓蚀剂以及吸附型缓蚀剂。氧化膜型缓蚀剂具有钝化作用，使金属表面发生氧化形成致密的氧化层，或者修复原有不完整的钝化膜，从而抑制金属的阳极溶解。沉淀膜型缓蚀剂能和金属表面阳极溶解的金属离子生成难溶的化合物，以沉淀的形式覆盖在阳极表面，或者形成致密完整的氧化膜。吸附型缓蚀剂主要通过两种吸附方式达到缓蚀的目的：

① 在金属表面发生吸附，覆盖了部分金属表面，减小了发生腐蚀的面积。

② 在金属表面活性位点上发生吸附，降低了活性点的反应活性，降低腐蚀速度。

目前比较成熟的金属腐蚀检测方法有：电阻法、线性极化法、电位法和超声波测厚法。由于局部腐蚀发生的位置不确定，测试周期长，在金属耐腐蚀性能测试中，经常采用线性极化法来测试金属的腐蚀速度，Tafel 曲线为经典的腐蚀测试方法，通过该曲线的分析可以得到腐蚀过程中的动力学参数。

本实验共分为四个部分：试片的前处理、电沉积 Zn－Ni 合金镀层、用金相显微镜观察试片的腐蚀情况、试片在氯化钠中的 Tafel 曲线测试。

三、实验仪器、药品及材料

(1) 仪器：直流稳压电源，金相显微镜，电子天平，磁力搅拌器，电化学工作站，恒温水浴槽，pH 计。

(2) 药品：HCl，NaCl，$NiCl_2 \cdot 6H_2O$，$ZnCl_2$，KCl，H_3BO_3，CH_3COONa，$C_{12}H_{25}SO_4Na$，$Na_2MoO_4 \cdot 2H_2O$，$Na_2SiO_3 \cdot 9H_2O$，$Na_3PO_4 \cdot 12H_2O$，$NaNO_3$，$CH_2(COOH)_2$。

(3) 材料：电镀槽，铁片，锌阳极(2 块)，卧式三电极解池，Pt 片，烧杯，容量瓶，玻璃棒，量筒，温度计(0 ～ 100 ℃)，滤纸，砂纸。

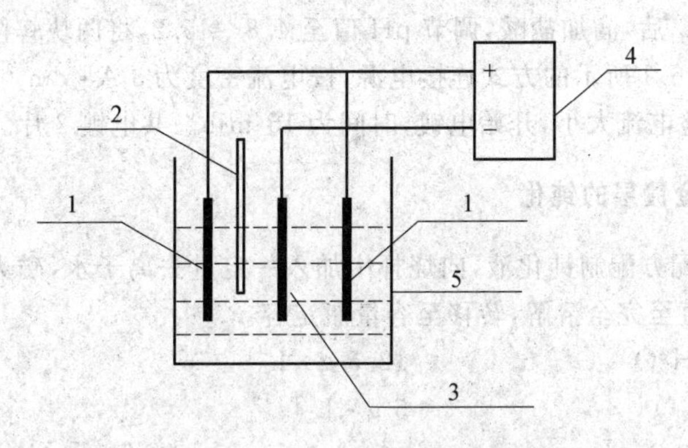

图 3.16.1　电镀装置图

1— 阳极；2— 温度计；3— 阴极；4— 恒流源；5— 镀槽

四、实验步骤

1.试片前处理

将铁试片用去污粉清洗,再分别用300目、600目、1000目水砂纸依次打磨,使试片表面清洁、平整,再经过盐酸(1∶1)酸洗,自来水洗,蒸馏水洗,用滤纸吸干水分后,用热风机吹干,备用。

2.电镀Zn－Ni合金

(1)Zn－Ni镀液的配制。

采用以下配方配制Zn－Ni镀液,向烧杯中加入一定量去离子水,磁力搅拌下依次加入称量的化学试剂,直至完全溶解,转移至容量瓶定容。

$NiCl_2 \cdot 6H_2O$	$120\ g \cdot L^{-1}$
$ZnCl_2$	$100\ g \cdot L^{-1}$
KCl	$190\ g \cdot L^{-1}$
H_3BO_3	$25\ g \cdot L^{-1}$
CH_3COONa	$90\ g \cdot L^{-1}$
$C_{12}H_{25}SO_4Na$	$0.06\ g \cdot L^{-1}$
pH值	4.8～5.2

(2)电镀。

电镀Zn－Ni合金镀层的步骤:预热已配制好的Zn－Ni合金电镀液,将镀槽在恒温水浴槽中加热至40℃后,滴加盐酸,调节pH值至4.8～5.2,将两块锌阳极板和铁片挂入电镀槽中,按图3.16.1所示的方式连接电源,按电流密度为$3\ A \cdot dm^{-2}$计算所需的电流,开启电源开关,调整电流大小,开始电镀,时间为15 min。共电镀2片。

3.Zn－Ni合金镀层的钝化

(1)采用以下配方配制钝化液,向烧杯中加入一定量去离子水,磁力搅拌下依次加入称量的化学试剂,直至完全溶解,转移至容量瓶定容。

$Na_2MoO_4 \cdot 2H_2O$	$12.5\ g \cdot L^{-1}$
$Na_2SiO_3 \cdot 9H_2O$	$5\ g \cdot L^{-1}$
$Na_3PO_4 \cdot 12H_2O$	$12\ g \cdot L^{-1}$
$NaNO_3$	$25\ g \cdot L^{-1}$
$CH_2(COOH)_2$	$24\ g \cdot L^{-1}$
$C_{12}H_{25}SO_4Na$	$0.06\ g \cdot L^{-1}$
pH值	3.5

(2)Zn－Ni合金镀层的钝化处理。

预热钝化液至48℃左右,滴加20%NaOH溶液调节pH值至3.5左右。将电镀Zn－

Ni 合金的试片浸入钝化液中，轻轻晃动，持续 125 ～ 130 s 左右，从钝化液中取出，空气中老化 10 s，用自来水冲洗干净，再用蒸馏水冲洗，吹风机吹干。

4. 用金相显微镜观察试片的表面形貌

(1) 拍摄刻度尺在 400 倍和 800 倍放大倍数下的照片：开启显微镜电源，开启计算机，启动数码监测系统软件 AverCap，将物镜对准玻璃片上刻度尺的位置，在 Preview 模式下，先后用粗调和细调来调整物镜的焦距，获得清晰的刻度尺图像，每 1 小格长度为 10 μm。单击 Capture－Signal Frame 抓取图像，单击 File－Save Signal Frame 储存照片。

(2) 在 400 倍和 800 倍的放大倍数下分别观察铁片、Zn－Ni 合金镀层、钝化后的 Zn－Ni 合金镀层的表面形貌，并分别拍摄数码照片。

5. 线性极化技术测定腐蚀速度

本实验要求分别测试铁片、Zn－Ni 合金镀层、钝化后的 Zn－Ni 合金镀层在质量分数为 3.5% 的 NaCl 溶液中及铁片在加入了缓蚀剂的质量分数为 3.5% 的 NaCl 溶液中的 Tafel 曲线，并计算材料的自腐蚀电流密度和自腐蚀电势。

(1) 按图 3.16.2 所示，将电化学工作站与三电极体系电解槽连接起来。

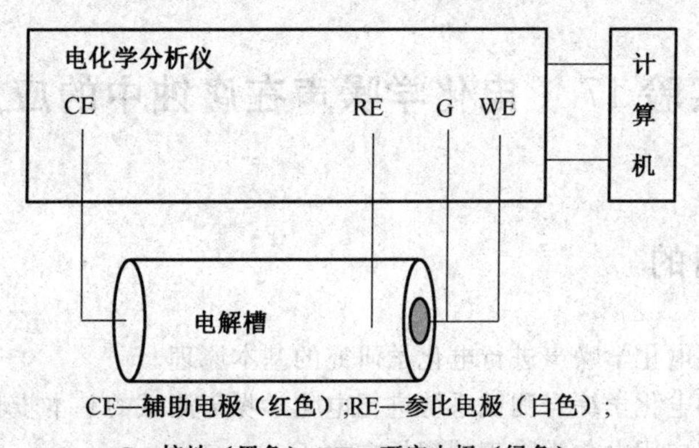

CE—辅助电极（红色）；RE—参比电极（白色）；
G—接地（黑色）；WE—研究电极（绿色）

图 3.16.2　电化学测试装置示意图

(2) Tafel 曲线测试：按表 3.16.1 所示的体系进行测试。首先测试开路电位，然后以开路电位为中心点，测试 1.0 V 范围内，研究电极的阴、阳极极化曲线，测试速度为 1 mV · s^{-1}。

表 3.16.1　Tatel **曲线测试体系**

序号	1	2	3	4
试片	铁片	Zn－Ni 合金镀层	钝化后的 Zn－Ni 合金镀层	铁片
腐蚀介质	3.5%(质量分数)NaCl 溶液	3.5%(质量分数)NaCl 溶液	3.5%(质量分数)NaCl 溶液	3.5%(质量分数)NaCl 溶液＋缓蚀剂

注：缓蚀剂为钼酸钠，在 150 mL 的质量分数为 3.5% 的 NaCl 溶液中加入 0.05 g 钼酸钠，备用。

五、数据处理及分析

(1) 对比四条曲线,比较镀层和缓蚀剂对材料耐腐蚀性能的影响。

(2) 通过比较自腐蚀电流和自腐蚀电势,明确镀层及缓蚀剂对抑制钢铁材料腐蚀的作用。

(3) 对比电化学测试前后的试片形貌,比较材料在不同情况下的腐蚀程度。

(4) 用 Origin 软件做出 Tafel 曲线的对比图,用画图软件在试片形貌上标出刻度尺。分析实验结果,写出实验报告。

(5) 讨论实验中的注意事项,列出你所认为的实验成功的关键步骤。

六、思考题:

(1) 在 Zn－Ni 电镀过程中,为什么锌的标准电极电势比镍低很多,但是锌却优先沉积?

(2) 全面腐蚀和局部腐蚀各有什么特点?

(3) 本实验中,钼酸钠的缓蚀机理是什么?

实验 17　电化学噪声在腐蚀中的应用

一、实验目的

(1) 了解采用电化学噪声进行电化学研究的基本原理。

(2) 熟悉应用电化学综合测试系统进行电化学噪声测试的基本步骤。

(3) 初步掌握应用电化学噪声的解析方法。

二、实验原理

1. 电化学噪声简介

电化学噪声(electrochemical noise,简称 EN)是指电化学动力系统演化过程中,其电学状态参量(如:电极电位、外测电流密度等)的随机非平衡波动现象。

电化学噪声技术有很多优点。第一,它是一种原位无损的监测技术,在测量过程中无须对被测电极施加可能改变腐蚀电极腐蚀过程的外界扰动;第二,它无须预先建立机理体系的电极过程模型;第三,它无须满足阻纳的三个基本条件;第四,检测设备简单,且可以实现远距离监测。电化学噪声技术作为一门新兴的实验手段在腐蚀与防护科学领域得到了长足的发展。当然电化学噪声也存在不能给出所涉及的动力学信息、不能给出扩散步骤信息、有些电化学噪声的产生机理还没有完全清楚等局限性。

2. 电化学噪声分类

根据所检测到的电学信号，根据电流或电压信号的不同，可将电化学噪声分为电流噪声或电压噪声。根据噪声的来源不同又可将其分为热噪声、散粒噪声和闪烁噪声。本书采用后一种分类方法。

(1) 热噪声。

热噪声也称为平带噪声或白噪声，它由研究电极中自由电子的随机热运动产生，是最常见的一类噪声。当自由电子做随机热运动时产生了一个大小和方向都不确定的随机电流，且当它们流过导体时，产生随机的电势波动。在没有外加电场存在的情况下，整个体系处于电中性，由于自由电子的运动是随机的，因此这些随机波动电流的净结果应该为零。一般情况下电化学噪声测量过程中热噪声的影响可以忽略不计。

(2) 散粒噪声。

散粒噪声是采用子弹射入靶子时所产生的噪声命名的，故它又称为散弹噪声或颗粒噪声。对于电化学噪声体系而言，散粒噪声是指电极表面发生电极反应而产生随机电流对局部平衡的影响所产生的噪声。如果电极反应为完全可逆且达到平衡的体系，可以认为随机流过体系电流的总和为零，也就是说，流过电极任何一个微小局部的各个方向的电流相等，净电流为零，可以认为被测体系的局部平衡仍没有被破坏，此时被测体系的散粒噪声可以忽略不计。如果电极反应不可逆或远离平衡状态，尤其是当被测体系为腐蚀体系时，由于腐蚀电极必然存在着局部阴阳极反应，整个腐蚀电极的 Gibbs 自由能 $\Delta G<0$，阴阳极之间存在电势差，所以此时流过体系的随机电流不为零(外测电流可以为零)，而且该电流必然会辅助电极表面产生影响，因此此时的散粒噪声也决不能忽略不计。

(3) 闪烁噪声。

闪烁噪声又称为 $1/f^n$ 噪声，它出现在所有的有源电子器件中，并与直流偏置电流有关。该噪声所引起的功率谱密度正比于 $1/f^n$，即在功率谱密度图中采用双对数坐标，会出现斜率为 $-n$ 的特征。目前，闪烁噪声的来源机制尚不完全清楚，仅有一些解释这一现象的模型。一般来讲，半导体器件中的闪烁噪声是由晶体结构中杂质的缺陷引起的各种效应产生的。虽然闪烁噪声的起源机制不同，但 $1/f^{-n}$ 噪声出现在半导体、金属薄膜、电解液中，甚至还以非电子形式出现在机械和生物系统中。

3. 电化学噪声测量原理

电化学系统中所测量到的许多噪声谱表明，在测量的频率范围内(通常是 $10^{-2}\sim10^{3}$ Hz)，功率幅值反比于频率，在低频段的斜率则接近于 $1/f^n$。针对闪烁噪声的特征，很多学者做了大量研究来解释 f^{-n} 特征产生的物理机制，例如，当白电流噪声通过电极表面的固 / 液界面双电层时，在双电层电容的作用下可产生 f^{-2} 特征；白电流噪声受固 / 液界面处扩散层阻抗的作用，则可产生 f^{-1} 特征，由于目前对于闪烁噪声产生的根源尚不完全清楚，这样就使得单纯从特征 f^{-n} 来分析闪烁噪声比较困难。令人遗憾的是，上述结果并没有得到完整的理论推导证明。由上文可知,如果体系发生了微观的变化,如腐蚀、沉积等情况,必然造成局部的电学参量发生显著变化而产生闪烁噪声。因此,可以认为电化学系统噪声就是闪烁噪声。

电化学噪声的分析方法包括频域分析和时域分析。常见的频域分析所采用的时频转换技术有快速傅立叶变换、最大熵值法、小波变换。电化学噪声的分析中常采用傅里叶变换求解中,当波的频谱密度乘以一个适当的系数后将得到每单位频率波携带的功率,这被称为信号的功率谱密度。

傅立叶变换是时频变换最常用的方法。假设信号为 $s(t)$,则由该信号经 Fourier 变换后得到频谱(见式 3.17.1)。

$$S(\omega)=\frac{1}{\sqrt{2\pi}}\int s(t)\mathrm{e}^{-\mathrm{j}\omega t}\,\mathrm{d}t \tag{3.17.1}$$

再通过频谱得到功率谱,见式(3.17.2)

$$\mathrm{PSD}=2\lim_{T\to\infty}\frac{N(T)\mid S(\omega)\mid^2}{T} \tag{3.17.2}$$

功率谱表示单位频带内信号功率随频率的变化情况,也就是说它反映了信号功率在频域的分布状况。

图 3.17.1 为电化学噪声的功率谱密度曲线,该曲线是电化学噪声用于研究孔蚀是一个比较好的方法。一般认为,电化学系统中噪声的热效应噪声和散粒效应噪声主要影响谱功率密度的白噪声水平 W,电流噪声白噪声水平 W 可以反映材料的耐蚀性,W 越大意味着耐蚀性越差。而闪烁噪声被认为是金属表面膜层的破坏与修复引起电流电压变化而带来的,闪烁噪声影响了 PSD 曲线的高频区的倾斜部分的斜率。一般认为,当功率谱密度曲线的高频线性斜率高于 −20 dB/decade 时,电极发生孔蚀,低于 −40 dB/decade 时,电极发生均匀腐蚀。

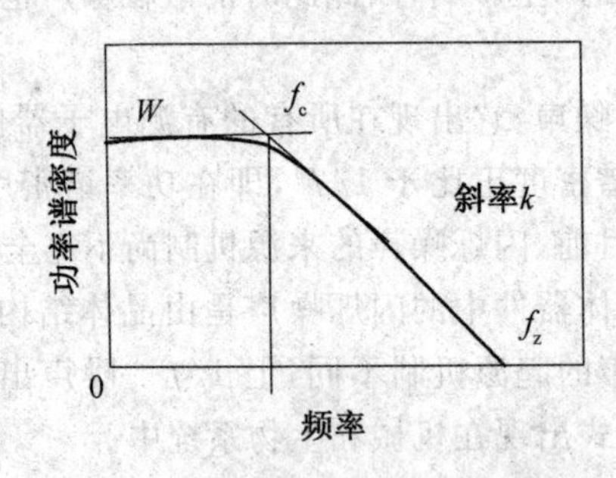

图 3.17.1　电化学噪声的功率谱密度曲线图

三、实验仪器、药品及材料

(1) 实验仪器:电化学工作站,计算机。

(2) 药品:NaCl,Na_2SO_4,丙酮,蒸馏水。

(3) 材料:Al 电极(研究电极),水砂纸(600 目、1 200 目、1 500 目),饱和甘汞电极,法拉第笼，H 型电解池。

四、实验步骤

(1) 将 Al 电极经水砂纸逐级打磨至 1 500 目，蒸馏水冲洗后，用丙酮擦拭干净，作为待测研究电池。

(2) 辅助电极和研究电极均采用上面处理好的 Al 电极，参比电极为饱和甘汞电极，测试溶液为质量分数为 3% 的 NaCl，组装三电极体系。

(3) 将被测体系放入法拉第笼内，在 CHI 软件界面打开工具，选择电化学噪声，参数设置：采样频率为 2 Hz，采样时间为 1 024 s，电位增益选默认的 100。记录测试数据。

(4) 重复步骤(1)，将测试溶液换为质量分数为 3% 的 Na_2SO_4 重复步骤(2) 和(3)。记录测试数据。

五、数据处理及分析

(1) 对电化学噪声在时域谱上的原始数据进行分析，分析原始时域谱上电流、电位的波动情况。

(2) 通过 FFT 转换软件得到 PSD 曲线。

(3) 分析 PDS 曲线的白噪声水平 W、高频线性部分斜率 k 和截止频率 f_c。

(4) 对比分析铝在质量分数为 3%NaCl 溶液和质量分数为 3% 的 Na_2SO_4 溶液中，电化学噪声曲线的差别及影响原因。

六、思考题

(1) 电化学噪声按来源分有几类？

(2) 如何通过 PDS 曲线分析点蚀特征？

第4章　电极、器件制备及表征

实验1　泡沫金属电极的制备及表征

一、实验目的

(1) 了解泡沫金属材料结构特点。

(2) 掌握泡沫镍的模板电沉积制备方法。

(3) 应用模板电沉积法制备泡沫镍，测量泡沫镍的面密度。

(4) 应用光学显微镜观察泡沫镍的三维网状结构，测量泡沫镍的孔径大小。

二、实验原理

泡沫金属也叫多孔金属，是含有大量气孔且金属基连续的特殊结构金属材料，其主要特点是密度低、比表面积大、塑性好。

泡沫金属的性质取决于金属基材料、孔隙率、金属骨架的结构（开孔、闭孔）和孔径大小，并受制备工艺影响。泡沫金属的孔径不规则，延续泡沫行业的方法，用PPI表征泡沫金属的孔径大小。孔径大小和孔隙率的计算公式见式(4.1.1)和式(4.1.2)。

孔径大小(PPI)＝1英寸长度直线经过的孔数　　(4.1.1)

孔隙率＝气孔的体积／泡沫金属的表观体积　　(4.1.2)

制备泡沫金属的方法有熔融法、粉末烧结法和模板电沉积法。其中，熔融法多用于制备低熔点铝、镁、锌及其合金等泡沫金属材料，其孔隙率较低，强度高，可制备较大的块体。

模板电沉积法制备泡沫金属材料是以开孔导电海绵为模板，经过金属电沉积、氧化去除海绵和高温烧结还原金属过程，获得金属相和气相都连续的三维网状结构的泡沫金属材料。由于金属电沉积的屏蔽作用，导电海绵表面的电流密度大，而内部的电流密度小，容易出现金属骨架不均匀现象。因此，在选择导电海绵时，孔越小导电海绵要越薄，这也是模板电沉积法制备的泡沫金属只能是片状而不能是块状的原因。

模板电沉积法制备的泡沫金属材料孔隙率高，可达到 95% 以上，具有三维网状结构，比表面积大(图 4.1.1)，是一种功能结构材料，在碱性二次电池(镍氢电池、锌镍电池、镍铁电池等)、超级电容器、减振器、过滤器、消音器、热交换器、催化剂载体、电磁屏蔽、三维电极、环保废水治理等方面有着广泛应用。

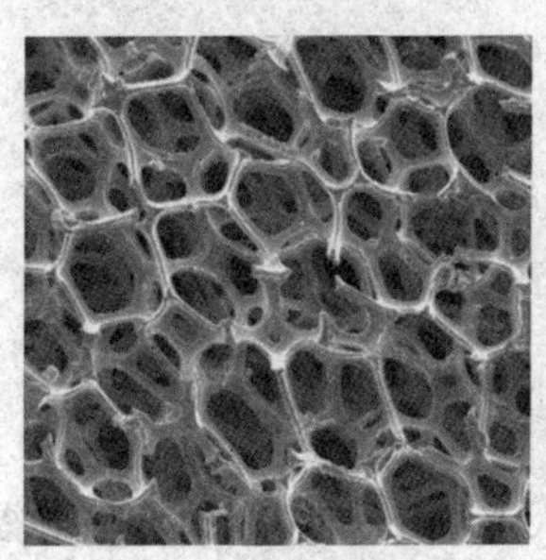

(a) 泡沫镍　　(b)泡沫铜

图 4.1.1　泡沫金属材料照片

以模板电沉积法制备泡沫镍为例，具体原理如下：

1. 电沉积镍原理

电沉积泡沫镍的原理与电镀镍类似，镍源来自于镀液中的 Ni^{2+}，镀液中消耗的 Ni^{2+} 由阳极补充。电沉积泡沫镍与电镀镍不同的是，不要求光亮，但要求电沉积的镍纯度高，为了防止硫杂质，不加光亮剂。电解液一般采用瓦特型镀镍液，阳极用电解镍，开孔导电聚氨酯海绵做阴极，阴、阳极过程见式(4.1.3) 和式(4.1.4)。

阳极过程：　$Ni - 2e^- \longrightarrow Ni^{2+}$　(4.1.3)

阴极过程：　$Ni^{2+} + 2e^- \longrightarrow Ni$　(4.1.4)

2. 氧化去除海绵原理

为了获得纯泡沫镍，经过电沉积步骤后，需要将导电聚氨酯海绵模板去除，常用的方法是高温热解、氧化。在高温热解、氧化聚氨酯海绵模板时，同时会导致大部分金属镍被氧化，金属镍被氧化会使泡沫金属变脆。其原理式(4.1.5) 和式(4.1.6)。

海绵热解、氧化：　$PU + O_2 \longrightarrow CO_2\uparrow + H_2O\uparrow + NO_2\uparrow$　(4.1.5)

部分镍氧化：　$2Ni + O_2 \longrightarrow 2NiO$　(4.1.6)

3. 高温烧结还原原理

由于高温热解、氧化去除海绵模板时大部分金属镍被氧化成了 NiO，为了获得纯泡沫镍，还需要将 NiO 还原成 Ni。将 NiO 还原成 Ni 需要高温和还原气氛，温度一般在 950 ℃ 左右，还原气氛为 $H_2 : N_2 = 3 : 1$(摩尔比)，时间为 15 ～ 20 min。其原理见式(4.1.7)。

氧化镍还原：　$NiO + H_2 \longrightarrow Ni + H_2O$　(4.1.7)

为了防止高温还原得到的泡沫镍被空气中的氧气再次氧化，要求随炉冷却到 200 ℃

以下时才能取出，最终才能够得到纯度高、柔韧性好的泡沫镍材料。

本实验以模板电沉积法制备泡沫镍为例，实验内容包括在在导电海绵模板上电沉积镍，氧化去除海绵，最后高温烧结还原泡沫镍，其镀液及工艺规范如下：

$NiSO_4 \cdot 7H_2O$	$280\ g \cdot L^{-1}$
$NiCl_2 \cdot 6H_2O$	$35\ g \cdot L^{-1}$
H_3BO_3	$35\ g \cdot L^{-1}$
pH	4.0
T	50 ℃
$i_{海绵}$	$10\ A \cdot dm^{-2}$

三、实验仪器、药品与材料

(1) 仪器：直流电源，恒温水浴锅，电子天平，pH 计，冷风机，茂福炉，高温气氛还原炉，光学显微镜。

(2) 药品：硫酸镍，氯化镍，硼酸，硫酸，氢氧化钠，去离子水，氢气，氮气。

(3) 材料：导电海绵，镍阳极，石墨导电胶，烧杯，量筒，温度计，药匙，吸管，称量纸，导电夹具，尺子。

四、实验步骤

1. 导电海绵模板上电沉积镍

(1) 选择开孔导电海绵：经过真空溅射金属或石墨导电胶导电化处理的导电海绵，孔径为 30 ～ 100 PPI，厚度为 1 ～ 10 mm。

(2) 固定开孔导电海绵：将导电海绵裁成与铜制导电夹具相对应的面积，用铜制导电夹具将导电海绵四周夹紧。

(3) 配制镀液：按镀液组成分别称取一定量的 $NiSO_4 \cdot 7H_2O$、$NiCl_2 \cdot 6H_2O$、H_3BO_3 放入烧杯中，加 2/3 体积的去离子水，在水浴锅中加热到 50 ℃，搅拌溶解后加水到预定体积，用 pH 计测量镀液的 pH 值，用10％稀硫酸或 $10\ g \cdot L^{-1}$ NaOH 调节镀液的 pH＝4.0。

(4) 电沉积镍：如图 4.1.2 所示，在上述烧杯中固定两片镍阳极，并用导线连接到直流电源的正极；将夹有导电海绵的夹具用导线连接到直流电源的负极，然后将其放在上述烧杯中的两片镍阳极中间，并与两片镍阳极平行，调节电流使 $j_{海绵}=10\ A \cdot dm^{-2}$，并固定夹具；连续电镀 30 min，断电后取出夹具，用去离子水清洗干净镀液后用吹风机吹干，然后将电沉积泡沫状镍从夹具上取下。

2. 氧化去除海绵

将电沉积泡沫状镍放入 700 ℃ 的茂福炉中，保温 10 min 氧化去除海绵，然后小心取出，轻拿轻放，自然冷却。

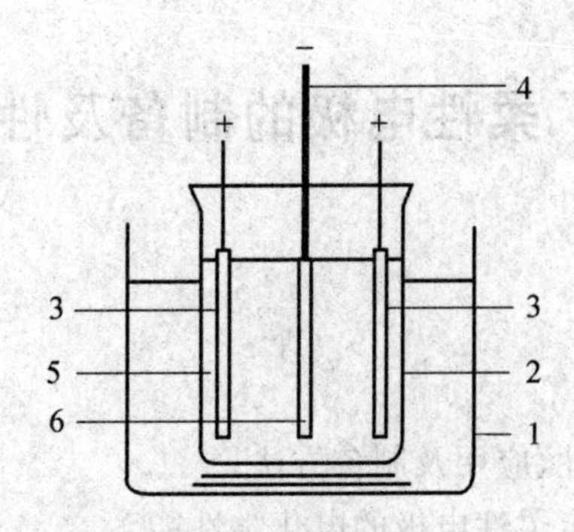

图 4.1.2　电沉积装置示意图

1— 恒温水浴锅；2— 烧杯；3— 镍阳极；

4— 夹具；5— 镀液；6— 导电海绵

3. 高温烧结还原

将氧化去除海绵的泡沫状镍放入 950 ℃ 的高温气氛还原炉中，按氢气∶氮气＝1∶3 的体积比连续通入混合气体，保温 15 min 后停止加热，随炉冷却至室温后取出泡沫镍。

五、数据处理及分析

(1) 测量最终制备的泡沫镍的厚度、表观面积和质量，并计算泡沫镍的面密度。面密度的计算公式为

$$m = M/S \tag{4.1.8}$$

式中　m—— 泡沫镍的面密度(g/m^2)；

M—— 泡沫镍质量(g)；

S—— 泡沫镍表观面积(m^2)。

(2) 用光学显微镜观察泡沫镍的微观形貌。

(3) 用光学显微镜的标尺测量泡沫镍的孔径大小(PPI)。

六、思考题

(1) 模板电沉积法制备泡沫镍过程中，哪些操作过程需要特别注意安全？

(2) 用导电海绵做模板电沉积镍时为什么要用夹具？

(3) 用导电海绵做模板电沉积镍时为什么要带电入槽？

(4) 在茂福炉中氧化去除海绵后取出时为什么要轻拿轻放？

实验 2　柔性电极的制备及性能表征

一、实验目的

(1) 了解柔性电极的特性、应用及制备方法。

(2) 掌握循环伏安法测定柔性电极的电化学性能。

(3) 应用循环伏安曲线计算柔性电极的比电容。

二、实验原理

随着经济水平的不断提高和科技的持续发展,人们对便携式及可穿戴电子产品的需求日益增加,推动了高性能柔性能源存储设备的研究和开发。

1. 柔性电极基体

柔性电极研究的早期,铜箔、铝箔、镍箔、不锈钢网等均被作为柔性导电基体,在这些基体上负载电化学活性材料,但是由此制备的电极不仅柔性差,并且活性材料与金属之间的结合力较弱,多次弯折后活性材料会脱落,从而影响电化学性能,此外,它们在水溶液电解质中不稳定易被腐蚀,极大地限制了其使用。目前,研究者对柔性电极的设计和使用主要集中于非金属柔性基底材料,研究较多的柔性基底材料主要有 CNTs 纸、RGO 纸、纤维素膜、碳布、织物、海绵或其他低维度纳米材料和复合物。

近年来,织物的功能已经不局限于日常穿戴,其在电子器件中的应用发展了织物的新功能。织物所特有的纤维结构及纤维表面所带的官能团,使其能够吸附墨水并稳定结合。因此,将高导电性的碳材料,如 CNTs 等先制备成分散液,然后附着在不导电的织物上,通过毛细效应,织物可以吸附分散液并与碳材料紧密结合,同时在织物表面可以形成连续的导电通道,此方法获得的导电织物可直接用作具有电化学活性的柔性电极。

2. 柔性电极的表征

柔性电极根据电极活性物质材料的不同可以应用于不同的储能器件,由于超级电容器多采用具有高比表面积的多孔碳材料,因此,本实验拟制备石墨烯柔性电极,并利用双电层型超级电容器来表征柔性电极的电化学性能。

在电场作用下,超级电容器电解液中阴、阳离子分别向电极的正负极移动,形成电势差,从而在电极材料与电解液间形成双电层,如图 4.2.1 所示。电场撤离后,由于电荷异性相吸作用,该双电层可以稳定存在并保持稳定的电压。将超级电容器与导体相接后,正负极上吸附的带电离子发生定向移动并在外电路形成电流,直到外电流为 0,如此往复,可以进行多次充放电。超级电容器的比电容(C) 为每一个电极表面的电荷(Q) 与两电极

之间电势差(V) 的比值，即

$$C=\frac{Q}{V} \tag{4.2.1}$$

根据循环伏安测试结果可以计算柔性电极的面积比电容和质量比电容见式(4.2.2)和(4.2.3)：

$$C_a=\frac{\int I(V)\mathrm{d}V}{S\times\Delta V\times r} \tag{4.2.2}$$

$$C_s=\frac{\int I(V)\mathrm{d}V}{m\times\Delta V\times r} \tag{4.2.3}$$

式中　C_a—— 面积比电容($F\cdot m^{-2}$)；

I—— 响应电流(A)；

ΔV—— 电化学窗口(V)；

r—— 扫描速度($V\cdot s^{-1}$)；

S—— 柔性电极的几何面积(m^2)；

C_s—— 质量比电容($F\cdot g^{-1}$)；

m—— 柔性电极活性材料的质量(g)。

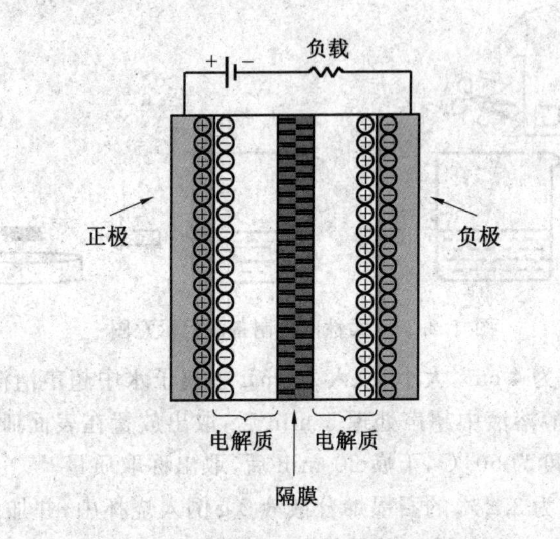

图 4.2.1　双电层超级电容器结构示意图

对柔性电极而言，面积比电容、质量比电容、倍率性能及循环性能是目前研究人员关注较多的电化学性能，除此之外，弯折情况下柔性电极电化学性能的变化规律，特别是柔性负极在多次弯折后的电化学性能演变规律以及柔性电极微观结构变化情况，都是柔性电极研究过程中应该关注的重点。

3. 柔性电极的制备方法

浸渍法是常用的柔性电极制备方法，该方法是将载体(柔性基体) 放进含有活性材料的液体或气体中浸渍，活性物质逐渐吸附于载体的表面，当浸渍平衡后，将剩下的液体除去，再进行干燥、焙烧、活化等制备过程得到目标样品。浸渍法的过程基于毛细凝聚现象，活性物质溶液或气体与多孔载体接触时，在表面张力的作用下，活性物质进入载体并填充孔隙。如果浸渍前载体预先润湿，则毛细凝聚不再是浸渍的驱动力，而依靠扩散作用。

三、实验仪器、药品和材料

(1) 仪器：电化学工作站，计算机，鼓风干燥箱，超声波清洗机。

(2) 药品：Na_2SO_4，KOH，质量分数为 3.2% 石墨烯分散液。

(3) 材料：铂片电极 2 对，Hg/HgO 参比电极 2 支，棉织物($20\ cm^2$)，烧杯(100 mL)，表面皿 2 个，量筒(50 mL)，塑料网。

四、实验步骤

1. 柔性电极制备

柔性电极制备流程示意如图 4.2.2 所示，具体操作为：

图 4.2.2　柔性电极制备流程示意图

(1) 将棉织物裁剪为 $4\ cm^2$ 大小，放入 20 mL 去离子水中超声清洗，重复水洗两次。再将其放入 20 mL 乙醇溶液中超声处理 5 min 后，取出放置在表面皿中。将表面皿转至鼓风干燥箱中，设置温度为 60 ℃，干燥 20 min 后，取出称取质量。

(2) 量取质量分数为 3.2% 的石墨烯分散液 2 g 倒入烧杯中，并加入 20 mL 去离子水超声分散均匀，之后放入 2 片清洗好的棉织物，将棉织物充分浸润后放置在表面皿中，在鼓风干燥箱中干燥 10 min，设置温度为 60 ℃。按照上述步骤，反复浸润 3 次，烘干后制备成柔性电极，称重。

(3) 取其中一片电极进行对折，观察其是否有掉粉等现象。

2. 电容器组装

(1) 将步骤 1 所制备的柔性电极与隔膜、铂片用 PVC 塑料板夹紧，按图 4.2.3 组装成超级电容器。

(2) 量取 60 mL KOH 和 60 mL Na_2SO_4 电解液分别倒入两个烧杯中，放入超级电容器装置和参比电极。测试前，将超级电容器装置在电解液中上下反复浸润3次，保证电极液充分润湿隔膜。

3. **柔性电极性能测试**

(1) 按图4.2.3接好线路，打开计算机和电化学分析仪开关。在计算机桌面上用鼠标点击CHI660E图标，进入分析测试系统。

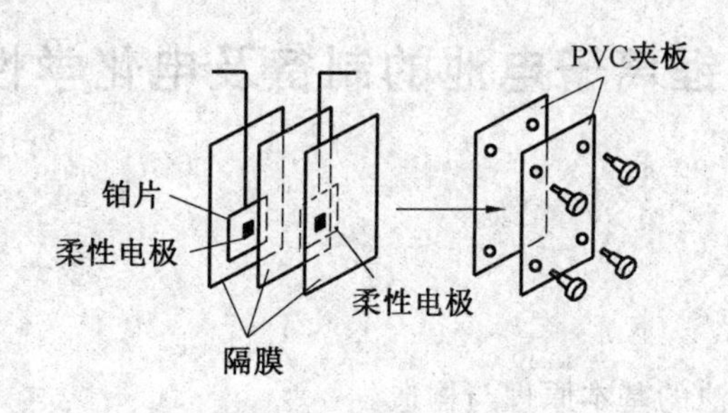

图4.2.3　器件组装示意图

(2) 选择菜单中的"Control"(控制)，选择下拉菜单中的"Open Circuit Potential"(开路电压)，得出给定的开路电压退出。

(3) 选择菜单中的"T"(实验技术)，选择菜单中的"Cyclic Voltammetry"(循环伏安测试)，点击"OK"退出。

(4) 选择菜单中的"Parameters"(实验参数)进入实验参数设置。Init E(V)(初始电位)，High E(V)和Low E(V)电压窗口范围，应根据给定的电压测试范围来确定。"Scan Rate"(扫描速度)为0.02 $mV \cdot s^{-1}$，"Segment"(段)为8，其余的参数可选择自动设置。

(5) 选择菜单中Run开始扫描。

(6) 扫描结束，选择菜单中的"File"(文件)，选择"Save as"(另存为)，保存数据，文件格式为".bin"。

(7) 改变扫描速率，重复以上步骤，分别做0.05、0.08、0.1、0.15、0.3、0.5及0.8 $mV \cdot s^{-1}$七种不同扫速的实验。

(8) 将所做出的曲线存盘、打印。

(9) 关闭电源，取出研究器件及参比电极，清洗干净，结束实验。

五、数据处理及分析

(1) 根据得出的数据绘制循环伏安曲线，根据式(4.2.2)和式(4.2.3)，计算面积比电容和质量比电容。

(2) 绘制比电容与扫描速率曲线。

(3) 对比分析不同电解液体系下的循环伏安曲线。

六、思考题

(1) 柔性电极可能的应用场景有哪些?
(2) 本实验中石墨烯的作用是什么?

实验 3　锂离子电池的制备及电化学性能测试

一、实验目的

(1) 掌握锂离子电池的基本原理与构造。
(2) 了解锂离子电池性能的影响因素。
(3) 掌握锂离子电池的电极制备工艺流程和制备方法。
(4) 了解锂离子电池的性能表征及检测方法。

二、实验原理

20 世纪 90 年代,研究人员成功开发出高可逆、低电位的碳负极材料,使得 C/$LiCoO_2$ 摇椅电池(即锂离子电池)得以成功商业化。锂离子电池电压超过 3.6 V,能量密度达到

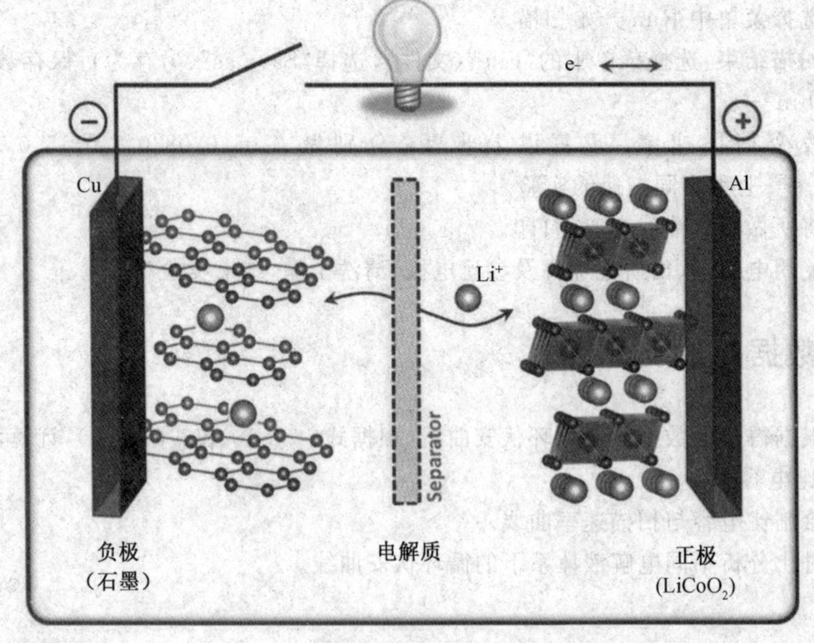

图 4.3.1　锂离子电池工作原理示意图

120 ～150 Wh・kg^{-1}。由于该电池具有高电压、高比能量、无记忆效应等优点目前广泛应用于电子产品、电动车、储能等领域。

1. 锂离子电池工作原理

锂离子电池在充放电过程中，锂离子在正负电极之间往返嵌脱，因此，锂离子电池也称为"摇椅电池"(rocking chair batteries，缩写为 RCB)。锂离子电池工作原理如下：充电时，锂离子从正极活性物质中脱出，在外电压的驱使下经由电解液向负极迁移；同时，锂离子嵌入负极活性物质中，等量的电子经由外电路从正极流向负极，电能转换为化学能。放电时相反，锂离子从负极脱出，经由电解液流向正极，同时，锂离子嵌入正极活性物质，外电路电子由负极流向正极形成电流，实现化学能向电能的转换。

锂离子电池(以 C/$LiFePO_4$ 电池为例) 电极及电池的反应式见式(4.3.1) ～ 式(4.3.3)：

负极反应：
$$6C + Li^+ + e^- \underset{放电}{\overset{充电}{\rightleftharpoons}} LiC_6 \tag{4.3.1}$$

正极反应：
$$LiFePO_4 - e^- \underset{放电}{\overset{充电}{\rightleftharpoons}} Fe(III)PO_4 + Li^+ \tag{4.3.2}$$

电池反应：
$$LiFePO_4 + 6C \underset{放电}{\overset{充电}{\rightleftharpoons}} Fe(III)PO_4 + LiC_6 \tag{4.3.3}$$

2. 典型锂离子电池的结构

锂离子电池由于使用场景的不同而具有不同的形状和构造，目前较为典型的几种锂离子电池结构有圆柱型锂离子电池、方形锂离子电池、扣式锂离子电池(图 4.3.2)，根据其装配工艺不同，分为卷绕式和叠片式。

3. 锂离子电池常用活性物质

(1) 正极活性物质。

锂离子电池正极材料主要有 $LiCoO_2$、$LiMn_2O_4$、$LiCo_xNi_yMn_{1-x-y}O_2$、$LiFePO_4$、$Li_3V_2(PO_4)_3$ 等。表 4.3.1 给出了几种主要锂离子电池正极材料的性能参数。$LiCoO_2$ 由于其高比容量广泛应用于3C 产品中，$LiFePO_4$ 由于其高安全性多数用于动力电池及储能领域。$LiCo_xNi_yMn_{1-x-y}O_2$ 材料可以通过三种过渡金属元素的比例调节，从而控制材料的容量、安全性等性能。

表4.3.1　几种主要锂离子电池正极材料的性能参数

正极材料	$LiCoO_2$	$LiMn_2O_4$	$LiCo_{1/3}Ni_{1/3}Mn_{1/3}O_2$	$LiFePO_4$
工作电压 /V	3.6	3.6	3.5	3.4
理论比容量 /(mA・h・g^{-1})	274	148	278	170
实际容量 /(mA・h・g^{-1})	130 ～ 150	110 ～ 130	160 ～ 170	140 ～ 160
振实密度 /(g・cm^{-3})	2.6 ～ 3.0	1.8 ～ 2.2	2.2 ～ 2.6	1.0 ～ 1.4
热稳定性	差	好	较好	好

续表4.3.1

正极材料	$LiCoO_2$	$LiMn_2O_4$	$LiCo_{1/3}Ni_{1/3}Mn_{1/3}O_2$	$LiFePO_4$
成本	高	低	较低	较低
环保	高污染	无毒	较低污染	无毒

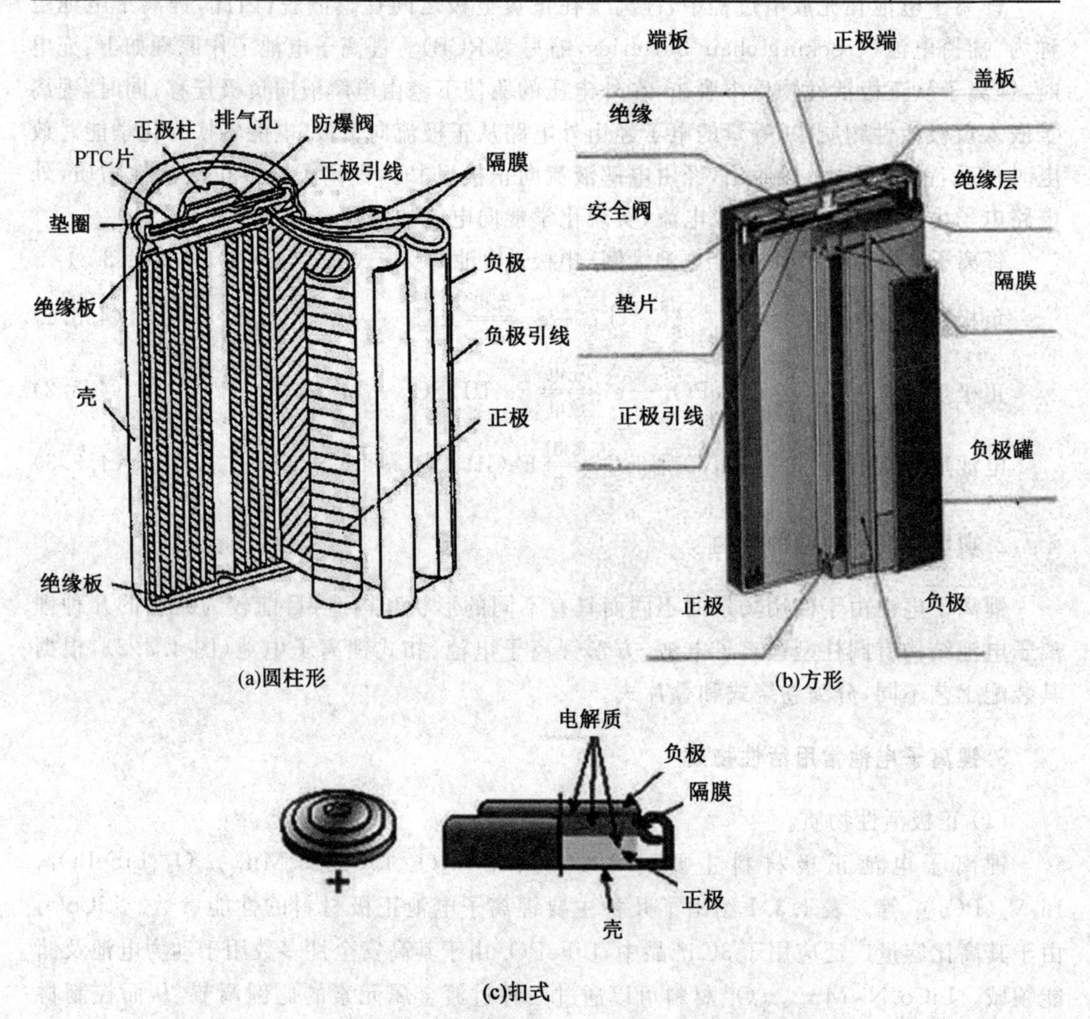

图 4.3.2　几种典型的锂离子电池结构

(2) 负极活性物质。

目前,应用及研究的锂离子电池负极材料主要有以下几种:碳材料、硅基材料、锡基材料、新型合金、钛氧化物、纳米氧化物。从表 4.3.2 可以看出几种锂离子电池负极材料的优劣,石墨是目前锂离子电池中应用最多的负极材料,其导电性好,结晶度高,具有良好的层状结构,层间距为 0.335 nm,适合锂离子的嵌入和脱出。按照 LiC_6 的比例计算,石墨的理论比容量为372 $mA \cdot h \cdot g^{-1}$。锂离子在石墨中的脱嵌反应发生在 0～0.25 V 左右(vs. Li^+/Li),具有良好的充放电电势平台。但是碳材料存在理论比容量较低,且电势与锂金属的沉积电势很接近,过充时易形成枝晶降低电池安全性。

表 4.3.2　几种锂离子电池负极材料

负极材料	C	Si	Sn	$Li_4Ti_5O_{12}$
密度	2.25	2.33	7.29	3.5
电极电势 /V(vs. Li^+ /Li)	0	0.4	0.6	1.6
理论比容量 /(mA·h·g^{-1})	372	4 200	994	175
体积变化 /%	12	320	260	1

4. 电极中的非活性物质

锂离子电池的电极中除了活性物质，还有一定比例的非活性导电剂与粘结剂。导电剂在活性物质之间、活性物质与集流体之间起到收集微电流的作用，以减小电极的接触电阻，加速电子的移动速率，从而提高电极的充放电效率。粘结剂主要起到对活性物质、导电剂、集流体之间的粘结作用，使电极具有整体的连接性，防止活性物质、导电剂在循环过程中脱落，维持电极的稳定结构，同时对充放电过程中体积会膨胀 / 收缩的电极来说，粘结剂对体积变化起到一定的缓冲作用。但是粘结剂量太大，会导致电极内阻增加。

5. 电池的容量及性能影响因素

锂离子电池的容量由正极或者负极中容量较小的电极所决定，通常情况下，由于石墨负极在电池过充时，易在表面析出金属锂，从而形成枝晶引起电池短路，因此，实际商业电池的负极容量要多于正极容量，一般负极容量比正极过量 5% ~ 10% 左右，电池总容量由正极容量决定。而正极容量通常是由电极的面载量决定，单位面积下电极活性物质越多意味着电极面载量越高，电池容量较大，但是其电极较厚，内阻增大，极化增大，电池的活性物质利用率降低。

根据法拉第定律，电极材料的理论容量计算式为

$$C_0 = nF/3.6M \tag{4.3.4}$$

式中　C_0—— 理论比容量，mA·h·g^{-1}；
　　　n—— 电极反应过程得失电子数；
　　　F—— 法拉第常数；
　　　M—— 活性物质摩尔质量。

实际过程中活性物质很难发挥 100% 的容量，因此实际容量一般低于理论容量。电极实际容量与理论容量的比为活性物质的利用率

$$k = \frac{C_S}{C_0} \times 100\% \tag{4.3.5}$$

式中　k—— 活性物质利用率(%)；
　　　C_S—— 实际比容量(mA·h·g^{-1})；
　　　C_0—— 理论比容量(mA·h·g^{-1})。

影响活性物质利用率的因素主要有：① 活性物质本身的特性；② 电解液的量、浓度和纯度；③ 电池的制造工艺；④ 电池充放电制度。

三、实验仪器及材料

(1) 仪器:搅拌器,电子天平,涂布器,真空干燥箱,油压机,极片冲切设备,手套箱,封口机,充放电测试仪。

(2) 药品与材料:磷酸亚铁锂,钴酸锂,乙炔黑,聚偏氟乙烯(PVDF),丁苯橡胶(SBR)羧甲基纤维素钠(CMC),N－甲基吡咯烷酮(NMP),铝箔,电解液(1 mol·L^{-1} $LiPF_6$/EC＋DEC＋EMC(体积比1∶1∶1)),锂片,聚丙烯隔膜,2025扣式电池壳套件,无水乙醇,去离子水,高纯氩。

四、实验步骤

1. 正极的制备

(1) 将聚偏氟乙烯(PVDF) 溶于 N－甲基吡咯烷酮(NMP) 中,配制成质量分数为10% 的溶液。将0.4 g 活性物质(磷酸亚铁锂($LiFePO_4$) 或者钴酸锂($LiCoO_2$))、导电材料(乙炔黑) 和 PVDF 按质量比 8∶1∶1 混合,再加入适量 NMP 调整粘稠度,搅拌均匀。

(2) 将步骤(1) 所获得的活性物质膏体涂覆到铝箔表面,经 120 ℃ 真空烘干 8 h 除去 NMP。

(3) 油压机压制上述电极,使用专用模具冲切,得到直径为 14 mm 的电极片,称重记为 m_1,放入真空烘箱中在 120 ℃ 下烘干 8 h,放入充满氩气的手套箱中备用。

2. 负极制备

(1) 将丁苯橡胶(SBR) 和羧甲基纤维素钠(CMC) 以 2∶3 比例溶于去离子水中,配制成质量分数为 2% 的溶液。

(2) 将0.4 g石墨、乙炔黑和CMC按质量比80∶10∶10混合,再加入适量水调整粘稠度,搅拌均匀后,涂布到铜箔表面,经真空干燥(80 ℃/8 h),油压机压制,使用专用模具冲切,得到直径为 14 mm 的电极片。

(3) 称量负极极片记为 m_2,计算实际的石墨质量,放入手套箱中备用。

3. 电池的装配

(1) 将步骤 1 制备的 $LiFePO_4$ 电极作为正极,锂片作为负极。将正极、浸满电解液的隔膜和负极按顺序依次放入电池壳内,在专用封口模具上封口成型,制备 $LiFePO_4$/Li 扣式半电池。

(2) 以步骤 2 制备的石墨电极为研究电极,重复步骤(1),制备石墨 /Li 扣式半电池。

(3) 以 $LiFePO_4$ 电极为正极,石墨电极为负极,重复步骤(1),制备 $LiFePO_4$/ 石墨全电池。

4. **电池的测试**

充放电实验是检测电极材料可逆容量、充放电效率、循环性能的最常用实验。

充放电制度为：

(1)$LiFePO_4$/Li 半电池：0.2 C 恒电流充电到电压 4.2 V 后，静置 5 min，之后 0.2 C 恒电流放电到电压 2.5 V 为止。按此步骤进行后续的 2 次循环。

(2) 石墨 /Li 半电池：0.2 C 恒电流放电到电压 0 V 后，静置 5 min，之后 0.2 C 恒电流充电到电压 1.5 V 为止。按此步骤进行后续的 2 次循环。

(3)$LiFePO_4$/ 石墨电池：0.2 C 恒电流充电到电压 4.2 V 后，静置 5 min，之后 0.2 C 恒电流放电到电压 2.5 V 为止。按此步骤进行后续的 2 次循环。

四、数据的处理及讨论

(1) 根据制备的正、负极极片的容量，分别计算正、负极极片的设计容量，计算活性物质利用率。

以正极为例说明设计容量的计算方法：

设计容量 =(电极片重量 − 空白铝箔重量)$\times 0.8 \times 170\ mAh \cdot g^{-1}$

(2) 计算石墨 /Li 半电池和 $LiFePO_4$/Li 半电池的首次充放电效率，并分析首次容量损失的原因。

(3) 根据半电池容量测试结果以及正负极载量的情况，分析 $LiFePO_4$/ 石墨电池全电池理论容量，对比实际测试容量，分析差异原因。

五、思考题

(1) 理想的锂离子电池电极材料应当具备哪些特性？

(2) 锂离子电池使用过程中存在哪些安全隐患？

(3) 锂离子电池装配过程中哪些因素会影响到电池的性能？

实验 4　超级电容器的制备及电容性能测试

一、实验目的

(1) 了解活性炭电极的制备方法和工艺。

(2) 了解电化学电容器的工作原理。

(3) 掌握碳电容器的循环伏安和恒电流充放电测试方法。

二、实验原理

1. 超级电容器简介

超级电容器(也称为电化学电容器),是一种新型储能装置,具有功率密度高、充放电速度快、工作温度范围广、绿色环保和循环寿命长等优点。超级电容器分为双电层电容器,法拉第准电容器(赝电容器)和混合超级电容器。双电层电容器是将电荷存储在固体电极材料和电解质溶液的界面上,利用固/液界面的正负电荷双电层之间静电吸引力充放电的器件。因此,具有高比表面积的多孔电极材料可贡献更多有效的双电层界面,例如高比表面积的多孔活性炭。对应于这种机制的电容被称为"电双层电容"(electric double-layer capacitance,EDLC),又称为"双电层电容"。

法拉第电容器的电荷存储机制是在适当的电极电势下,固体电极表面或体相中的的二维、或准二维上的电化学活性物质通过欠电势沉积,高度可逆的吸/脱附反应或者得失电子的氧化还原反应进行充放电,电极材料通常为贵金属氧化物、过渡金属化合物或者导电聚合物,如 RuO_2、MnO_2、聚苯胺等。对应于该机制的电容被称为"法拉第准电容"(pseudocapacitance),或称为假电容、赝电容。

混合超级电容器是基于不同储能机理电极材料的器件,一极的电极材料为具有法拉第赝电容性能的电池材料,另一极则为具有双电层电容性能的超级电容器电极材料,既存在双电层电容,也存在法拉第准电容。

2. 碳电容器特性曲线

基于多孔碳材料的双电层电容器已经应用于轨道交通、城市客车、电动玩具等领域,此类电容器的正负极一般均采用碳材料。充放电过程中,碳电容器在工作电势范围内不发生法拉第反应,所有积聚的电荷都用来形成固/液界面间的双电层。因此,当双电层电容器采用水溶液电解质时,其工作电压受到水分解电压的限制,约为 1.23 V;采用非水有机电解液体系时,具有较高的电化学窗口,一般溶剂体系不同电压不同(2.5 ~ 4.3 V)。

碳电极由于仅对双电层充放电,其理想的循环伏安曲线应该为矩形,充电和放电的伏安曲线几乎互为镜像,如图 4.4.1 所示,此形状与一般电池的电极测试得到的有明显氧化还原峰的循环伏安曲线完全不同。但是,实际测试的碳电极循环伏安曲线并非标准的矩形,经常呈现出类矩形形状(如图 4.4.2 中虚线),主要原因如下:(1) 多孔碳材料中部分杂质或吸附的某些有机官能团在充放电过程中会发生氧化还原反应,其电流响应中包含少量法拉第反应贡献的准电容;(2) 电极中的粘结剂在一定程度上阻碍了电解液在碳材料孔内外的传输,导致一定程度的浓度极化。

恒电流充放电法(又称计时电势法)也是研究材料电化学性能的非常重要的方法之一。在恒定电流条件下的充放电实验过程中,主要研究电势随时间的变化规律。经典的电化学电容器充放电时,电极的荷电状态与电极电势密切相关,成线性关系。对于仅对双电层充放电的碳基电容器及其电极而言,当恒电流充放电时,充放电曲线(图 4.4.3) 各自

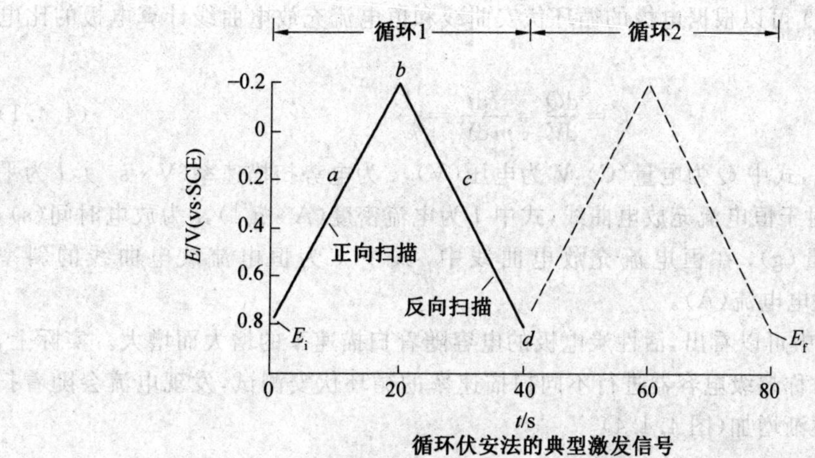

图 4.4.1　循环伏安法中电势与时间的关系

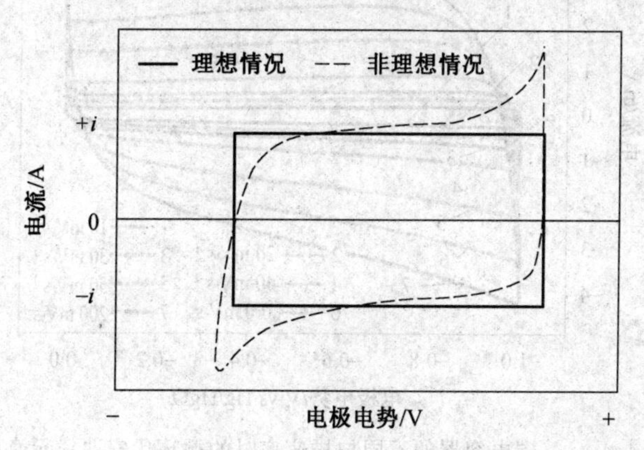

图 4.4.2　电化学电容器电极的循环伏安曲线示意图

为一条具有一定斜率的直线段，两条直线段和横轴组成了一个等腰三角形。当电流密度增加时，放电时间减小，比电容也会随之减小。

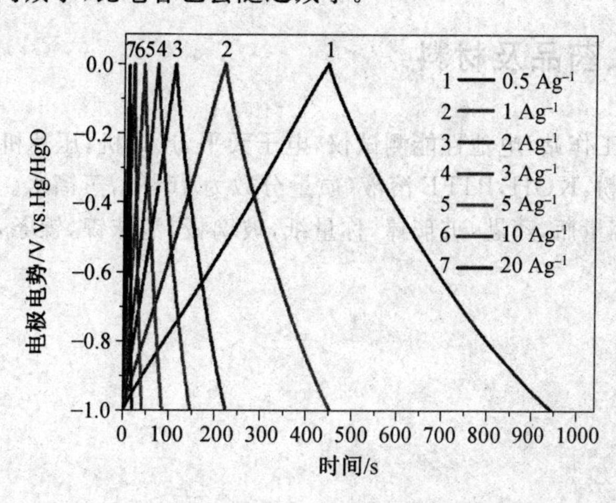

图 4.4.3　碳电容器不同电流密度时的恒电流充放电曲线

利用式(4.4.1)可以根据电极的循环伏安曲线和恒电流充放电曲线计算电极的比电容值,即

$$C=\frac{dQ}{dV}=\frac{Idt}{mdV}=\frac{I}{k} \tag{4.4.1}$$

对于循环伏安曲线,式中 Q 为电量(C),V 为电压(V),k 为电势扫描速率($V \cdot s^{-1}$),I 为平均响应电流(A);对于恒电流充放电曲线,式中 I 为电流密度($A \cdot g^{-1}$),t 为放电时间(s),m 为活性材料质量(g),在恒电流充放电曲线中,式中 k 为恒电流放电曲线的斜率($Ag \cdot F^{-1}$),I 为放电电流(A)。

从式(4.4.1)中可以看出,活性炭电极的电容随着扫描速率的增大而增大。实际上,对典型的活性碳对称超级电容器进行不同扫描速率的循环伏安测试,发现电流会随着扫描速率的增加而逐渐增加(图 4.4.4)。

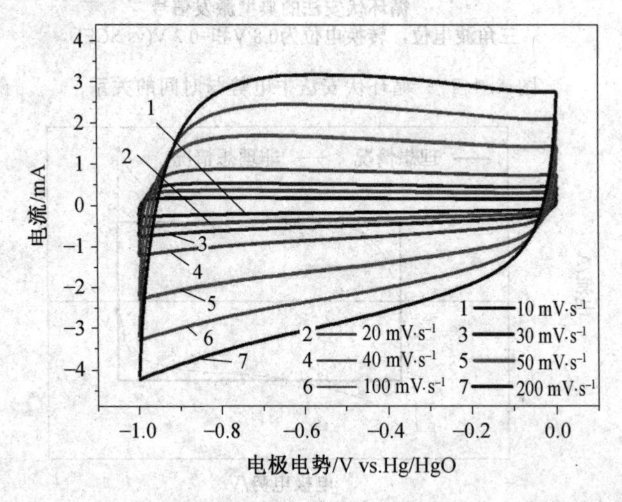

图 4.4.4　碳电容器的不同扫描速率时的循环伏安曲线示意图

本实验采用活性炭作为电极材料,6 $mol \cdot L^{-1}$ KOH 溶液作为电解液。测试时,可将多孔碳电极组装成模拟电容器,如图 4.4.5 所示。

三、实验仪器、药品及材料

(1) 仪器:电化学工作站,电池性能测试仪,电子天平,点焊机,压片机,干燥箱。

(2) 药品:活性炭粉,KOH,PTFE 溶液(质量分数为 10%),蒸馏水。

(3) 材料:烧杯,容量瓶,药匙,玻璃棒,称量纸,玻璃板,泡沫镍,镍条,隔膜,模拟电容器夹板。

四、实验步骤

1. 电极制作

(1) 裁剪 3 片尺寸为 1 cm×2 cm 的泡沫镍,用点焊机在一端焊上极耳,制成集流体,

用电子天平称量集流体质量，记录为 m_0。

(2) 按活性炭粉:PTFE＝9∶1 的比例和膏，均匀地涂在裁剪后的泡沫镍集流体上，在 120 ℃ 下干燥箱中放置 6 h 至烘干。

(3) 利用压片机将烘干后的电极压实，称量质量，记录为 m_1；活性材料的质量见式(4.4.2)。

$$m=(m_1-m_0)\times 0.9 \tag{4.4.2}$$

2. 电解液配制

配制 6 mol·L^{-1}KOH 溶液：根据需要的电解液量，计算出所需 KOH 和蒸馏水的量，先在烧杯中加入蒸馏水，缓慢地加入 KOH 固体并搅拌，因为强碱遇水会放出大量的热，要小心有液体迸溅出来。降至室温后，将溶液转移到相应的容量瓶中，配好所需浓度的溶液备用。

3. 模拟电容器的装配

如图 4.4.5 所示，将 3 片极片以两两中间夹 1 层隔膜的方式叠放在一起，置于 2 个夹板之间，用螺栓固定后，组装为模拟电容器。

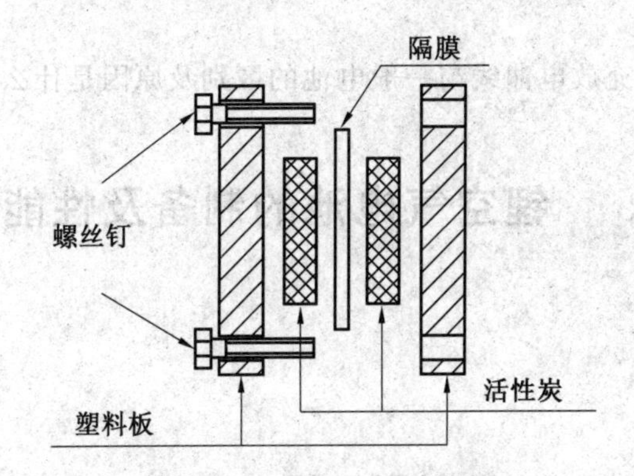

图 4.4.5　模拟电容器结构示意图

4. 循环伏安测试

把模拟电容器浸泡在装有 6 mol·L^{-1}KOH 溶液的烧杯中，将中间的电极作为研究电极，两侧的电极共同作为辅助电极组两电极体系，进行循环伏安测试。

(1) 分别测试 0～1 V、0～1.1 V 及 0～1.2 V，扫描速度为 10 mV·s^{-1} 时的循环伏安曲线并保存。

(2) 改变扫描速度为 20 mV·s^{-1}、50 mV·s^{-1}，在 0～1 V 内进行循环伏安曲线测试并保存。

5. 模拟电容器放电性能的测试

将两个碳材料分别作为模拟电容器的正极和负极，利用电化学工作站测试该模拟电容器的恒电流充放电曲线和库伦效率。测试电流密度 10 mA·cm^{-2},测试电压范围为 0 V～1.0 V,测试段数设置为3段,保存数据。

6.测试完毕

测试完毕后,拆解模拟电容器并清洗。

五、数据处理及分析

(1) 根据恒电流充放电测试结果计算模拟电容器的比电容值,计算充放电效率。
(2) 对比不同电压范围内的循环伏安曲线,分析电压范围对电容器的影响。
(3) 对比不同扫描速度下的循环伏安曲线,分析扫描速度对电容器容量的影响。

六、思考题

(1) 碳电容器的比电容与哪些因素有关?
(2) 活性炭电极的循环伏安曲线与一般电池电极的循环伏安曲线区别及原因是什么?
(3) 模拟电容器的充放电曲线与一般电池的区别及原因是什么?

实验5　锂空气电池的制备及性能测试

一、实验目的

(1) 了解锂空气电池的基本原理与结构。
(2) 了解锂空气电池空气电极的结构和制备方法。
(3) 掌握锂空气电池的电极制备工艺流程。
(4) 了解锂空气电池的工作特性。

二、实验原理

1.锂空气电池简介

锂空气电池属于金属空气电池的一种,其基本工作原理与传统的燃料电池、铝空气电池、锌空气电池、镁空气电池等类似。相比于传统锂离子电池及其他金属空气电池体系,锂空气电池有很多优点,使其在未来动力电池发展中有巨大的发展前景。

(1) 成本低。锂空气电池的正极活性物质来自空气中的氧气,空气电极通常使用成本较低的碳材料，大大降低了电池的制造和使用成本。

(2) 比能量高。金属空气电池均具有较高的理论比能量(见表 4.5.1)，锂空气电池由于采用金属锂负极，理论能量密度可达 11 140 $Wh \cdot kg^{-1}$，是传统锂离子电池的 10 倍，可与汽油相媲美，理论上能量转换效率高达 90% 以上，远高于内燃机的能量转换效率(12.6% 左右)。

(3) 环境友好。锂空气电池是新型绿色环保电池体系，使用过程中不产生环境污染物。

表4.5.1　各种金属空气电池的比较

金属负极	电池工作电压 /V	金属负极理论比容量 /($mAh \cdot g^{-1}$)	电池理论能量密度 /($Wh \cdot kg^{-1}$)
Li	2.91	3 860	11 140
Mg	2.93	2 200	6 462
Al	2.73	2 980	8 130
Zn	1.65	1 600	1 350
Fe	1.30	1 300	960 ～ 1 200
Ca	3.12	3 400	4 180

2. 锂空气电池工作原理

锂空气电池的设计构想最早是由 E. L. Littauer 等人提出的，负极使用金属锂，正极活性物质为空气中的氧气，电池的电解液类型大概可分为四种：水系电解液、有机体系电解液、固态电解质体系和有机 / 水混合体系电解液(如图 4.5.1 所示)。其中有机电解液体系锂空气电池，采用化学稳定性较好的非水碳酸酯溶剂，避免了水系电解液中金属锂被腐蚀的现象，放电平台可达 2.8 V。锂空气电池负极反应比较明确，金属锂氧化为 Li^+(见式(4.5.1))。正极反应比较复杂，放电产物存在 Li_2O 和 Li_2O_2 两种形式，当反应生成 Li_2O_2 时，其电极电势为 2.96 V(vs Li/Li^+)；若生成 Li_2O，电极电势为 2.91 V(vs Li/Li^+)，分别见式(4.5.2) 和式(4.5.3)。

放电过程电极反应如下：

负极：
$$Li^+ \longrightarrow Li^+ + e^- \tag{4.5.1}$$

正极：
$$Li^+ + \frac{1}{2}O_2 + e^- \longrightarrow \frac{1}{2}Li_2O_2 \tag{4.5.2}$$

$$Li^+ + \frac{1}{4}O_2 + e^- \longrightarrow \frac{1}{2}Li_2O \tag{4.5.3}$$

电池总反应：
$$O_2 + 2Li \longrightarrow Li_2O_2 \tag{4.5.4}$$

$$O_2 + 4Li \longrightarrow 2Li_2 \tag{4.5.5}$$

3. 空气电极结构设计及原理

空气电极是气 － 液 － 固三相界面的反应场所，为典型的气体扩散电极。同锌空气电

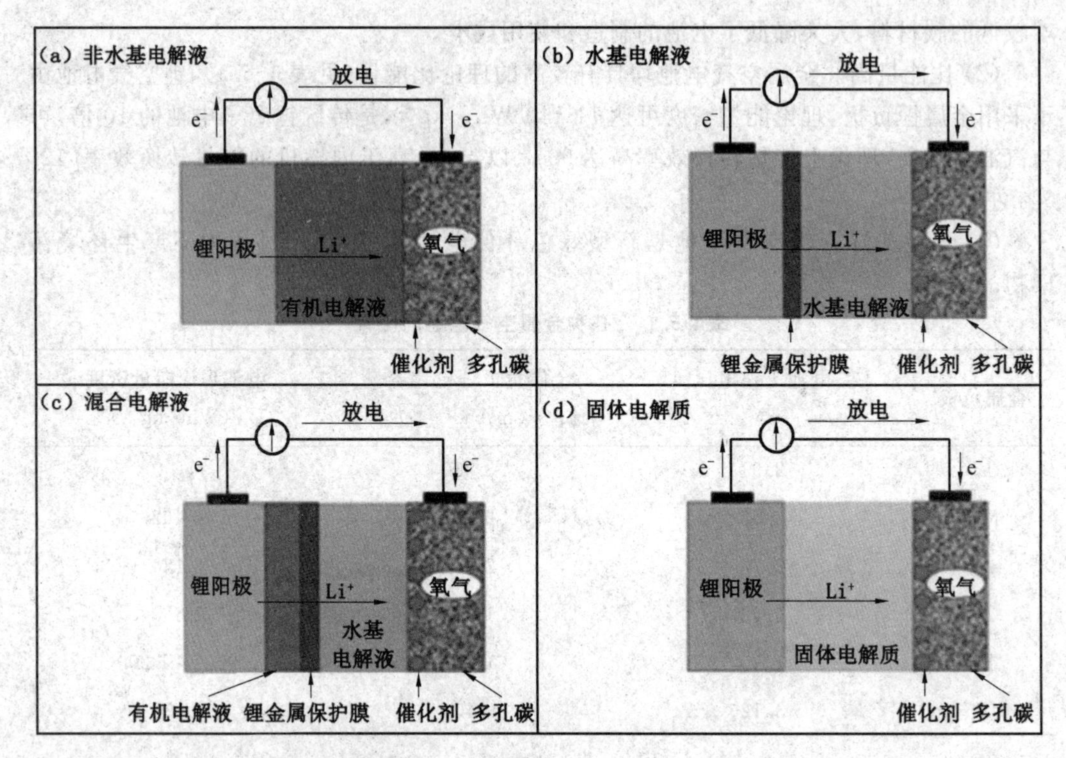

图 4.5.1 锂空气电池结构示意图

池等金属空气电池体系类似，锂空气电池中的空气电极一般包括防水透气层、扩散层、催化层等结构。空气电极一般采用碳材料（或负载催化剂）作为载体物质。由于有机体系锂空气电池主要产物 Li_2O_2 不溶，会沉积在空气电极表面，堵塞气体及电解液的传输通道，进而导致电极过早钝化。因此，需要合理设计空气电极的宏微观孔结构，以容纳足够多的放电产物。在锂空气电池充放电过程中，催化剂的使用通常可以在很大程度上提高电极反应效率。由于有机体系锂空气电池的放电和充电过程中具有很高的过电势，所以需要寻找优异的电催化剂来降低过电势，进而提高充放电能量效率。

4. **锂负极设计**

金属锂负极在拥有优异性能的同时，也存在严重的实际应用瓶颈，其问题包括：高活性带来金属锂与电解液之间严重的副反应，使活性物质被不可逆地消耗，从而导致金属锂负极利用效率低。金属锂负极存在枝晶生长和体积膨胀效应，严重影响实际运行过程中的电池利用率和使用寿命，限制了金属锂负极的实用化。抑制枝晶生长的策略主要可以分为以下四类：

(1) 负极合金化，如 LiAl、LiB、LiSi、LiSn、LiC 等。将锂束缚起来，降低负极的反应活性，抑制金属锂负极枝晶产生。

(2) 有机电解液和固/液界面设计。通过对锂盐、溶剂、添加剂和人造界面膜的研究，极大稳定了金属锂和有机电解液的接触界面。

(3) 固态电解质保护膜层。固态电解质包括高分子聚合物电解质、无机电解质及它们的混合物，这些电解质由于具有较高的机械模量，能够有效抑制枝晶生长，从而提高电池的安全性能。

(4) 集流体结构设计。通过设计三维等集流体结构，可有效调控锂金属在负极表面的分布，从而抑制锂枝晶的生长。

5. 锂空气电池电解液设计

电解液是充放电过程中在正极和负极之间传输锂离子的唯一媒介，并且空气电极中的氧气需要先溶于电解液中再进一步参与氧化还原反应，所以，电解液是决定锂空气电池能量效率的另一重要参数。大量研究表明，有机体系的锂空气电池电解液通常需要具备以下特点：

(1) 具有高极性，可以降低碳基空气电极的吸湿与漏液问题。

(2) 具有低的黏度，从而尽可能增大离子电导率。

(3) 尽可能低的吸湿性，防止电解液中的水分与锂金属电池发生副反应。

(4) 尽可能多的溶解氧，有利于氧化还原反应发生。

三、实验仪器、药品及材料

(1) 仪器：搅拌器，电子天平，可调式涂膜器，空干燥箱，极片冲切设备，手套箱，封口机，电池测试系统，真空泵。

(2) 药品：科琴黑，乙炔黑，质量分数为10％的聚四氟乙烯溶液(PTFE)，无水乙醇，超纯水，电解液($1\ mol\cdot L^{-1}$ LiTFSI/TEGDME)。

(3) 材料：锂片，泡沫镍，隔膜(Whatman)，2032 型扣式电池壳(带孔)，不锈钢垫片，弹片，高纯氩气。

四、实验步骤

1. 空气电极的制备

(1) 和膏。

将 0.5 g 科琴黑或者乙炔黑与 PTFE 分别按质量比 90∶10 混合，再加入适量的 H_2O 调整粘稠度，搅拌均匀后，涂覆在泡沫镍集流体上，每种电极制备 2 个。

(2) 干燥。

将两种空气电极置于真空干燥箱中，120 ℃ 真空条件下干燥 12 h，除去 H_2O。

(3) 切片。

使用专业模具冲切，得到直径为 14 mm 的电极片，分别称重并计算活性物质的量(方法参见实验 3)，放入充满氩气的手套箱中备用。

2. 电池的装配

在手套箱中，将空气电极、浸满电解液的隔膜和锂金属负极按顺序依次放入电池壳内，进行锂空气扣式电池组装，其结构示意图如图 4.5.2 所示，在专用封口模具上封口成型。

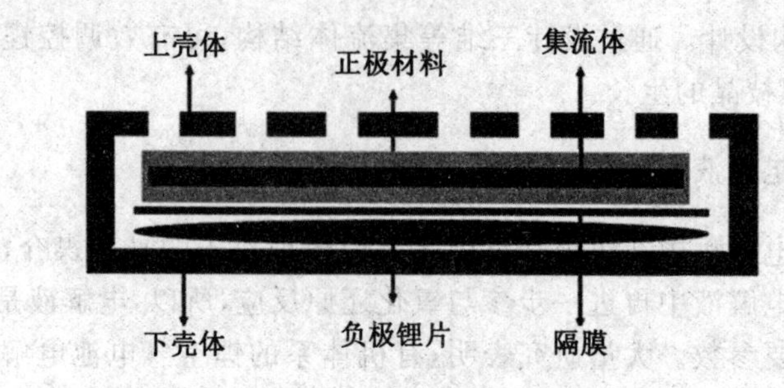

图 4.5.2　锂空气扣式电池组装结构示意图

3. **放电性能测试**

(1) 氧气中的放电性能测试。

将待测电池(乙炔黑和科琴黑电池各 1 个) 放入充满干燥氧气的密封瓶内，静置 4 h，分别进行充放电性能测试。

电池的测试工步为：① 搁置 2 min。② 恒电流放电，放电截止电为 2.0 V，电流密度为 0.2 $mA \cdot cm^{-2}$。

(2) 空气中的放电性能测试。

将待测电池(乙炔黑或科琴黑) 放在空气中，静置 4 h，进行充放电性能测试。

电池的测试工步为：① 搁置 2 min。② 恒电流放电，放电截止电为 2.0 V，电流密度为 0.2 $mA \cdot cm^{-2}$。

五、数据的处理及分析

(1) 根据三个电池的放电曲线，计算每个电池的放电比容量。

(2) 讨论锂空气电池在纯氧及空气气氛下放电曲线不同的具体原因。

(3) 对比两种活性物质(乙炔黑和科琴黑) 所制备电池的放电曲线电压平台及容量，分析活性物质对性能影响的具体因素。

六、思考题

(1) 造成锂空气电池放电终止的原因有哪些？

(2) 锂空气电池放电结束时，放电曲线为何呈现出突然下降的趋势？

(3) 通常条件下锂空气放电产物为过氧化锂，为什么很难进一步生成氧化锂？

实验 6　全固态锂电池的制备及性能测试

一、实验目的

(1) 了解全固态锂电池的基本原理与结构。
(2) 了解全固态电解质材料的制备方法。
(3) 掌握全固态锂电池的制备工艺流程。
(4) 了解全固态锂电池的工作特性。

二、实验原理

商业锂离子电池通常采用液态有机碳酸酯基电解液，但是此类电解液易燃、易泄漏，电池安全性差，在极端状况下有着火、爆炸的风险。而全固态锂离子电池(简称全固态锂电池)采用固态电解质，具有较高的安全性；同时，固态电解质对金属锂枝晶的生长有一定抑制作用，使金属锂负极有望在全固态电池中使用，电池的体积能量密度和质量能量密度可以得到显著提高。因此，全固态电池已经成为下一代储能电源的重点研究方向。

1. 全固态电池工作原理

与液态锂离子电池相似，全固态锂电池正极活性物质也是 $LiFePO_4$、$LiCoO_2$、$LiNi_xCo_yMn_{1-(x+y)}O_2$ 等含锂的过渡金属氧化物，负极为石墨或者金属锂。

以 $LiFePO_4$ 正极和石墨负极为例，其电极及电池反应式见式(4.6.1) ～ (4.6.3)。

正极反应：
$$LiFePO_4 \underset{放电}{\overset{充电}{\rightleftharpoons}} Li_{1-x}FePO_4 + xLi^+ + xe^- \tag{4.6.1}$$

负极反应：
$$xLi^+ + xe^- + 6C \underset{放电}{\overset{充电}{\rightleftharpoons}} Li_xC_6 \tag{4.6.2}$$

电池总反应：
$$LiFePO_4 + 6C \underset{放电}{\overset{充电}{\rightleftharpoons}} Li_{1-x}FePO_4 + Li_xC_6 \tag{4.6.3}$$

2. 全固态锂电池结构

全固态锂电池与液态锂离子电池结构基本相同，只是固态电池采用固态电解质材料作为离子导体，同时起到隔绝电池正负极防止电池内部短路的作用，图 4.6.1 为传统液态电解质锂离子电池和全固态锂电池示意图。

3. 固态电解质离子传导机理

固态电解质是全固态电池的重要部分，可以分为无机固态电解质和有机聚合物电解质，无机固态电解质主要包括氧化物固体电解质、硫化物固体电解质。无机固体电解质利

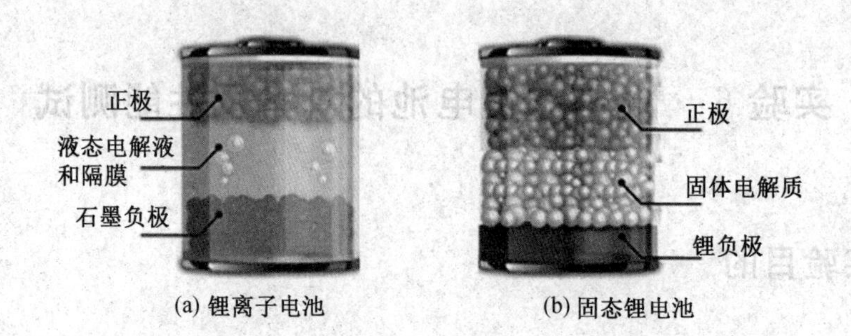

图 4.6.1　传统液态锂离子电池(a)和全固态锂电池示意图(b)

用特殊晶格结构进行锂离子的传导,锂离子迁移数 t_{Li^+} 接近于 1。本实验以聚环氧乙烯(PEO)基有机聚合物电解质为例说明锂离子在聚合物电解质中的传输机制,目前PEO基电解质中锂离子的传输机制并不明确,其中以无定型相的链段运动进行锂离子传导的机制较为常见(图 4.6.2)。固态聚合物电解质主要由聚合物基体和导电锂盐组成,聚合物链段上的特殊官能团能与锂离子进行络合配位作用,伴随着聚合物链段的不规则布朗运动过程,锂离子在聚合物的链段上反复发生配位和解配位作用,实现锂离子的传递。

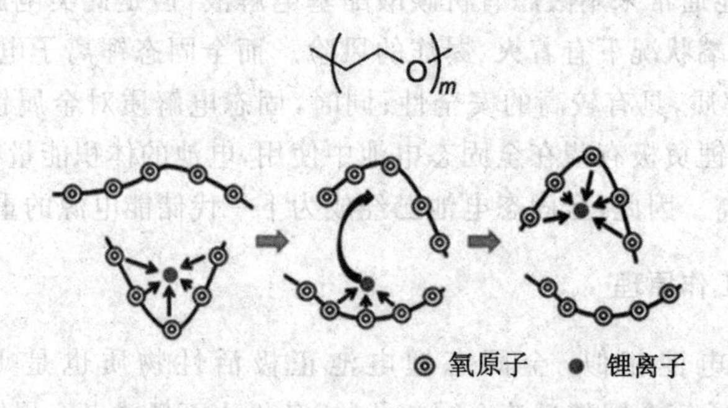

图 4.6.2　PEO 电解质锂离子传导机理

以 PEO 基固态聚合物电解质制备全固态锂离子的研究已经很多年,然而该电池并未大规模商业化生产,主要障碍有:

① 较低的室温离子电导率,室温下仅为 $10^{-7} \sim 10^{-5}$ S · cm^{-1}。

② 锂离子迁移数 t_{Li^+} 小,通常 $t_{Li^+} < 0.5$。

③ 固态聚合物电解质膜厚度、机械性能达不到应用所需要求。

④ 固态电极内部各组分之间界面接触性差,离子传导和电子传导效果差。

针对以上问题,目前改性方法主要有:

① 添加无机填料增加电解质膜机械强度,提升离子电导率和锂离子迁移数 t_{Li^+},改善电极电解质界面相容性。

② 提升电池工作温度,在保证高离子电导率的同时改善界面接触。

三、实验仪器、药品及材料

(1) 仪器:搅拌器,电子天平,涂布器,真空干燥箱,油压机,极片冲切设备,封口机,手套箱，充放电测试仪。

(2) 药品与材料：LITFSI－PEO 固态电解质膜，LITFSI－PEO－10%(质量分数)SiO_2 固态电解质膜，聚环氧乙烯(PEO)，乙腈，LiTFSI，Super P(导电剂)，聚偏氟乙烯(PVDF)，N－甲基吡咯烷酮(NMP)，金属锂片，钴酸锂正极材料($LiCoO_2$)，2025 扣式电池套件。

四、实验步骤

1. 固态电池正极的制备

(1) 和膏。

将聚合物基体材料 PEO 溶于乙腈中，加入锂盐 LITFSI，按照 EO 与导电锂盐的摩尔比为 EO：Li＝18 制备成均相混合溶液；随后将正极活性材料 $LiCoO_2$(以下简写为 LCO)、导电剂 Super P 和粘结剂 PVDF 按 8：1：1 质量比加入 N－甲基吡咯烷酮(NMP)溶剂中，在磁力搅拌器上搅拌约 10 h，搅拌均匀后制备成复合正极浆料。

(2) 涂极板。

在平板上固定好铝箔，使用涂布器，涂覆厚度设置为 100 μm，将上述正极浆料涂覆到铝箔上。

(3) 干燥冲片。

将极板放入高温烘箱中 80 ℃ 真空干燥 10 h，将烘干后的极片冲切成直径为 16 mm 的正极片。

(4) 压片称量。

将冲好的极片放在压片机上压制 3～5 min，压力为 8～10 Mpa，获得压实密度较好的极片。用天平称取电极片的质量，放入充满氩气的手套箱中备用。

2. 固态电池制备

如图 4.6.3 所示 LCO/SPE/Li 全固态锂离子电池结构示意图，在手套箱中，组装成两种不同隔膜固态锂电池，分别在封口机上封口制备 LCO/LITFSI－PEO/Li 扣式电池和 LCO/LITFSI－PEO－10%(质量分数)SiO_2/Li 扣式电池各 2 个，并相应地做好标记。

3. 热处理对电池性能的影响

(1) 将 1 个 LCO/LITFSI－PEO－10%(质量分数)SiO_2/Li 扣式电池放入 80 ℃ 高温烘箱中进行 30 min 加热处理，和另外 1 个 LCO/LITFSI－PEO－10%(质量分数)SiO_2/Li 电池(未进行 80 ℃ 30 min 热处理过程)分别进行充放电测试，测试温度为 30 ℃。

(2) 电池的测试工步为：① 搁置 2 min；② 恒电流充电，充电截止电为 4.2 V，电流密度为 0.2 mA·cm^{-2}；③ 恒电流放电，放电截止电为 3.0 V，电流密度为 0.2 mA·cm^{-2}；④ 循环 2 圈。

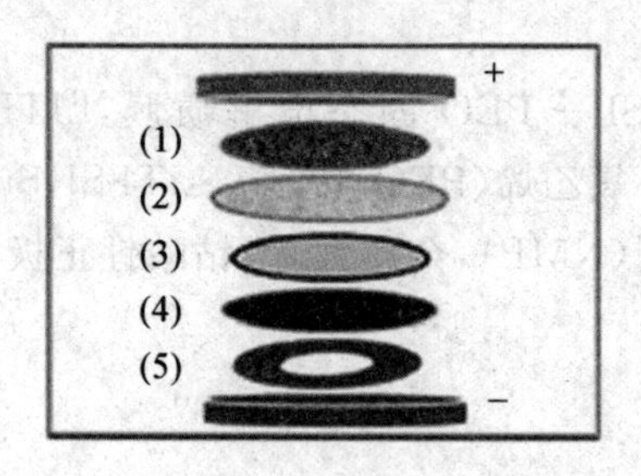

图 4.6.3　LCO/SPE/Li 全固态锂电池结构示意图

1— 正极极片;2— 固态聚合物电解质(SPE) 膜;3— 锂片;

4— 垫片;5— 弹片

(3) 测试完毕导出数据,将电池放到指定地点。

4. 测试温度对电池性能的影响

(1) 将2个LCO/LITFSI－PEO/Li扣式电池放入80 ℃高温烘箱中进行30 min加热处理,之后将其中1个电池放置在60 ℃高温烘箱中静置1 h后开始进行充放电性能测试,另1个电池在30 ℃温度下进行测试。

(2) 电池的测试工步为:① 搁置2 min。② 恒电流充电,充电截止电为4.2 V,电流密度为0.2 $mA \cdot cm^{-2}$。③ 恒电流放电,放电截止电为3.0 V,电流密度为0.2 $mA \cdot cm^{-2}$。④ 循环2圈。

(3) 测试完毕导出数据,将电池放到指定地点。

五、数据处理及分析

(1) 计算电极片的活性物质质量,并根据电池首次放电容量计算 $LiCoO_2$ 的质量比容量。

(2) 做出 LCO/LITFSI－PEO－10%(质量分数)SiO_2/Li电池的充放电曲线图,对比容量和充放电电压平台,分析热处理对 $LiCoO_2$ 固态电池充放电性能的影响及差异原因。

(3) 做出 LCO/LITFSI－PEO/Li 电池的充放电曲线图,对比容量和充放电电压平台,分析测试温度对 $LiCoO_2$ 固态电池充放电性能的影响及原因。

六、思考题

(1) 从电极制备的角度考虑固态锂电池与液态锂电池正极的最大区别是什么?

(2) 在聚合物电解质中添加无机填料的用途是什么?

(4) 造成 $LiCoO_2$ 材料在固态电池中放电比容量远低于其理论比容量的原因有哪些?

实验 7　电化学气体传感器的制备及应用

一、实验目的

(1) 了解气体传感器的应用及分类。
(2) 了解电化学式氧气传感器的工作原理。
(3) 了解电化学气体传感器的影响因素。

二、实验原理

1. 气体传感器简介

所谓气体传感器是指用于探测在一定区域范围内是否存在特定气体和/或能连续测量气体成分浓度的仪表。在煤矿、石油、化工、市政、医疗、交通运输、家庭等安全防护方面，气体传感器常用于探测可燃、易燃、有毒气体的浓度或其存在与否，或氧气的消耗量等。在电力工业等生产制造领域，也常用气体传感器定量测量烟气中各组分的浓度，以判断燃烧情况和有害气体的排放量等。除传统检测外，随着人们对安全、健康以及大气环境监测的重视，近年来气体传感器的研究与开发也备受关注。

目前气体传感器种类繁多，分类方式也较多。根据工作原理的不同主要分为半导体气体传感器、电化学气体传感器、固体电解质气体传感器、光学气体传感器、催化燃烧式气体传感器等。根据所检测的气体种类进行分类，主要为可燃气体传感器、有毒气体传感器、有害气体传感器、氧气传感器等。此外，还可以根据传感器的结构分为干式气体传感器和湿式气体传感器；根据传感器的输出分为电阻式气体传感器和非电阻式气体传感器。

电化学式气体传感器是利用被测气体的电化学活性，将其进行电化学氧化或还原，从而分辨气体成分，检测气体浓度的器件。电化学传感器是检测有毒、有害气体最常见和最成熟的传感器。其特点是体积小，功耗小，线性和重复性较好，分辨率一般可以达到0.1 ppm，寿命较长。不足之处是易受干扰，灵敏度受温度变化影响较大。

2. 气体传感器特性

由于气体传感器类型较多，不同气体传感器的性能差异也比较大，它们往往在不同方面具有不同的特定性质，因此需要根据性能指标来判定区分，传感器的评价一般根据以下几个指标：

(1) 灵敏度。

灵敏度是指气体传感器输出信号的变化量与被检测输入信号(气体浓度) 的变化量

之比，是表征气体传感器对被检测气体的响应程度的指标，灵敏度取决于传感器的结构。

(2) 选择性。

选择性是区分不同被检测气体的能力，是判定传感器对于多组分混合气体检测能力的指标。通过调节热力学和动力学反应参数可以提高选择性，也就是说，通过仔细选择可用范围内的应用电位可以获得一定程度的选择性，该范围受到水的氧化和还原的约束。提高选择性，可以明显改善传感器的气体区分能力，减轻干扰气体对测试的影响。

(3) 响应时间。

响应时间代表气体传感器对被测气体的响应速度。原则上来说，响应越快越好，理想状况下气体传感器一接触被测气体，或气体浓度一旦发生变化，器件马上能够反映出结果。实际上均需要一段时间才能达到稳定值，因此，传感器接触一定浓度被测气体时，从开始到其达到该浓度下的稳定值所需要的时间称为响应时间。

(4) 稳定性。

稳定性是传感器在长时间使用和不断变化的环境下保持其原始响应特性的能力，是判定传感器受其他因素影响程度的指标。传感器的使用寿命与其稳定性密切相关。

3. **汽车发动机氧气传感器的原理**

随着汽车尾气排放标准的提高，汽车发动机氧气传感器也在不断进步，经历了电阻式窄域氧传感器、氧化锆窄域氧传感器、极限电流式氧传感器、氧化锆宽域氧传感器这四代演化过程。汽油机的空燃比是指空气和可燃气体的比值，空燃比越高，燃烧越充分，不合格尾气排放越少。从图 4.7.1 中可以看出，传统的窄域氧传感器对于高空燃比（空燃比 A/F ＞ 15）的气体（碳氢化合物 HC 和 CO）鉴别能力有限，而极限电流式传感器在高空燃比条件下的分辨能力较强，灵敏度高，如图 4.7.2 所示。

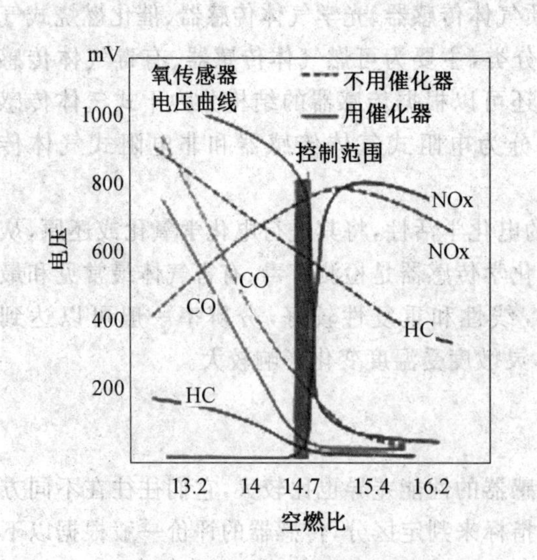

图 4.7.1 窄域氧传感器电压曲线

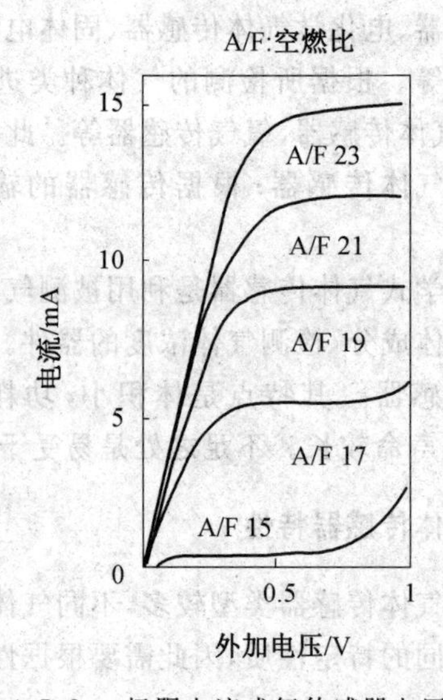

图 4.7.2 极限电流式氧传感器电压曲线

典型的氧化锆极限电流型氧传感器如图 4.7.3 所示，一定温度下，在 ZrO_2 电极两侧施加一定电压，空腔内的氧分子在阴极获得电子形成氧原子，通过 ZrO_2 的氧空位迁移至阳极失去电子变成氧分子。当氧气浓度一定时，电流强度随着电压增加而增加，电压升高到一定值，由于氧气量受小孔向空腔内扩散的限制，电流将达到极限扩散电流。

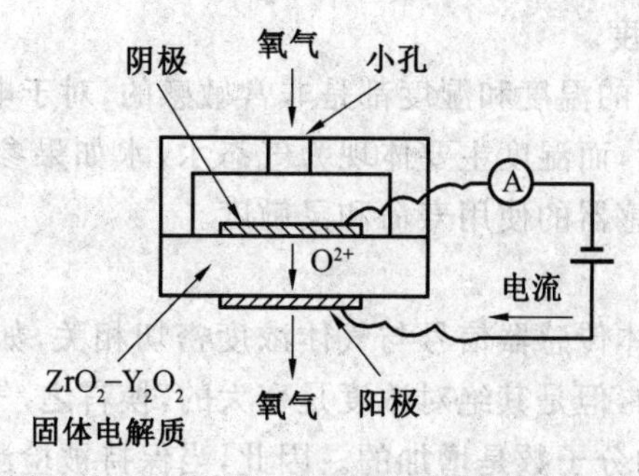

图 4.7.3　极限电流型氧化传感器原理图

4. 本实验设计的气体传感器原理

当被测气体进入电化学气体传感器时，会在其内部发生电化学反应，从而把被测气体含量转化为可检测的电流(或电压) 信号。该传感器根据催化剂的选择性，将不同气体进行电化学氧化或还原，从而分辨气体成分，检测气体浓度。由于实际传感器的制作太复杂，不适合简单教学实验，本实验中基于电化学原理，设计最简单的两电极体系(研究电极和辅助电极) 传感器。图 4.7.4 为采用铂为研究电极和辅助电极，Nafion 膜为电解质的氧气传感器，其电化学反应见式(4.7.1) ～ 式(4.7.2)：

阴极反应：　$$O_2 + 4e^- + 4H^+ \longrightarrow 2H_2O \tag{4.7.1}$$

阳极反应：　$$2H_2O - 4e^- \longrightarrow 4H^+ + O_2 \tag{4.7.2}$$

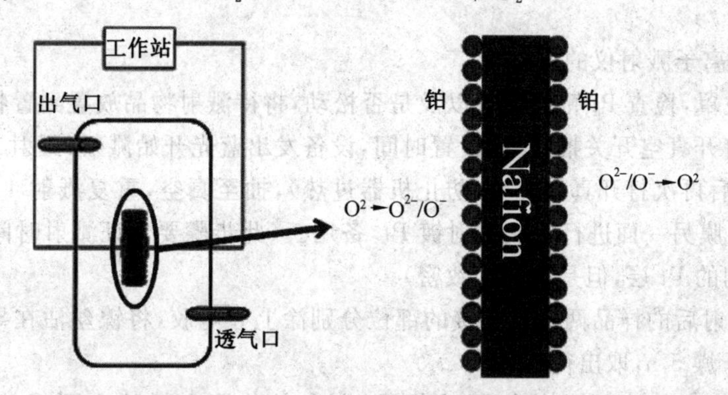

图 4.7.4　氧气传感器电极示意图

当电压施加在电极两侧时，氧气由于铂的催化作用会在阴极上被还原，并与 Nafion 膜中的氢离子结合生成 H_2O。H_2O 通过 Nafion 膜传递到阳极，发生氧化反应，整个过程产生电流并通过外电路流经两个电极。该电流的大小正比于气体的浓度，可通过外电路的负荷电阻予以测量。

5. 电化学氧气传感器的主要影响因素

(1) 被检测气体的浓度。

电化学输出信号与被检测气体的浓度呈线性变化，若气体浓度发生了变化，那么输出信号也会立即发生变化。如果被检测气体的浓度过低，或由于其本身性质（密度大于空气）而出现下沉现象，会导致电化学输出信号非常微弱，甚至无信号。

（2）环境的温度和湿度。

气体传感器对于环境的温度和湿度都是非常敏感的，对于电化学氧气传感器来说，温度会影响氧气的扩散速度，而湿度主要体现为气态水，水如果参与化学或物理过程，将影响其输出信号，也影响传感器的使用寿命和灵敏度。

（3）气体压强。

如前所述，电化学气体传感器信号与气体浓度密切相关，如果将气体进行压缩，其相对浓度是不会发生改变的，但是其绝对浓度是变大的，换言之，气体压缩后，单位体积空间中所包含的被检测气体的分子数是增加的。因此，当保持被检测气体相对浓度不变，增大气体压强，传感器的输出信号也会增强。

三、实验仪器、药品及材料

（1）仪器：小型离子溅射仪，CHI 电化学工作站，真空干燥箱。

（2）材料：Nafion 膜，Pt 靶，镍丝，导电银胶，测试玻璃瓶，氧气，氮气。

四、实验步骤

（1）将 Nafion 膜切成 1 cm×1 cm 的小片，采用小型离子溅射仪在 Nafion 膜两面溅射镀 Pt。

（2）小型离子溅射仪的操作：

打开真空罩，检查 Pt 靶的位置以及是否松动，将待溅射物品放置到置物台的中心，关闭真空罩。打开真空开关抽真空，设置时间，设备发出蓝光开始溅射，溅射 15 min 后停止设备，待冷却后再次打开真空开关（防止机器过热），抽至真空，重复溅射 4 次。打开真空罩，将 Nafion 膜另一面进行 5 次溅射镀 Pt，备用。（此步骤要保证溅射时间，确保 Nafion 膜两侧有均匀的 Pt 层，但是不能太致密）。

（3）将溅射后的样品两侧待粘接的部位分别涂上导电胶，将镍丝沾在导电胶上，放入 100 ℃ 烘箱干燥 5 h，取出待用。

（4）如图 4.7.5 所示连接好测试装置，制备的待测电极放入测试玻璃瓶中，通入 5 min N_2 将瓶中原有的气体排出。

（5）极化曲线测试：将电极两侧的镍丝分别接上 CHI 电化学工作站。电势范围为 0～1.5 V，扫描速度为 10 $mV \cdot s^{-1}$，静置 120 s，灵敏度 1×10^{-3}，开始测试极化曲线。分别测试 O_2 体积分数为 0%、20%、40%、60%、100% 情况下的极化曲线。

（6）将通入气体改为体积分数为 50% 的 N_2/O_2 混合气体，重复试验步骤（5）。

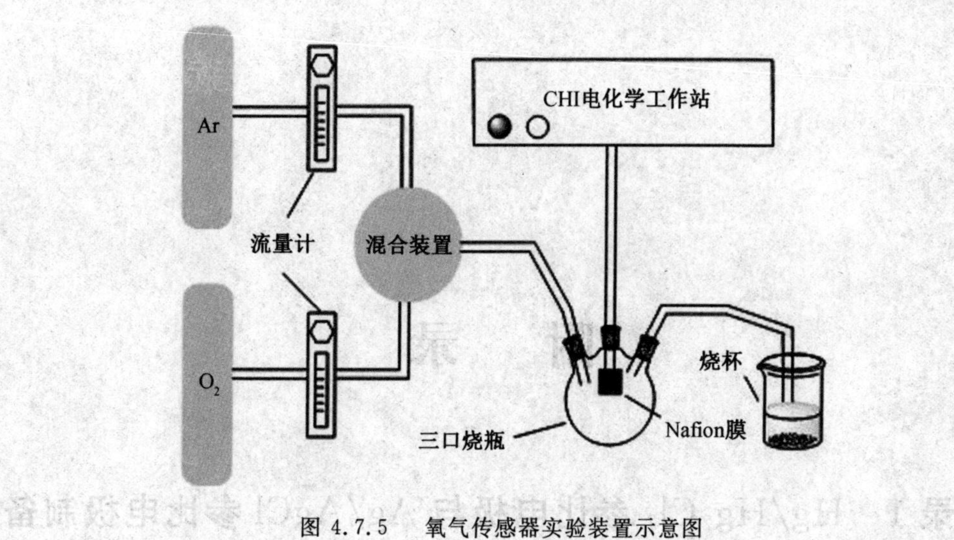

图 4.7.5　氧气传感器实验装置示意图

五、数据处理及分析

(1) 将体积分数为 0%、20%、40%、60%、100% 浓度下的极化曲线作图：取电势为 1.0 V下不同 O_2 体积分数的极化电流，做出 O_2-I 标准曲线图（氧气浓度为横坐标，极化电流为纵坐标）；

(2) 将体积分数为 50% 的混合气体条件下的极化电流放入标准曲线，计算对应的测试氧气浓度，对比分析实验结果及误差。

六、思考题

(1) 本实验中不同氧浓度的极化电流受哪些因素影响？

(2) 从微观上分析本实验中 Nafion 两侧的铂层应该是怎样的分布状态？

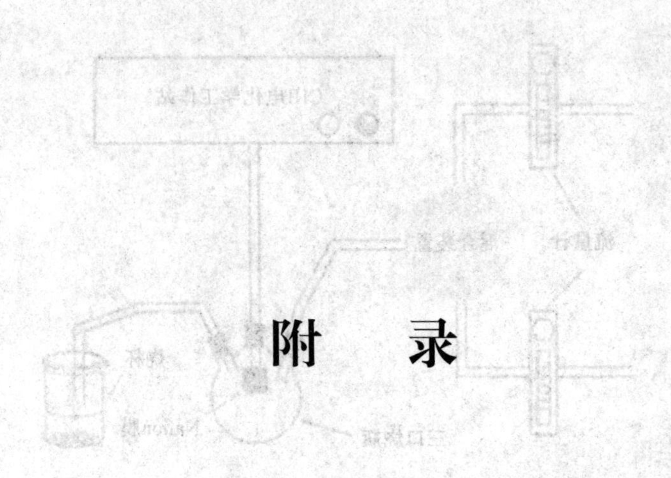

附　录

附录 1　Hg/Hg_2Cl_2 参比电极与 $Ag/AgCl$ 参比电极制备

一、实验仪器、药品和材料

(1) 仪器：电源，滑线电阻或变阻器，毫安表，数字电压表。

(2) 药品：镀银液，质量分数为 5% 的 HNO_3，0.1 $mol \cdot L^{-1}$ KCl 溶液，饱和 KCl 溶液，Hg_2Cl_2，纯汞，0.1 $mol \cdot L^{-1}$ HCl，丙酮，蒸馏水。

(3) 材料：电镀槽，电解槽，甘汞电极壳，银丝（银电极），银片，滤纸，药勺，研钵，胶头滴管 2 支，砂纸，铜丝，废汞瓶，瓷盘，导线若干。

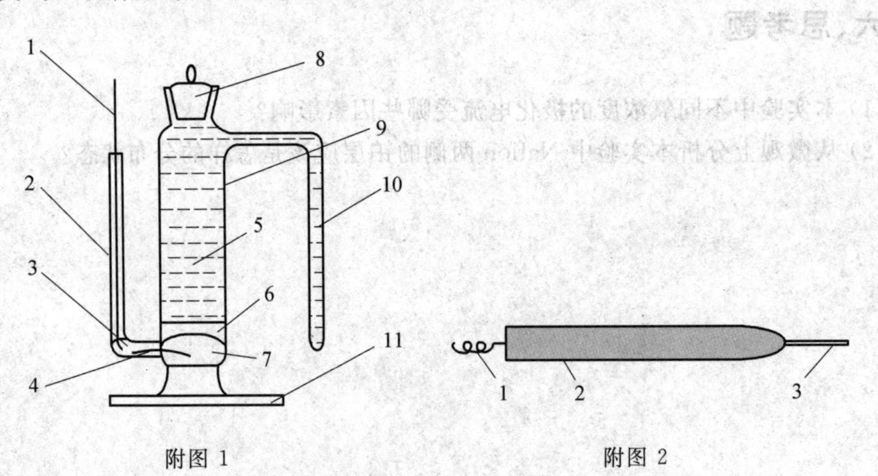

附图 1

1— 电极引线；2— 电极引线支管；3— 导电汞滴；4— 导电铂丝；5— 溶液；6— 甘汞糊；7— 纯汞；8— 盖；9— 电极壳；10— 电解液支管；11— 底座

附图 2

1— 电极引线；2— 电极壳体；3— 银棒

二、Hg/Hg_2Cl_2 参比电极与 Ag/AgCl 参比电极制备步骤

1. Hg/Hg_2Cl_2 参比电极的制备

(1) 清洗电极壳，用蒸馏水洗数次，用滤纸吸干。

(2) 取几滴纯汞放入电极壳内，使铂丝完全为汞覆盖即可。

(3) 取 1 滴纯汞放在研钵内，用药勺取少许甘汞放入研钵中，一起研磨使其均匀。

(4) 再加入适量 0.1 $mol \cdot L^{-1}$ KCl 使之成为甘汞糊。

(5) 用吸管取甘汞糊，小心的放在电极壳内的纯汞上面(不要使甘汞糊和纯汞混合)。

(6) 用滴管把 0.1 $mol \cdot L^{-1}$ KCl 溶液(被 Hg_2Cl_2 饱和) 滴加到电极壳中，使支管也全部充满溶液，盖上盖子。

(7) 在电极引线支管中加入几滴纯汞，把一根铜丝插入汞滴中(为避免汞蒸发，可以在汞滴上覆盖一些水)。

(8) 至此 0.1 $mol \cdot L^{-1}$ KCl 溶液的甘汞电极制备成功。

(9) 将研钵清洗干净，清洗液倒入指定的瓶子中。

2. Ag/AgCl 参比电极的制备

(1) 取银电极，先用砂纸除去表面物质，露出银色，测量尺寸，计算表面积。

(2) 用丙酮溶液清洗银电极，除去表面油污，然后用蒸馏水清洗。

(3) 放入 5% HNO_3 溶液中 1 min 左右，以除去表面氧化物，然后用蒸馏水清洗。

(4) 镀液预先加热到 40 ～ 50 ℃，阳极用银片，设定银电极阴极电流密度为 D_k = 0.1 $A \cdot dm^{-2}$，电镀 30 min，将镀好的银电极用蒸馏水洗净。

(5) 以银电极作为阳极，银片作为阴极，在 0.1 $mol \cdot L^{-1}$ 的 HCl 溶液中以阳极电流密度 D_A = 0.1 $A \cdot dm^{-2}$ 进行电解，时间为 30 min，制得氯化银电极(表面为淡紫色)。

(6) 将制得的氯化银电极用蒸馏水洗净，放在 0.1 $mol \cdot L^{-1}$ 的 KCl 溶液中浸泡。

(7) 实验完毕，收拾实验台。

三、注意事项

本实验所接触和使用的汞、甘汞都是有毒药品，对人体和环境有害，因此使用时必须小心操作，避免撒汞。

(1) 制备甘汞电极时所有操作都要在瓷盘中进行。

(2) 每次取汞时，用滴管一次少取，并把承受器皿(电极壳、研钵等) 尽量放在储汞瓶附近。

(3) 清洗甘汞电极时，汞和甘汞全部回收，不能拿到水池中洗掉。

(4) 制备结束时要洗手。

附录2　简易恒电位仪实验器材说明

一、MCH－3050D－II 双路直流稳压电源

1. 基本概述

直流稳压电源是能为负载提供稳定直流电源的电子装置。直流稳压电源的供电电源大多是交流电源，当交流供电电源的电压或负载电阻变化时，稳压器的直流输出电压都会保持稳定。随着电子设备向高精度、高稳定性和高可靠性的方向发展，对电子设备的供电电源提出了高的要求。

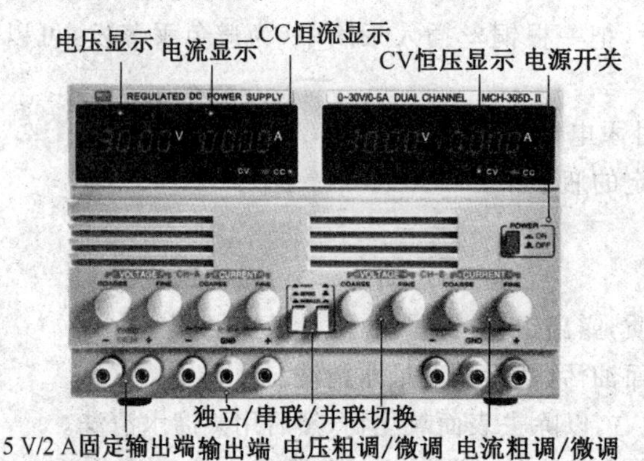

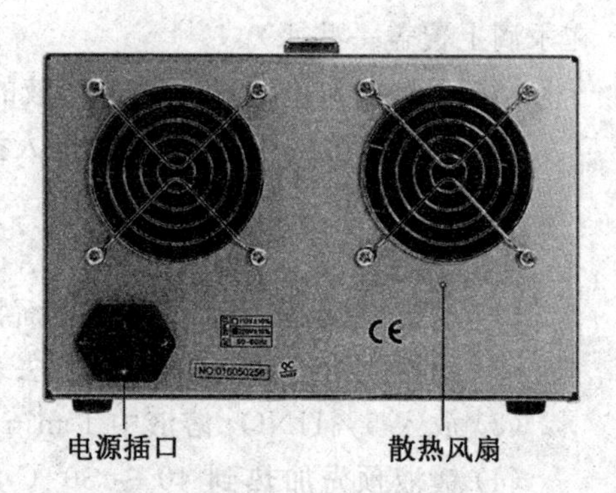

附图3　MCH－3050D－II 双路直流稳压电源面板

直流稳压电源的基本功能：

(1) 输出电压值能够在额定输出电压值以下任意设定和正常工作。

(2) 输出电流的稳流值能在额定输出电流值以下任意设定和正常工作。

(3) 直流稳压电源的稳压与稳流状态能够自动转换并有相应的状态指示。

(4) 对于输出的电压值和电流值要求精确的显示和识别。

(5) 对于输出电压值和电流值有精准要求的直流稳压电源，一般要用多圈电位器和电压电流微调电位器，或者直接数字输入。

(6) 要有完善的保护电路。直流稳压电源在输出端发生短路及异常工作状态时不应损坏，在异常情况消除后能立即正常工作。

2. 使用方法

本实验所用 MCH－3050D－II 双路直流稳压电源面板见附图3，其具体使用方法如下：

(1) 电源连接。将稳压电源连接上市电。

(2) 开启电源。在不接负载的情况下，按下电源总开关(power)，然后开启电源直流输出开关(output)，使电源正常输出工作。此时，电源数字指示表头上即显示出当前工作电压和输出电流。

(3) 设置输出电压。两个电源相互独立使用，将两个电源相邻的正负极相连作为地线，将两电源均调节电压至 15 V，同时用万用表检测电源输出是否分别为 + 15 V 和 − 15 V(万用表黑色表笔接地线)，检测无误，方可使用。

3. 注意事项

(1) 根据所需要的电压，先调整“粗调”旋纽，再逐渐调整“细调”旋纽，要做到正确配合。

(2) 调整到所需要的电压后，再接入负载。

(3) 在使用过程中，如果需要变换“粗调”档时，应先断开负载，待输出电压调到所需要的值后，再接入负载。

(4) 在使用过程中，因负载短路或过载引起保护时，应首先断开负载，然后按动“复原”按钮，也可重新开启电源，电压即可恢复正常工作，待排除故障后再接入负载。

(5) 将额定电流不等的各路电源串联使用时，输出电流为其中额定值最小一路的额定值。

(6) 每路电源有一个表头，在 A/V 不同状态时，分别指示本路的输出电流或者输出电压。通常放在电压指示状态。

(7) 每路都有红、黑两个输出端子，红端子表示“+”，黑端子表示“−”，面板中间带有接“大地”符号的黑端子，表示该端子接机壳，与每一路输出没有电气联系，仅作为安全线使用。经常有人想当然的认为“大地”符号表示接地，“+”“−”表示正负两路电源输出去给双电源运放供电，这是严重错误的做法。

(8) 两路电压可以串联使用，但绝对不允许并联使用。电源是一种供给量仪器，因此不允许将输出端长期短路。

二、运算放大器

1. 基本概述

运算放大器(简称“运放”)是具有很高放大倍数的电路单元。在实际电路中，通常结合反馈网络共同组成某种功能模块。它是一种带有特殊耦合电路及反馈的放大器。其输出信号可以是输入信号加、减或微分、积分等数学运算的结果。由于这种电路单元早期应用于模拟计算机中，用以实现数学运算，故得名“运算放大器”。运放是一个从功能角度命名的电路单元，可以由分立的器件实现，也可以在半导体芯片当中实现。

2. LM741 运算放大器

LM741 运算放大器是一种应用非常广泛的通用型运算放大器。由于采用了有源负载，所以只要两级放大就可以达到很高的电压增益和很宽的共模及差模输入电压范围。本电路采用内部补偿，电路比较简单不易自激，工作点稳定，使用方便，而且保护电路完善，不易损坏，LM741 运算放大器可应用于各种数字仪表及工业自动控制设备中。

LM741 运算放大器具有以下特点：

(1) 不需要初步频率补偿。

(2) 输入有过压保护。

(3) 输出有过载保护。

(4) 无阻塞和振荡现象。

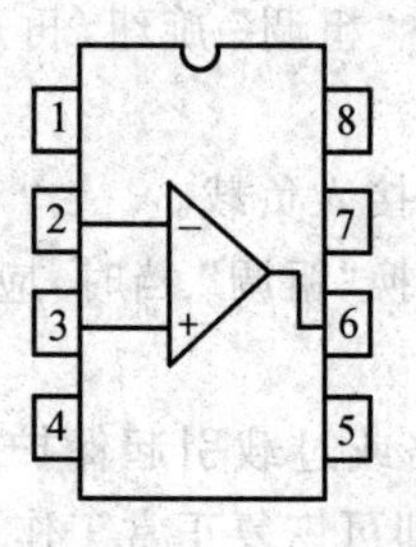

附图 4　LM741C 芯片引脚图

LM741C 芯片引脚(附图 4) 和工作说明：1 和 5 为偏置(调零端)，2 为正向输入端，3 为反向输入端，4 为电源负电压输入，6 为输出，7 为接电源正输入，8 为空脚。

3. C832C **运算放大器**

C832C 运算放大器是一种超低噪声、宽带、高转换率、双运算放大器。输入等效噪声是传统 4558 型运算放大器的 3 倍。增益带宽积和转换率是 4558 型运算放大器的 7 倍。尽管交流性能很快，C832C 在电压跟随电路条件下仍然非常稳定。与传统的宽带运算放大器相比，电源电流也得到了改善。C832C 是音频、仪表和通信电路中前置放大器和有源滤波器的最佳选择。

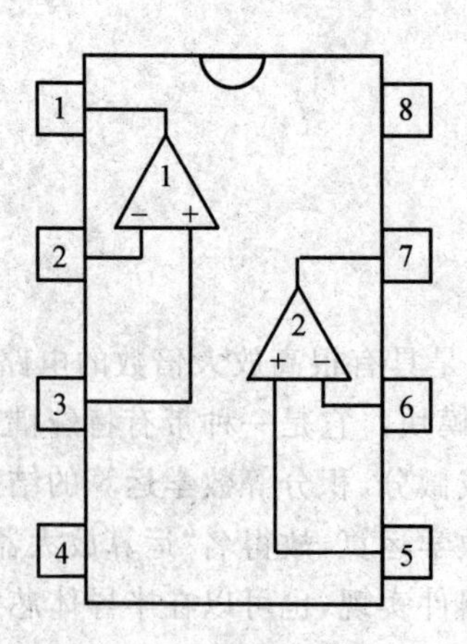

附图 5　C832C 芯片引脚图

C832C 芯片引脚(附图 5) 和工作说明：3、5 为正向输入端，2、6 为反向输入端，1、7 为输出,8 接电源正输入,4 接电源负电压输入。

4.注意事项

(1) 注意输入电压是否超限。
(2) 不要在运放输出直接并接电容。
(3) 不要在放大电路反馈回路并接电容。
(4) 注意运放的输出摆幅。
(5) 注意运放的管脚顺序,确认无误后再接通电源。

三、面包板

1.基本概述

面包板是由于板子上有很多小插孔而得名,它是专为电子电路的无焊接实验设计制造的。由于各种电子元器件可根据需要随意插入或拔出,免去了焊接工序,节省了电路的组装时间,而且元件可以重复使用,所以非常适合电子电路的组装、调试和训练。

面包板的构造特点:整板使用热固性酚醛树脂制造,板底有金属条,在板上对应位置打孔使得元件插入孔中时能够与金属条接触,从而达到导电目的。一般将每 5 个孔板用一条金属条连接。板子中央一般有一条凹槽,这是针对需要集成电路、芯片试验而设计的。板子两侧有两排竖着的插孔,也是 5 个一组。这两组插孔是用于给板子上的元件提供电源;母板使用带铜箔导电层的玻璃纤维板,作用是把无焊面包板固定,并且引出电源接线柱。

2.面包板内部结构及使用

面包板上下部分内部连线和中间部分不同,如附图 6 所示的面包板内部电路结构。

使用时,不用焊接和手动接线,将元件插入孔中就可测试电路及元件。使用前应确定哪些元件的引脚应连在一起,再将要连接在一起的引脚插入同一组的小孔中。

3.注意事项

(1) 插入面包板上孔内的引脚或导线铜芯直径为 0.1 ~ 0.6 mm,即比大头针的直径略微细一点。

(2) 元器件引脚或导线头要沿面包板的板面垂直方向插入方孔,应能感觉到有轻微、均匀的摩擦阻力,在面包板倒置时,元器件应能被簧片夹住而不脱落。

(3) 面包板应存放在通风、干燥处,并保持清洁。

(4) 焊接过的元器件不要插在面包板上。

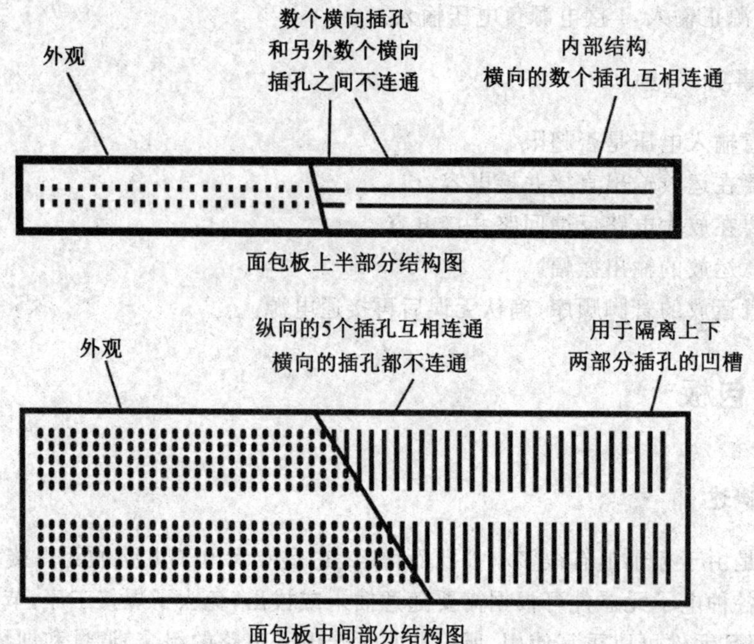

附图 6　面包板内部电路结构

附录 3　锂离子电池电极材料扩散系数的测量与解析公式推导

一、附录 3.1

在小幅度正弦交流电信号作用下，电极界面附近粒子浓度的波动也符合 Fick 第二扩散定律（对于反应 $x\mathrm{Li}^{+}+x\mathrm{e}^{-1}+\mathrm{C}\rightleftharpoons\mathrm{Li}_x\mathrm{C}$ 只讨论反应物粒子的情况，还原产物粒子浓度认为 1）：

$$\frac{\partial\,\widetilde{C}_{\mathrm{o}}(x,t)}{\partial t}=D_{\mathrm{o}}\frac{\partial^2\,\widetilde{C}_{\mathrm{o}}(x,t)}{\partial x^2} \tag{1}$$

边界条件：
$$\widetilde{C}_{\mathrm{o}}(\infty,t)=0 \tag{2}$$

交流电流
$$\widetilde{i}_{\mathrm{f}}=nFSD_{\mathrm{o}}\left[\frac{\partial\,\widetilde{C}_{\mathrm{o}}(x,t)}{\partial t}\right]_{x=0} \tag{3}$$

而电极界面附近的粒子浓度的波动函数为

$$\widetilde{C}_{\mathrm{o}}(x,t)=C_{\mathrm{PO}}(x)\mathrm{e}^{\mathrm{j}\omega t} \tag{4}$$

其中 $C_{\mathrm{PO}}(x)$ 为反应物的浓度波动函数的复振幅，仅是 x 的函数。根据式(4) 可得到：

$$\frac{\partial\,\widetilde{C}_{\mathrm{o}}(x,t)}{\partial t}=\mathrm{j}\omega C_{\mathrm{PO}}(x)\mathrm{e}^{\mathrm{j}\omega t} \tag{5}$$

$$\frac{\partial^2 \widetilde{C}_o(x,t)}{\partial x^2}=\frac{d^2 C_{PO}(x)}{dx^2}e^{j\omega t} \tag{6}$$

将式(5)、(6) 带入 Fick 第二定律式，得到

$$\frac{d^2 C_{PO}(x)}{dx^2}=\frac{j\omega}{D_O}C_{PO}(x) \tag{7}$$

对上式求解，通解为

$$C_{PO}(x)=Ke\sqrt{\frac{j\omega}{D_o}x}+Le-\sqrt{\frac{j\omega}{D_o}x}\,(K\text{、}L\text{ 为待定参数}) \tag{8}$$

将式(8) 带入式(4)，得到

$$\widetilde{C}_o(x,t)=(Ke\sqrt{\frac{j\omega}{D_o}x}+Le^{-}\sqrt{\frac{j\omega}{D_o}x})e^{j\omega t} \tag{9}$$

将边界条件式(2) 代入，可知 $K=0$，则有

$$\widetilde{C}_o(x,t)=Le^{-}\sqrt{\frac{j\omega}{D_o}x}\,e^{j\omega t} \tag{10}$$

再将上式代入边界条件式(3)，得到

$$L=-\frac{\widetilde{i}_f}{nFS\sqrt{2D_O\omega}}(1-j)e^{-j\omega t} \tag{11}$$

因此，式(10) 可变为

$$\widetilde{C}_o(x,t)=-\frac{\widetilde{i}_f}{nFS\sqrt{2D_O\omega}}(1-j)e-\sqrt{\frac{j\omega}{D_O}x} \tag{12}$$

将 $x=0$ 代入，可求出电极表面的浓度波动函数，即

$$\widetilde{C}_o^S=\widetilde{C}_o(0,t)=-\frac{\widetilde{i}_f}{nFS\sqrt{2D_O\omega}}(1-j) \tag{13}$$

电极为可逆体系，根据能斯特方程

$$E=E^\theta+\frac{RT}{nF}\ln\frac{C_o(0,t)}{C_R(0,t)}\quad (C_R(0,t)=1) \tag{14}$$

对 t 求微商，可得到

$$\frac{dE}{dt}=\frac{RT}{nF}\frac{1}{C_o(0,t)}\frac{d\widetilde{C}_o(0,t)}{dt} \tag{15}$$

由于达到了交流平衡态，各个状态参量的交流部分均按照相同频率的正弦规律变化，它们对 t 的微商都等于 $j\omega$ 乘以其本身，则有

$$\widetilde{E}=\frac{RT}{nF}\frac{d\widetilde{C}_o(0,t)}{C_o(0,t)} \tag{16}$$

根据法拉第阻抗的定义，有

$$Z_f=-\frac{\widetilde{E}}{\widetilde{i}_f} \tag{17}$$

“—”表明阴极电流为正，分别代入后，可得到

$$Z_f=\frac{RT}{n^2F^2S\sqrt{2D_O\omega}C_o(0,t)}(1-j) \tag{18}$$

式(18) 中只有同扩散过程相关的参数，因而此阻抗为半无限扩散阻抗，也称为韦伯

(Warburg) 阻抗，即 $Z_f = Z_w$。

定义 $\sigma = \dfrac{RT}{n^2 F^2 S \sqrt{2D_O \omega} C_o(0,t)}$，则 $Z_w = \sigma(1-j)$，因此实部或者虚部都与 $\omega^{-1/2}$ 成正比，$(Z_w)_{Re} = (Z_w)_{Im} = \sigma\omega^{-1/2}$，上面推导为浓差极化下的扩散过程。

对于电化学极化和浓差极化同时存在的体系，在低频区一般主要为扩散控制，此时有

$$(Z_w)_{Re} = R_\Omega + R_{CT} + \sigma\omega^{-1/2}$$

二、附录 3－2

$$\sigma = \left[\frac{V_m(\mathrm{d}E/\mathrm{d}x)}{\sqrt{2}\,nFSD_{Li}^{1/2}}\right] \omega \gg \frac{2D_{Li}}{L^2} \tag{19}$$

$$\sigma = \left[\frac{RT}{\sqrt{2}\,n^2 F^2 SC_{Li}}\right] \frac{1}{\sqrt{D_{Li}}} \omega \gg \frac{2D_{Li}}{L^2} \tag{20}$$

对于锂离子电池体系而言，材料进行的嵌脱锂反应往往是可逆的，因此可近似认为电极的电极电位仍然遵循 Nernst 方程，即

对于反应 $x\mathrm{Li}^+ + \mathrm{e}^{-1} + C = \mathrm{Li}_x C$

$$E = E^\theta + \frac{RT}{nF}\ln\frac{C_o(0,t)}{C_R(0,t)} = E^\theta + \frac{RT}{nF}\ln C_{Li^+}$$

又因 $\mathrm{d}E/\mathrm{d}x$— 电压－组成曲线上某点的斜率，而 $x = C_{Li^+} \times V_m$

所以 $\dfrac{\mathrm{d}E}{\mathrm{d}x} = \dfrac{RT}{nFC_{Li^+} \times V_m}$，代入式(19) 可得到式(20)。

附录 4　喷灯及喷枪

一、酒精喷灯

1. 基本概述

酒精喷灯是实验室常用的热源，主要用于需要加强热的实验及玻璃加工等。酒精喷灯是金属制的，有座式和挂式两种，主要靠酒精、空气和蒸气混合后燃烧来获得高温火焰，其火焰温度在 800 ℃ 左右，最高可达到 1 000 ℃ 左右。

2. 使用方法

(1) 旋开酒精注入口的螺旋盖，通过漏斗将酒精灌入贮存罐(酒精量不可高于容积的 80%)；灯身略微倾斜使酒精浸润灯芯避免烧焦。

(2) 使用前用针捅一捅酒精蒸气出口，避免堵塞，保证出气口通畅。

(3) 向预热盘里注入适量酒精，点燃酒精使灯管受热，待预热盘中的酒精几乎燃烧完，而灯管口有火焰时，上下移动调节器调节火焰为正常火焰。

(4) 座式喷灯连续使用不可超过 30 min，若超过 30 min，必须暂时熄灭喷灯，待冷却后，继续灌入酒精才可继续使用。

(5) 使用完毕后，用石棉网或硬板盖灭火焰，亦可使调节器上移来熄灭火焰。

3. 注意事项

(1) 酒精喷灯工作时，灯座下不可有任何热源，周围不可有任何易燃物，环境温度应在 35 ℃ 以下。

(2) 若酒精喷灯长期不使用，需要将灯中酒精全部倒出。

(3) 若酒精喷灯的酒精壶底部凸起，则不能使用，避免发生事故，待排除故障后，方可继续使用。

(4) 若酒精喷灯在使用中有异常情况出现，必须立即熄灭，待冷却后，才可继续使用。

(5) 酒精喷灯不可连续使用时间太长，避免出现灯身温度升高、罐内酒精沸腾而导致罐内压强增大而崩裂。

(6) 若经过两次预热后，喷灯仍然不能点燃，必须停止使用，检查接口处是否漏气（可用火柴点燃检验），出气口是否堵塞（捅针疏通），灯芯是否完好（若烧焦、变细，则应更换）。

二、氧炔焰

1. 基本概述

氧炔焰就是乙炔（又称电石气）在空气或者氧气中燃烧得到的火焰。氧炔焰的温度很高（3 000 ℃ 以上），可以用于切割和焊接金属。

2. 使用方法

(1) 使用前检查。

① 使用前要对乙炔、氧气瓶的外部做检查，检查瓶阀、接管螺纹及减压阀等。若发现漏气、滑扣、表针不灵或“爬高”现象等，需及时维修，不可放任不管。

② 检查乙炔、氧气瓶与喷枪连接皮管是否有漏气和松动现象，若有松动则立即拧紧；用肥皂水检查漏气，检查点火口气阀是否关闭（上为氧气启发开关，下为乙炔气阀开关，开关远离点火口方向为关，靠近点火口为开）。

③ 检查喷枪射吸系统。

④ 检查压缩空气所制得的压体是否纯净。

(2) 具体操作。

① 打开主阀，头部远离点火位置上方，打开点火装置将其火焰置于喷枪口上方，缓慢

打开乙炔气阀。

② 调节乙炔气阀，控制火焰高度约 6 ～ 8 cm。

③ 缓慢打开氧气开关，将乙炔气火焰调节成黄豆大小耀眼光斑。

④ 熄灭火焰时，先关氧气阀，再将乙炔气阀关闭，最后关闭气瓶主阀。

3. 注意事项

(1) 以上操作需在通风橱中进行。

(2) 使用时需要保证管路气密性。

(3) 使用时人员需远离火焰上方，以免烧伤。

三、液化气喷火枪

1. 基本概述

液化气喷火枪是通过枪头连接气罐，电子打火燃烧气体产生高温火焰(1 300 ℃)。使用时火焰的调节操作简便灵活，火焰大小非常稳定。

2. 使用说明

(1) 将喷火枪与气罐连接起来。

(2) 逆时针旋转后面的调节按钮，按下前面的开关按钮自动点火。

(3) 旋转后面的调节按钮调节火焰大小。

(4) 将调节按钮旋转到最小时可以熄灭火焰。

(5) 使用完毕后，断开喷火枪与气罐的连接，待管口冷却后保存。

3. 注意事项

(1) 在火源、加热器和易燃易爆物附近时小心使用。

(2) 在使用时和使用完毕后禁止触碰管口，以免烫伤。

(3) 需要确认管口没有火焰且冷却后才可将喷火枪收起来。

(4) 禁止自行拆开或修理。

(5) 需要在通风环境下使用，且需要注意易燃物品。

(6) 火头方向严禁朝向脸部、皮肤及衣物等可燃性物质，以免发生安全事故。

(7) 点火前需要确认出火口的位置，适度按压开关点火。

(8) 切勿长时间将喷火枪处于高温(50 ℃ 以上) 下。

(9) 避免长时间的阳光直射。

附录 5　手套箱

一、基本概述

手套箱是将高纯惰性气体充入箱体内，为实验操作提供惰性气体氛围的装置，也称真空手套箱、惰性气体保护箱等。主要功能在于对 O_2、H_2O、有机气体的清除。广泛应用于无水、无氧、无尘的超纯环境，如非水体系电池的组装（锂、钠离子电池等）、需要惰性氛围的材料制备环节、生物实验（如厌氧菌培养、细胞低氧培养）等。

二、使用方法

1. 使用流程

(1) 使用前检查手套箱中水和氧的含量都小于 1×10^{-6}，并且（N_2 或 Ar）罐中气体量充足。

(2) 将实验所需样品和工具准备好。向过渡仓补给气体（由于在每次操作完毕后都会使大、小过渡仓内保持一定的负压压力表示数约为 －0.05 MPa。如果用小过渡仓：将扳手扳动到“清洗”档位直至压力表示数为0，然后将扳手扳到“关闭”档位；如果用大过渡仓：点击显示屏上的“过渡仓”→“补给气体”，直至大过渡仓表示数为0，然后保持两个操作按键为红色即关闭状态）。将所有物品放置到过渡仓中，关闭外仓门。切记：不可立即打开过渡仓内仓门。

(3) 打开真空泵：点击显示屏“真空泵”。

(4) 如果使用小过渡仓：将扳手扳到“抽真空”档位，使该过渡仓压力表示数至 －0.1 MPa，然后将扳手扳到“清洗”档位，直至压力表示数为0，如此重复操作3次，确保过度仓内为惰性气体。如果使用大过渡仓，点击显示屏上“过渡仓”→“抽真空”（等该过渡仓压力表示数为－0.1 MPa）→“补充气体”，如此再重复3次。或在放入物体后点击显示屏“自动操作”，可以设定抽放次数，仪器会按照所设次数自动完成气体抽放过程（切记要考虑到放入的样品能否经受住 0.1 MPa 的压力）。放入纸类，海绵类等多孔物质前，要提前放入真空干燥箱烘干（80 ℃ 烘 6 h）然后再放入小仓真空 30 min。

(5) 设定舱体压力：点击显示屏“设定”→ 下压值输入为0，上压为＋4.0。

(6) 实验操作：操作者带橡胶手套后，取少量滑石粉，揉搓使手套表面沾满滑石粉，然后再戴上手套箱的手套深入箱体内打开过渡仓（尽量外边带一层手套，手套箱内带一层手套），取出过渡仓中的实验用品，关闭内仓门，即可进行实验。

(7) 实验完毕后，检查过渡仓内气体是否为惰性气体，之后打开过渡仓内仓门，将所要取出的物品放置过渡仓中，关闭内仓门。然后打开过渡仓外仓门，取出过渡仓中所有物品后关闭外仓门。

(8) 实验结束后对过渡仓抽真空至压力表示数为 -0.05 MPa,将箱体压力调至上压 $+4$,下压 $+1$。

注意:箱体压力的设定操作时和实验结束后仓体压力不一致。

三、注意事项

(1) 不管打开内门还是外门,都必须保证门两边的气压基本平衡,否则,要么打不开,要么发生"气爆"现象。同样,在对箱体内抽气与充气时,也必须保证三通阀处于打开状态(即保证手套内外的气压相等),否则手套会膨胀爆裂。

(2) 打开内门之前,必须保证舱内为惰性气氛。

(3) 操作时禁止佩戴各种坚硬的物体,如戒指、手表、手镯等。

(4) 带入手套箱内的物品,必须经过干燥处理。

附录 6　纽扣电池封口机

一、基本概述

纽扣电池封口机主要应用于实验室电池材料研发的样本制作时进行扣式电池封口,也可用于工厂小批量试产。配置不同的模具还可用于电池拆卸、电池极片压片、压制电池材料粉饼等。结构组成主要包含液压组件和封口模具。

二、使用方法

(1) 将装好的纽扣电池正极壳向下、负极向上,平放入下模凹槽中。

(2) 将卸油阀向顺时针(约 180°) 旋紧即可,应该避免过大力气的旋转。

(3) 确认待封装的纽扣电池位置无误,并检查模具周围有无阻挡物。检查完后上下摇动手摇杆直至压力表指针到 $30 \sim 50\ \text{kg} \cdot \text{cm}^{-2}$(压力表外圈读数)。压力表指示到位,封口即可完成,无需再用力反复加压,反复加压会缩短液压结构件的寿命。

(4) 卸油阀向逆时针旋转约 180°,模具会自动打开恢复到原位,去除封装好的纽扣电池,如卸油阀旋转不到位,模具回位速度较慢,可能恢复不到原位。

(5) 使用完毕,务必及时清洗模具,以防电解液腐蚀模具。

三、注意事项

(1) 液压结构不允许长时间维持压力静置,会对液压元件造成严重损害。

(2) 要避免模具未装电池的空压操作，防止对模具造成损害。

(3) 压力达到预设上限后，禁止反复加压，此操作会造成液压元件的寿命缩短。

(4) 手动压杆应均匀地上下摇动，避免冲击性地使用手动压杆，否则会造成活塞杆密封的失效。

(5) 如出现压力不足、升降速度过慢等故障，及时汇报老师。

(6) 模具及设备尽量不要用水擦拭，可用酒精或干毛巾擦拭。

(7) 分解拆卸模具时要使用专用工具。

附录 7　显微硬度计

一、基本概述

本实验测试硬度所采用的仪器是显微硬度计 HV－1 000A(维氏硬度计)，适用于微小的零件、薄板、金属箔、薄硬化层和电镀层试件的显微硬度测定，还可以测试非金属材料的硬度。

维氏硬度计测试原理是用 136° 正菱形金刚石压头，以设定的试验力(F) 压入被测试件的表面，经设定时间保持试验力后卸除试验力，用测微目镜测量试件表面的压痕对角线(d)，计算压痕的锥形表面积所承受的平均压力 HV 即维氏硬度值。如附图 7 所示。

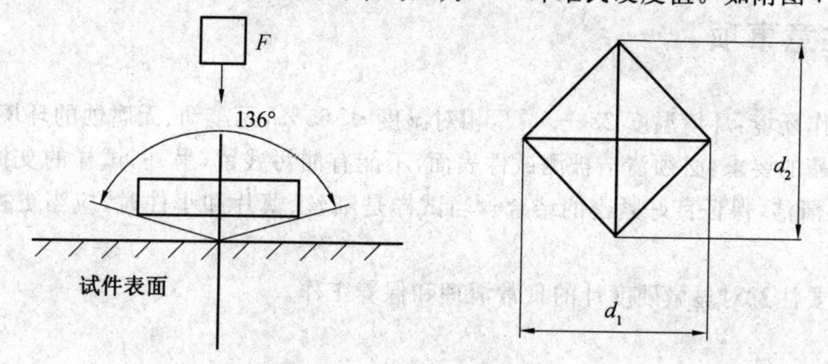

附图 7　维氏硬度计测试原理

维氏硬度计算公式：

$$HV = 0.189\,1\frac{F}{d^2} \tag{21}$$

式中　HV—— 维氏硬度；

F—— 试验力(N)；

d—— 压痕，即两对角线长度的平均值(mm)。

二、使用方法

(1) 开机,按下机器后面开关按钮,先把压头抬起(侧面滑轮顺时针摇向自己时为将压头抬起,相反方向则为落下)。

(2) 将试片放在样品台上,按箭头转换压头和物镜,使用高倍物镜,即有蓝条标志的、较长的物镜。

(3) 将物镜对准样品,调整侧面滑轮,通过目镜观察样品,将视野中的样品调至最亮最清晰。注意先将滑轮摇向自己,即将物镜抬起,再慢慢反向落下,找到最清晰的位置。

(4) 按箭头将压头对着样品,然后按"加荷"键,压头自动下降,加荷 15 s 后压头自动抬起,并切换至高倍目镜。

(5) 通过目镜观察压痕,调整侧面滑轮至视野中的压痕最清晰。

(6) 调节样品台侧面及正面的银色旋钮,将压痕调到中心处。

(7) 通过目镜两侧旋钮将视野中的两条线正好框住压痕,先进行水平方向的操作,再进行垂直方向操作。框压痕时,先旋转左侧旋钮,框住压痕的最左侧,然后旋转右侧旋钮框住最右侧,框住压痕后读出螺旋测微器的数据,按一下"D"键,输入第一个 D1 值。再调整目镜两侧旋钮至垂直位置,得到第二个 D 值,再按一下"D"键,输入第二个 D2 值。这时,屏幕的左上角自动出现硬度值,并记录数据。

(8) 测试结束后,清理实验台,关闭硬度计电源。

三、注意事项

(1) 工作环境:环境温度 23±5 ℃,相对湿度 ≤65%,无震动、无腐蚀的环境中。

(2) 样品的要求:必须清洁被测试件表面,不能有油污残留,另外,试样的支撑面和实验台都需要清洁,保证良好紧密的结合。当试样是细丝、薄片和小件时,应当更换夹持台进行实验。

(3) 需要注意对显微硬度计的日常清理和保养工作。

附录 8 pH 计

一、基本概述

pH 计是用来测定溶液酸碱度值的仪器。pH 计是利用原电池的原理进行工作,原电池的两个电极间的电动势依据能斯特定律,既与电极自身属性有关,还与溶液中氢离子浓度有关。原电池的电动势和氢离子浓度之间存在对应关系,氢离子浓度的负对数即为 pH 值。pH 计是一种常见的分析仪器,广泛应用在农业、环保和工业等领域。

二、使用方法

(1) 初次使用或长时间未使用 pH 计前先详细阅读操作规程。第一次使用或长期停用的 pH 电极，在使用前必须在 3 mol·L^{-1} KCl 溶液中浸泡 24 h，仪器在未接电极的情况下，务必接好 pH(Q9) 短路插头。本实验书中所用 pH 计(雷磁 PHS－3C) 正常工作环境温度为 5～35 ℃；标定温度为 0.0～60.0 ℃；测量范围为 0.00～14.00 pH、－1 800～1 800 mV、－5～105 ℃。

(2) 将缓冲溶液温度平衡至室温。

(3) 测量待测溶液温度(如有必要)，粗测待测溶液 pH 值，选择两种适合的缓冲溶液辅助电极进行标定。

(4) 取下电极保护套，将电极放入缓冲溶液，按“ON/OFF”键开机，按下“模式／测量”键确认仪器处于测量状态，读数稳定后，按“确认／打印”键确认标定结果。标定值与两种缓冲溶液标准值之差均在允许差范围之内，方可继续测量。(未经清洗，不得将电极从一种缓冲溶液中取出直接放入另一种缓冲溶液或待测溶液中)。

(5) 温度电极已连接时，仪器采用自动温度补偿，无需设定溶液温度，当未接温度电极，仪器采用手动温度补偿，此时按“模式／测量”键，在“MTC”模式中设定待测溶液温度。

(6) 将电极放入待测溶液，按“模式／测量”键确认仪器处于测量状态，待读数稳定后，按“确认／打印”测量打印数据。按“模式／测量”可在模式状态、测量状态间切换，或取消当前操作。按“▲/pH/mV”键可以改变测值单位(pH 或 mV)、选择模式或调节参数。

(7) 取出电极并清洗干净，测量结束。将电极前端用保护套封好，保护套内应放少量氯化钾补充液，以保持电极球泡的湿润；同时请移动电极上部的胶皮护套，遮住氯化钾加液孔，以防氯化钾溶液溢出。

三、注意事项

(1) 长时间不使用本仪器时，请打开仪器后盖，取出电池。更换电池前请先关机，然后再更换电池。

(2) 电极经长期使用后，如发现斜率略有降低，则可把电极下端浸泡在质量分数为 4% 的 HF(氢氟酸) 中 3～5 s，用蒸馏水洗净，然后在 0.1 mol·L^{-1} 盐酸溶液中浸泡，使之更新。

(3) 如有可能，定期将 pH 计中的测试数据导出备份。

参考文献

[1] 查全性.电极过程动力学导论[M].北京:科学出版社,2002.
[2] 阿伦.J.巴德,福克纳.电化学方法:原理和应用[M].邵元华,等译.北京:化学工业出版社,2005.
[3] 贾铮,戴长松,陈玲.电化学测量方法[M].北京:化学工业出版社,2006.
[4] [日] 藤屿昭,湘泽益男,井上澈.电化学测试方法[M].陈震,姚建年,译.北京:北京大学出版社,1995.
[5] 安茂忠,杨培霞,张锦秋.现代电镀技术[M].北京:机械工业出版社,2018.
[6] 程新群.化学电源[M].北京:化学工业出版社,2008.
[7] 吴辉煌.电化学[M].北京:化学工业出版社,2004.
[8] 张鉴清.电化学测量技术[M].北京:化学工业出版社,2010.
[9] 张宝宏,丛文博,杨萍.金属电化学腐蚀与防护[M].北京:化学工业出版社,2011.
[10] 唐安平.电化学实验[M].北京:中国矿业大学出版社,2018.
[11] 陈体衔.实验电化学[M].厦门:厦门大学出版社,1993.
[12] 冯业铭,朱成栋.恒电位仪电路原理及其应用[M].北京:中国矿业大学出版社,1994.
[13] 安茂忠.电镀理论与技术[M].哈尔滨:哈尔滨工业大学出版社,2004.
[14] KOROTCENKOV G.化学传感器:传感器技术 8(影印版)[M].哈尔滨:哈尔滨工业大学出版社,2013.
[15] 路蕾蕾.二甲醚在铂单晶上电催化氧化机理及高活性催化剂研究[D].哈尔滨工业大学,2009.
[16] 孙世刚,陈声培.电化学催化中的表面微观结构与特殊反应性能[J].厦门大学学报,2001,40(2):389-406.
[17] CLAVILIER J,FAURE R,GUINET G,et al. Preparation of monocrystalline Pt microelectrodes and electrochemical study of the plane surfaces cut in the direction of the (111) and (110) planes[J]. Journal of Electroanalytical Chemistry and Interfacial Electrochemistry,1980,107:205-209.
[18] FURUYA N,ICHINOSE M,SHIBATA M. Production of high-quality Pt single crystals using a new flame float-zone method[J]. Physical Chemistry Chemical Physics,2001,3(16):3255-3260.
[19] WANG Z B,ZUO P J,CHU Y Y,et al. Durability studies on performance degradation of Pt/C catalysts of proton exchange membrane fuel cell[J]. International Journal of Hydrogen Energy,2009,34(10):4387-4394.
[20] CHU Y Y,WANG Z B,JIANG Z Z,et al. Effect of pH value on performance of PtRu/C catalyst prepared by microwave-assisted polyol process for methanol

electrooxidation[J]. Journal of Power Sources, 2010, 10(6): 914-919.

[21] JIANG Z Z, WANG Z B, GU D M, et al. Carbon riveted Pt/C catalyst with high stability prepared by in situ carbonized glucose[J]. Chemical Communications, 2010, 46(37): 6998-7000.

[22] KAWADA T, YOKOKAWA H, DOKIYA M. Ionic conductivity of montmorillonite/alkali salt mixtures[J]. Solid State Ionics, Diffusion & Reactions, 1988, 28-30 (part-P1): 210-213.

[23] HENRIK LINDSTRÖM, SVEN SÖDERGREN, SOLBRAND A, et al. Li^+ ion insertion in TiO_2 (anatase). 2. voltammetry on nanoporous films[J]. Journal of Physical Chemistry B, 1997, 101(39): 7717-7722.

[24] AUGUSTYN V, SIMON P, DUNN B. Pseudocapacitive oxide materials for high-rate electrochemical energy storage[J]. Energy & Environmental Science, 2014, 7(5): 1597-1614.

[25] 王龙. 电解液组分对层状锂镍钴锰氧化物高电压性能的影响研究[D]. 哈尔滨工业大学, 2018.

[26] 赖跃坤, 陈忠, 林昌健. 超疏水表面黏附性的研究进展[J]. 中国科学, 2011, 41(4): 609-628.

[27] YOUNG T. An essay on the cohesion of fluids[J]. Proceedings of the Royal Society of London, 1800, 1: 171-172.

[28] WENZEL, ROBERT N. Resistance of solid surfaces to wetting by water[J]. Transactions of the Faraday Society, 1936, 28(8): 988-994.

[29] CASSIE A B D, BAXTER S. Wettability of porous surfaces[J]. Transactions of the Faraday Society, 1944, 40: 546-551.

[30] WANG S, JIANG L. Definition of superhydrophobic states[J]. Advanced Materials, 2007, 19(21): 3423-3424.

[31] 王秋明. 不同铁源高温固相法合成的磷酸亚铁锂性能研究[D]. 哈尔滨工业大学, 2008.

[32] GALLAGHER K G, GOEBEL S, GRESZLER T, et al. Quantifying the promise of lithium-air batteries for electric vehicles[J]. Energy & Environmental Science. 2014, 7(5): 1555-63.

[33] LI F, ZHANG T, ZHOU H. Challenges of non-aqueous $Li\text{-}O_2$ batteries: electrolytes, catalysts, and anodes [J]. Energy & Environmental Science. 2013, 6(4): 1125-41.

[34] LU J, LI L, PARK J B, et al. Aprotic and aqueous $Li\text{-}O_2$ batteries[J]. Chemical reviews. 2014, 114(11): 5611-40.

[35] 孙宗杰, 丁书江. PEO 基聚合物电解质在锂离子电池中的研究进展[J]. 科学通报, 2018, 63(22): 96-111.

[36] XIN S, YOU Y, WANG S, et al. Solid-state lithium metal batteries promoted by

nanotechnology:progress and prospects[J]. ACS Energy Letters,2017,2(6):1385-1394.
[37] 付传凯.聚合物基电解质全固态锂离子电池的制备与性能研究[D].哈尔滨工业大学,2016.
[38] 苗竹.旋转滞止面火焰合成法制备纳米 TiO_2 气体传感器的研究[D].清华大学,2016.